普通高等院校计算机基础教育“十四五”规划教材

办公软件高级应用实验案例精选（微课版）（Office 2019）

童小素　方　玫◎主编

中国铁道出版社有限公司
CHINA RAILWAY PUBLISHING HOUSE CO., LTD.

内 容 简 介

本书是配合《办公软件高级应用（微课版）(Office 2019）》编写的上机实验指导教材。在实验内容的安排上以实际应用为主线，涵盖了《办公软件高级应用（微课版）(Office 2019）》各章节的全部知识点，注重实践性。全书包括两部分：第1部分为实验案例分析与指导，提供了15个案例，覆盖了教学内容，每个案例均包含问题描述、知识要点、操作步骤和提高操作；第2部分为习题集及参考答案，旨在加强读者掌握办公软件高级应用的基础知识，本部分题量大，包含的知识点全面、丰富，具有较强的实用性和针对性。附录中的全国计算机等级考试（二级MS Office高级应用）模拟试题，对读者了解等级考试起到参考与示范的作用。

本书适合作为高等院校各专业学习“办公软件高级应用”课程的上机实验指导教材，也可作为参加全国计算机等级考试（二级MS Office高级应用）的辅导用书，或作为企事业单位办公软件高级应用技术的培训教材，还可供计算机爱好者自学参考。本书完全兼容Office 2016相应功能及知识点。

图书在版编目（CIP）数据

办公软件高级应用实验案例精选：微课版：Office 2019/ 童小素，方玫主编.—北京：中国铁道出版社有限公司，2021.1（2023.12重印）
普通高等院校计算机基础教育“十四五”规划教材
ISBN 978-7-113-27589-1

Ⅰ.①办… Ⅱ.①童… ②方… Ⅲ.①办公自动化－应用软件－高等学校－教材 Ⅳ.①TP317.1

中国版本图书馆CIP数据核字（2020）第273241号

书　　名： 办公软件高级应用实验案例精选（微课版）（Office 2019）
作　　者： 童小素　方　玫

策　　划： 刘丽丽　　　**编辑部电话：**（010）51873202
责任编辑： 刘丽丽　李学敏
封面设计： MX DESIGN STUDIO Q:1765628429
封面制作： 刘　颖
责任校对： 苗　丹
责任印制： 樊启鹏

出版发行： 中国铁道出版社有限公司（100054，北京市西城区右安门西街8号）
网　　址： http://www.tdpress.com/51eds/
印　　刷： 三河市兴达印务有限公司
版　　次： 2021年1月第1版　2023年12月第3次印刷
开　　本： 787 mm×1 092 mm　1/16　**印张：** 15　**字数：** 363千
书　　号： ISBN 978-7-113-27589-1
定　　价： 39.00元

前 言

Office是现代商务办公中使用率极高的办公辅助工具之一，熟练掌握及应用办公软件高级应用技巧将使工作事半功倍。本书旨在深化Office高级应用知识，加强计算机操作技能，提高Office办公效率，结合教育部考试中心颁布的《全国计算机等级考试二级MS Office高级应用与设计考试大纲（2021年版）》要求编写，以Office 2019为操作平台，结合实际应用案例，深入分析和详尽讲解了办公软件高级应用知识及操作技能。

本书共精选了15个不同应用领域的典型案例，其中Word案例4个、Excel案例4个、PowerPoint案例3个、宏与VBA案例3个以及Visio案例1个。这些案例均来自学习和工作中有一定代表性和难度的日常事务操作，每个案例均从“问题描述”“知识要点”“操作步骤”“提高操作”4个方面进行详细介绍。

本书内容新颖、图文并茂、直观生动、案例典型、注重操作、重点突出、强调实用。全书不仅注重Office 2019知识的提升和扩展，体现高级应用自动化、多样化、模式化和技巧化的特点，而且注重案例和实际应用，结合Office日常办公的典型案例进行讲解，举一反三，有助于读者提高和扩展计算机知识和应用能力，也有助于读者发挥创意，灵活有效地处理工作中遇到的问题。书中的典型案例和细致的描述能为读者使用Office办公软件提供捷径，并能有效地帮助读者提高计算机操作水平，从而提升工作效率。

本书适合作为高等院校各专业学习“办公软件高级应用”课程的上机实验指导教材，也可作为参加全国计算机等级考试（二级MS Office高级应用）的辅导用书，或作为企事业单位办公软件高级应用技术的培训教材，还可供计算机爱好者自学参考。本书完全兼容Office 2016相应功能及知识点，可以无缝切入Office 2016操作环境。

本书附有案例操作演示的微视频二维码，课程平台为https://www.xueyinonline.com/detail/85934960，提供本课程的全部电子教学资源，包含微视频、练习、测试、操作素材和等级考试模拟试题等资源，支持移动设备在线学习，实现教材、课堂、教学资源三者融合，方便教师组织线上线下相结合的混合式教学，以及读者进行个性化自主学习。本教材及相关教学资源有以下特点：

（1）在线提供案例操作的演示视频，这些视频促进了读者对知识点的理解和吸收。

（2）在线提供案例素材的下载。注重实践性、操作性，将视频中所用的案例素材提供给读者，使读者可以根据视频内容边学边操作。

本书主编为童小素、方玫，主要负责全书的编写与统稿工作，参与本书编写的人员还包括贾小军、骆红波、顾国松等教师。

本书在编写过程中得到了嘉兴学院教务处的大力支持。本书是各位教师在多年“办公软件高级应用”课程教学的基础上，结合多次编写相关讲义和教材的经验编写而成的，同时本书在编写过程中也参考了大量书籍，得到了许多同行的帮助与支持，在此向他们表示衷心的感谢。

由于办公软件高级应用技术范围广、内容更新快，本书在编写过程中对内容的选取及知识点的阐述上，难免有不足或遗漏之处，敬请广大读者给予批评指正。

编　者

2020 年 9 月

目　录

第1部分　实验案例分析与指导

第 2 部分　习题集及参考答案

第1部分 实验案例分析与指导

◎案例1 “Word 2019 高级应用”学习报告
◎案例2 毕业论文排版
◎案例3 期刊论文排版与审阅
◎案例4 基于邮件合并的批量数据单生成
◎案例5 费用报销分析与管理
◎案例6 期末考试成绩统计与分析
◎案例7 家电销售统计与分析
◎案例8 职工科研奖励统计与分析
◎案例9 毕业论文答辩 PPT 制作
◎案例10 教学课件优化
◎案例11 西湖美景赏析
◎案例12 Excel 的数据交互
◎案例13 Word 与 Excel 的数据交互
◎案例14 Word 与 PPT 的数据交互
◎案例15 Visio 2019 高级应用

本部分内容为办公软件高级应用案例，共精选了15个不同应用领域的完整案例，其中 Word 案例4个，Excel 案例4个，PowerPoint 案例3个，宏与 VBA 案例3个，Visio 案例1个。这些案例均来自学习和工作中有一定代表性和难度的日常事务操作，每个案例均从“问题描述”“知识要点”“操作步骤”“提高操作”4个方面进行详细论述，集成度高、操作性强，具有较强的代表性和参考性。这些案例从不同侧面反映了 Office 2019 在日常办公事务处理中的重要作用以及使用 Office 的操作技巧，读者可以加以学习和借鉴。

案例 1
“Word 2019 高级应用”学习报告

1.1 问题描述

扫一扫

Word 2019高级应用学习报告

同学们学习了配套教材第 1 章 Word 2019 高级应用的内容后，任课老师给出了一篇长文档“Word 2019.docx”，要求同学们按格式进行排版，以总结、应用 Word 2019 的长文档排版技巧。排版的具体要求如下：

（1）调整文档版面，要求页面宽度 20.5 厘米，高度 30 厘米，页边距（上、下、左、右）都为 2 厘米。

（2）章名使用样式“标题 1”,居中;编号格式为“第 × 章”,编号和文字之间空一格，字体为“三号，黑体”，左缩进 0 字符，其中 X 为自动编号，标题格式形如“第 1 章 ×××”。

（3）节名使用样式“标题 2”，左对齐;编号格式为多级列表编号（形如“X.Y”，X 为章序号，Y 为节序号），编号与文字之间空一格，字体为“四号，隶书”，左缩进 0 字符，其中，X 和 Y 均为自动编号，节格式形如“1.1 × × ×”。

（4）新建样式，名为“样式 0001”，并应用到正文中除章节标题、表格、表和图的题注外的所有文字。样式 0001 的格式为:中文字体为“仿宋”,西文字体为“Times New Roman”,字号为“小四”；段落格式为左缩进 0 字符，首行缩进 2 字符，1.5 倍行距。

（5）对正文中出现的“1.，2.，3.，…”编号进行自动编号，编号格式不变;对出现的“1），2），3），…”编号进行自动编号，编号格式不变；对第 3 章中出现的“1），2），3），…”段落编号重新设置为项目符号，符号为实心的五角星，形如“★”。

（6）对正文中的图添加题注，位于图下方文字的左侧，居中对齐，并使图居中。标签为“图”，编号为“章序号 - 图序号”，例如，第 1 章中的第 1 张图，题注编号为“图 1-1”。对正文中出现“如下图所示”的“下图”使用交叉引用，改为“图 X-Y”，其中“X-Y”为图题注的对应编号。

（7）对正文中的表添加题注，位于表上方文字的左侧，居中对齐，并使表居中。标签为“表”，编号为“章序号 - 表序号”，例如，第 1 章中的第 1 张表，题注编号为“表 1-1”。对正文中出现“如下表所示”的“下表”使用交叉引用，改为“表 X-Y”，其中“X-Y”为表题注的对应编号。

（8）对全文中出现的“word”修改为“Word”，并加粗显示；将全文中的“软回车”符号（手动换行符）修改成“硬回车”符号（段落标记）。

（9）对正文中出现的第 1 张表（Word 版本）添加表头行，输入表头内容“时间”及“版本”，将表格制作成“三线表”，外边框线宽 1.5 磅，内边框线宽 0.75 磅。

（10）对正文中的第 3 个图“图 2-2 公司组织结构”，在其右侧插入一个 SmartArt 图，与原图结构、内容完全相同，图形宽度和高度分别设置为 7 厘米和 5 厘米，删除正文中的原图。

（11）将正文“2.6 表格制作”节中“学生成绩表”行下面的文本转换成表格，并设置成如图 1-1 所示的表格形式，同时添加表格题注，并实现文本中的表格交叉引用；通过公式计算每个学生的总分及平均分，并保留一位小数，同时，计算每门课程的最高分、最低分，将计算结果保存在相应的表格单元格中。

表 2-1 学生成绩表

学号	姓名	英语 1	计算机	高数	概率统计	体育	总分	平均分
202043885301	曾远善	78	90	82	83	94		
202043885303	庞娟	85	80	79	92	83		
202043885304	王相云	78	90	84	90	92		
202043885306	赵杰武	83	89	83	80	86		
202043885307	陈天浩	76	88	93	79	95		
202043885308	詹元杰	92	83	80	87	92		
202043885309	吴天	82	93	84	83	79		
202043885310	熊招成	86	90	81	77	87		
最大值								
最小值								

图 1-1 表格样式

（12）从正文中的节标题“2.6 表格制作”开始，将本节（包括标题、文本内容、学生成绩表表题注及表格）单独形成一页，本页页面要求横向显示，页边距（上、下、左、右）都为 1 厘米，页眉及页脚均设置为 1 厘米。

（13）将正文“学生成绩表”中的 B2:G9 数据用簇状柱形图表示，并自动插入到表格下面的空白处，并添加图表标题“学生成绩表”，插入的图表高度设为 6.5 厘米，宽度为默认值。

（14）为全文中所有的“《计算机软件保护条例》”建立引文标记，类别为“法规”。

（15）制作文字水印，水印名称为“Word 2019 高级应用”，字号 40，黑色，斜式。

（16）在正文之前按顺序插入 4 个分节符，分节符类型为“下一页”。每节内容如下：

①第 1 节：目录，文字“目录”使用样式“标题 1”，删除自动编号，居中，自动生成目录项。

②第 2 节：图目录，文字“图目录”使用样式“标题 1”，删除自动编号，居中，自动生成图目录项。

③第 3 节：表目录，文字“表目录”使用样式“标题 1”，删除自动编号，居中，自动生成表目录项。

④第 4 节：引文目录，文字“引文目录”使用样式“标题 1”，删除自动编号，居中，自动生成引文目录项。

（17）添加正文的页眉。对于奇数页，页眉中的文字为“章序号”+“章名”；对于偶数页，页眉中的文字为“节序号”+“节名”。

（18）添加页脚。在页脚中插入页码，居中显示；正文前的页码采用“i，ii，iii，…”格式，页码连续；正文页码采用“1，2，3，…”格式，页码从 1 开始，页码连续。更新目录、图目录、表目录和引文目录。

（19）为整个文档插入一个封面“花丝”，并输入文档标题：“Word 2019 高级应用学习报告”，日期选择当前日期，并删除封面上其余文本占位符。

（20）以文件名“Word 2019(排版结果).docx”保存，并另外生成一个同名的 PDF 文档进行保存。

1.2 知识要点

（1）布局的设置。

（2）字符格式、段落格式的设置。

（3）样式的建立、修改及应用；章节编号的自动生成；项目符号和编号的使用。

（4）目录、图表目录和引文目录的生成和更新。

（5）题注、交叉引用的使用。

（6）分节的设置。

（7）水印和 SmartArt 图形的生成及编辑。

（8）图表生成和表格数据的运算。

（9）页眉、页脚的设置。

（10）域的插入与更新。

（11）文档封面的设置。

1.3 操作步骤

1. 文档版面

调整文档整体布局的操作步骤如下：

扫一扫

第1~3题

① 打开要操作的原始 Word 文档，文件名为“Word 2019.docx”。

② 单击“布局”选项卡“页面设置”组右下角的对话框启动器按钮，弹出“页面设置”对话框。

③ 在“页面设置”对话框的“页边距”选项卡中，设置页边距的上、下、左、右边距都为“2 厘米”。在“应用于”下拉列表框中选择“整篇文档”选项，如图 1-2 所示。

④ 在对话框中单击“纸张”选项卡，在纸张大小下拉列表框中选择“自定义大小”选项，设置纸张宽度为“20.5 厘米”，高度为“30 厘米”。在“应用于”下拉列表中选择“整篇文档”选项。

⑤ 单击“确定”按钮，完成页面设置。

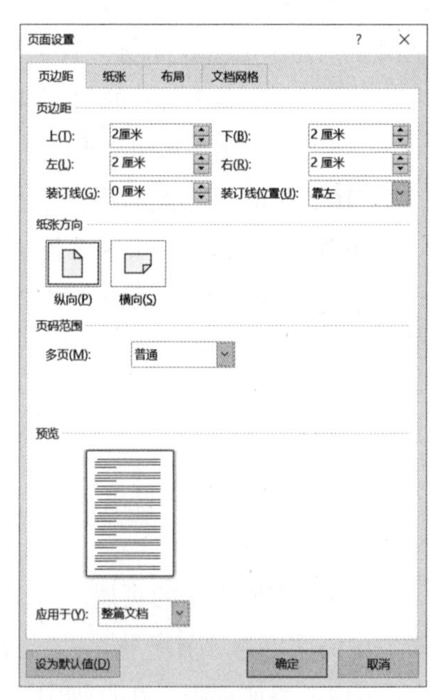

图 1-2 “页面设置”对话框

2. 章名和节名标题样式的建立

章名和节名的标题样式可以放在一起进行设置，操作过程主要分为标题样式的建立、修改及应用。标题样式的建立可以利用多级列表结合标题 1 样式和标题 2 样式来实现，具体操作步骤如下：

① 将光标定位在文档第 1 章所在的标题文本中的任意位置，单击“开始”选项卡“段落”组中的“多级列表”下拉按钮，弹出如图 1-3 所示的下拉列表。

② 选择下拉列表中的“定义新的多级列表”命令，弹出“定义新多级列表”对话框。单击对话框左下角的“更多”按钮，如图 1-4 所示。

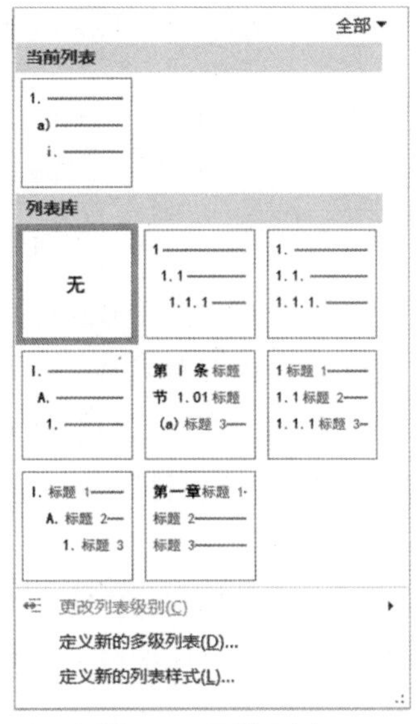

图 1-3 下拉列表

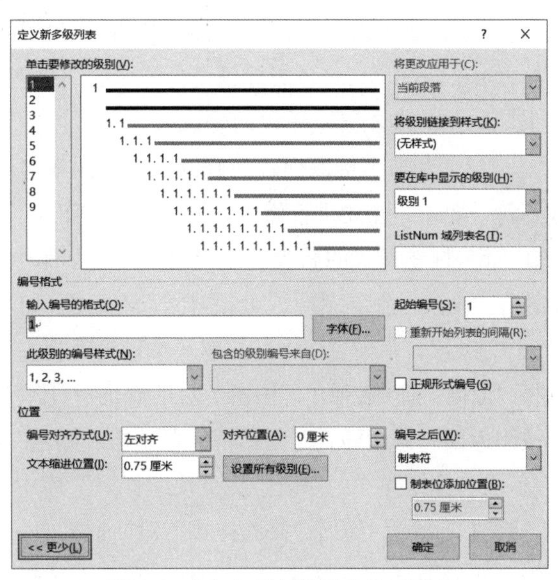

图 1-4 “定义新多级列表”对话框

- 章名标题样式的建立。在“定义新多级列表”对话框中的“单击要修改的级别”列表框中选择“级别”为“1”的项，即用来设定章名标题样式。在“输入编号的格式”文本框中将会自动出现带灰色底纹的数字“1”，即为自动编号。在数字“1”的前面和后面分别输入文字“第”和“章”。若“输入编号的格式”文本框中无自动编号，可在“此级别的编号样式”下拉列表框中选择“1, 2, 3, …”格式的编号样式。编号对齐方式选择“左对齐”，对齐位置设置为“0 厘米”，文本缩进位置设置为“0 厘米”，在“编号之后”下拉列表框中选择“空格”。在“将级别链接到样式”下拉列表框中选择“标题 1”样式。
- 节名标题样式的建立。在“定义新多级列表”对话框中的“单击要修改的级别”列表框中选择“级别”为“2”的项，即用来设定节名标题样式。在“输入编号的格式”文本框中将自动出现带灰色底纹的数字“1.1”，即为自动编号。若“输入编号的格式”文本框中无自动编号，可先在“包含的级别编号来自”下拉列表框中选择“级别 1”，在“输入编号的格式”文本框中将自动出现带灰色底纹的数字“1”，在数字“1”的后面输入“.”，然后在“此级别的编号样式”下拉列表框中选择“1,2,3,…”格式的编号样式即可。编号对齐方式选择“左对齐”，对齐位置设置为“0 厘米”，文本缩进位置设置为“0 厘米”，在“编号之后”下拉列表框中选择“空格”。在“将级别链接到样式”下拉列表框中选择“标题 2”样式。单击“确定”按钮完成章名、节名标题样式的设置。

特别强调，章名、节名标题样式设置全部完成后，再单击“确定”按钮退出“定义新多级列表”对话框。

③ 在“开始”选项卡“样式”组中的“快速样式”库中将会出现标题1和标题2样式，分别形如“第1章 标题1”和“1.1 标题2”，如图1-5所示。

图1-5 标题1和标题2样式

各级标题的缩进值设置还可以采取以下方法：在“定义新多级列表”对话框中单击“设置所有级别”按钮，弹出“设置所有级别”对话框，如图1-6所示，将各级标题设为统一的缩进值，如“0厘米”。

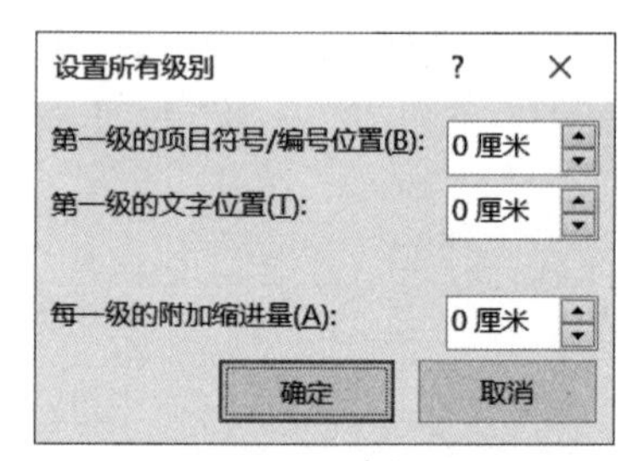

图1-6 “设置所有级别”对话框

3. 章名和节名标题样式的修改及应用

（1）章名和节名标题样式的修改。设置的章名和节名标题样式还不符合要求，需要进行修改，操作步骤如下：

① 章名标题样式的修改。在“快速样式”库中右击样式“第1章 标题1”，在弹出的快捷菜单中选择“修改”命令，弹出“修改样式”对话框，如图1-7所示。在该对话框中，字体选择“黑体”，字号为“三号”，单击“居中”按钮。单击对话框左下角的“格式”下拉按钮，在弹出的下拉列表中选择“段落”命令，弹出“段落”对话框，进行段落格式设置，设置左缩进为“0字符”。单击“确定”按钮返回“修改样式”对话框，再单击“确定”按钮完成设置。

② 节名标题样式的修改。在“快速样式”库中右击样式“1.1 标题2”，在弹出的快捷菜单中选择“修改”命令，弹出“修改样式”对话框，如图1-8所示。在该对话框中，字体选择“隶书”，字号为“四号”，单击“左对齐”按钮。单击对话框左下角的“格式”按钮，在弹出的下拉列表中选择“段落”命令，弹出“段落”对话框，进行段落格式设置，设置左缩进为“0字符”。单击“确定”按钮返回“修改样式”对话框，再单击“确定”按钮完成设置。

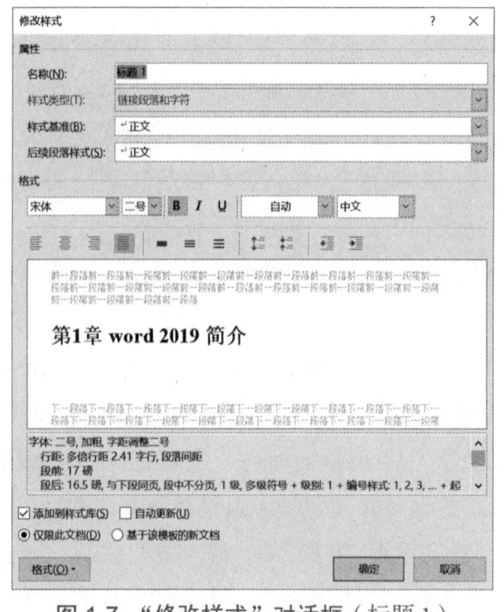

图1-7 “修改样式”对话框（标题1）

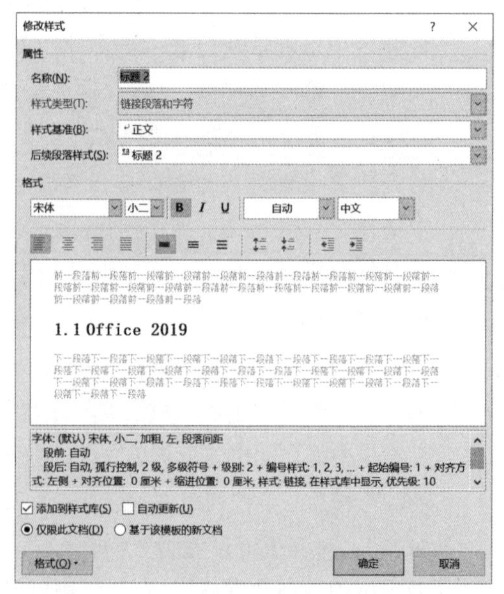

图1-8 “修改样式”对话框（标题2）

（2）章名和节名标题样式的应用，操作步骤如下：

① 章名。将光标定位在文档中的章名所在行的任意位置，单击“快速样式”库中的样式“第 1 章 标题 1”，则章名将自动设为指定的样式格式，然后删除原有的章名编号。其余章名应用样式的方法类似，也可用格式刷进行格式复制实现相应操作。

② 节名。将光标定位在文档中的节名所在行的任意位置，单击“快速样式”库中的样式“1.1 标题 2”，则节名将自动设为指定的样式格式，然后删除原有的节名编号。其余节名应用样式的方法类似，也可用格式刷进行格式复制实现相应操作。

（3）标题样式的显示。在 Word 2019 中，“快速样式”库中的部分样式在使用前是隐藏的，甚至在“样式”窗格中也有可能找不到其样式名称，可以按照下面的操作显示被隐藏的样式，并以修改后的样式格式进行显示，操作步骤如下：

① 单击“开始”选项卡“样式”组右下角的对话框启动器按钮，打开“样式”窗格。

② 选择窗格底部的“显示预览”复选框，窗格中显示为最新修改过的各个样式。

③ 单击“样式”窗格右下角的“选项”按钮，弹出“样式窗格选项”对话框。在“选择要显示的样式”下拉列表框中选择“所有样式”，如图 1-9 所示，单击“确定”按钮返回。“样式”窗格中将显示 Word 2019 的所有样式，包括修改后的标题样式。

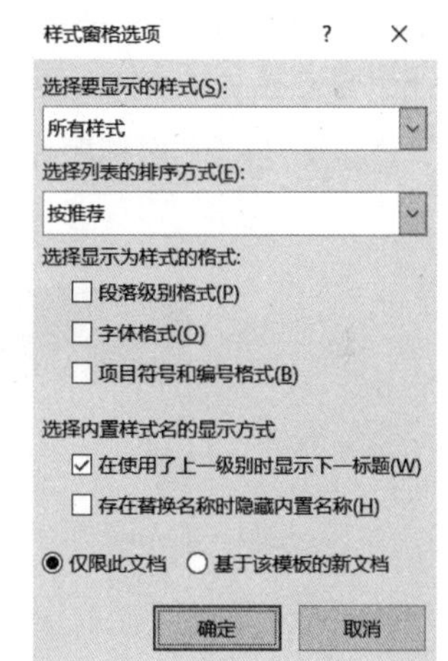

图 1-9 “样式窗格选项”对话框

4. “样式 0001”的建立与应用

（1）新建“样式 0001”，具体操作步骤如下：

① 将光标定位到正文中除各级标题行的正文文本中的任意位置。

② 单击“开始”选项卡“样式”组右下角的对话框启动器按钮，打开“样式”窗格。单击“样式”窗格左下角的“新建样式”按钮，弹出“根据格式化创建新样式”对话框。

③ 在“名称”文本框中输入新样式的名称“样式 0001”。

④ 在“样式类型”下拉列表框中选择“段落”选项；在“样式基准”下拉列表框中选择“正文”选项。

⑤ 单击对话框左下角的“格式”下拉按钮，在弹出的下拉列表中选择“字体”命令，弹出“字体”对话框，进行字符格式设置，中文字体为“仿宋”，西文字体为“Times New Roman”，字号为“小四”。设置好字符格式后，单击“确定”按钮返回。

⑥ 单击对话框左下角的“格式”下拉按钮，在弹出的下拉列表中选择“段落”命令，弹出“段落”对话框，进行段落格式设置，左缩进“0 字符”，首行缩进“2 字符”，行距“1.5 倍行距”。设置好段落格式后，单击“确定”按钮返回。

⑦ 在“根据格式化创建新样式”对话框中单击“确定”按钮，“样式”窗格中会显示新创建的样式“样式 0001”，该样式也会显示在“快速样式”库中。

（2）应用样式“样式 0001”，具体操作步骤如下：

① 将光标定位到正文中除各级标题、表格、表和图的题注的文本中的任意位置，也可以选择所需文字，或同时选择多个段落的文字。

② 单击“开始”选项卡“样式”组右下角的对话框启动器按钮，打开“样式”窗格。

③ 选择“样式 0001”，光标所在段落或选择的文字部分即自动设置为所选样式。也可以选择“快速样式”库中的“样式 0001”加以应用。

④ 用相同的方法将“样式 0001”应用于正文中的其他段落文字。

注意：正文中的标题（标题 1、标题 2）、表格（表格内数据）、表和图的题注禁止使用定义的样式“样式 0001”。若正文中已有自动编号或项目符号，也不可使用样式“样式 0001”，否则原有自动编号或符号将自动删除。

包括章名、节名标题样式和新建样式“样式 0001”在内，应用样式之后的文档格式如图 1-10 所示。

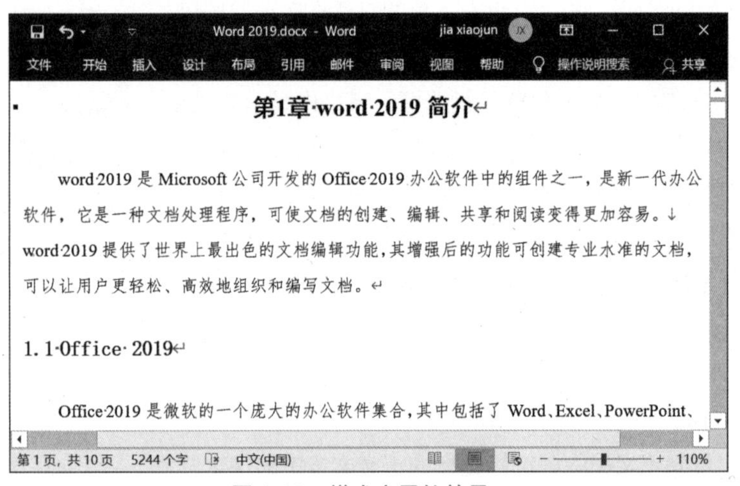

图 1-10 样式应用的效果

5. 编号与项目符号

（1）添加编号，操作步骤如下：

① 将光标定位在正文中第一处出现形如“1.，2.，3.，…”的段落中的任意位置，或选择该段落，或通过按【Ctrl】键加鼠标拖动方式选择要设置自动编号的多个段落，然后单击“开始”选项卡“段落”组中的“编号”下拉按钮，弹出如图 1-11 所示的“编号库”下拉列表。

② 选择与正文编号一样的编号类型即可。如果没有格式相同的编号，可选择“定义新编号格式”命令，弹出“定义新编号格式”对话框，如图 1-12 所示，在对话框中设置编号样式、编号格式、对齐方式等。设置好编号格式后单击“确定”按钮。

③ 光标所在段落前面将自动出现编号“1.”，其余段落可以通过步骤①和②实现，也可采用“格式刷”按钮进行自动编号格式复制。插入自动编号后，原来文本中的编号需人工删除。

④ 插入自动编号后，编号数字将以递增的方式出现。根据实际需要，当编号在不同的章节中出现时，其起始编号应该重新从 1 开始编号，上述方法可能无法自动更改。若使编号重新从 1 开始，操作方法为：右击该编号，在弹出的快捷菜单中选择“重新开始于 1”命令即可。

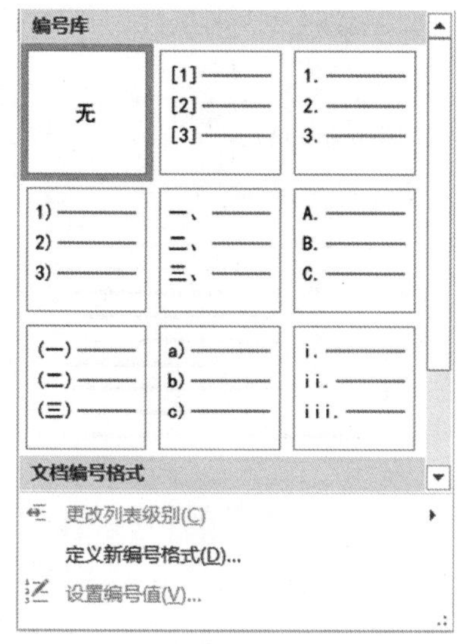

图 1-11 “编号库”下拉列表

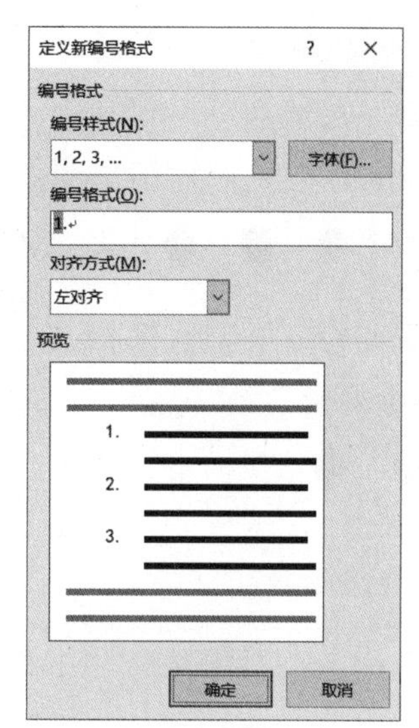

图 1-12 “定义新编号格式”对话框

注意：在选择多个要插入自动编号的段落插入自动编号后，第一个段落的自动编号可能为“a)”，后面依次为“2.，3.，…”。要将“a)”调整为自动编号“1.”，一种便捷的操作方法是用“格式刷”按钮，操作方法为：选择自动编号“2.”，单击“格式刷”按钮后，然后去刷“a)”，“a)”将自动变为“1.”。

对于形如“1），2），3），…”的自动编号的设置方法，可参照前述编号“1.，2.，3.，…”的设置方法。

插入自动编号后，编号所在段落的段落缩进格式将自动设置为相应的默认值，例如本题，左缩进为 0.85 厘米，悬挂缩进为 0.74 厘米。与正文的其他段落格式不一样（正文段落格式为左缩进 0 厘米，首行缩进 2 字符）。可以修改这些段落格式（如果需要的话），操作步骤如下：

① 将插入点定位在要修改的段落中任意位置，或选择该段落，或同时选择多个段落。

② 单击“开始”选项卡“段落”组中右下角的对话框启动器按钮，弹出“段落”格式对话框。

③ 在该对话框中，将缩进的“左侧”文本框中的值改为“0 厘米”，在“特殊格式”下拉列表中选择“首行缩进”选项，在“磅值”下面的文本框中删除原有值，输入“2 字符”。

④ 单击“确定”按钮，完成段落格式的设置。

（2）添加项目符号，操作步骤如下：

① 将光标定位在第 3 章中首次出现“1），2），3），…”段落编号的任意位置，或选择段落，或通过按【Ctrl】键加鼠标拖动方式选择要设置项目符号的多个段落，单击“开始”选项卡“段落”组中的“项目符号”下拉按钮，弹出如图 1-13 所示的“项目符号库”下拉列表。

② 选择所需的项目符号即可。如果没有所需的项目符号，选择“定义新项目符号”命令，弹出“定义新项目符号”对话框，如图 1-14 所示。

③ 单击“定义新项目符号”对话框中的“符号”或“图片”按钮，弹出“符号”对话框或“图片项目符号”对话框，根据需要选择所需的项目符号。这种方法可以将某张图片作为项目符号添加到选择的段落中。这里直接选择实心的五角星“★”，然后单击“确定”按钮。

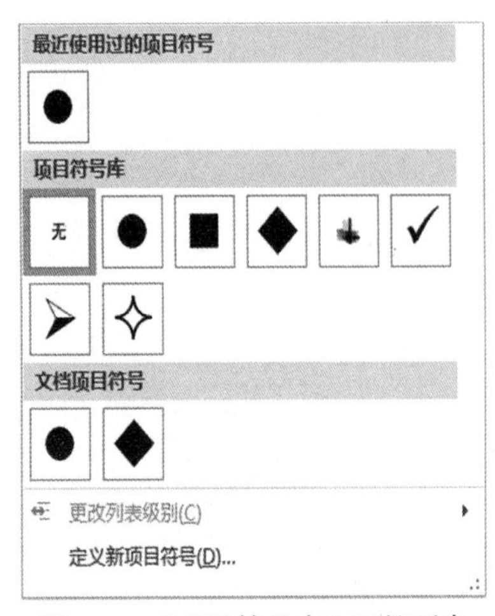

图 1-13 “项目符号库”下拉列表

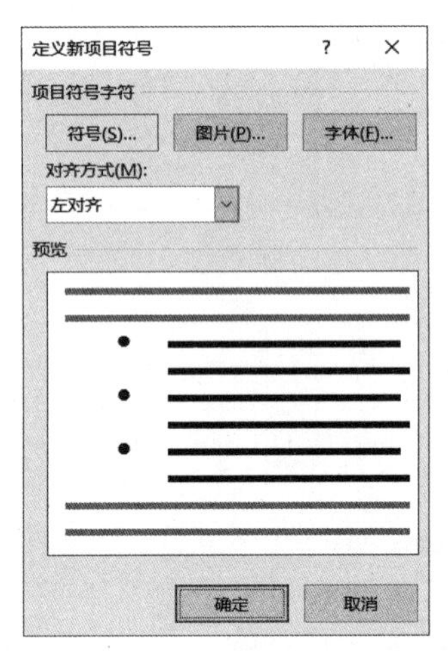

图 1-14 “定义新项目符号”对话框

④ 光标所在段落前面将自动出现项目符号“★”，其余段落可以通过步骤①～步骤③实现，也可采用“格式刷”自动添加项目符号。

插入项目符号后，符号所在段落的段落缩进格式将自动设置为相应的默认值，若要修改为与正文其他段落相同的段落格式，其操作步骤可参考自动编号段落格式的修改，在此不再赘述。

6. 图题注与交叉引用

首先要建立图题注，然后才能对其进行交叉引用。

扫一扫

第6、7题

（1）创建图题注，操作步骤如下：

① 将光标定位在文档中第一个图下面一行文字的左侧，单击“引用”选项卡“题注”组中的“插入题注”按钮，弹出“题注”对话框，如图 1-15 所示。

② 在“标签”下拉列表框中选择“图”选项。若没有标签“图”，单击“新建标签”按钮，在弹出的“新建标签”对话框中输入标签名称“图”，单击“确定”按钮返回。

③“题注”文本框中将会出现“图 1”。单击“编号”按钮，弹出“题注编号”对话框。在对话框中选择格式为“1，2，3，…”的类型，选择“包含章节号”复选框，在“章节起始样式”下拉列表框中选择“标题 1”选项，在“使用分隔符”下拉列表框中选择“-(连字符)”选项，如图 1-16 所示。单击“确定”按钮返回“题注”对话框，“题注”文本框中将自动出现“图 1-1”。

题注
题注(C):
Figure 1
选项
标签(L): Figure
位置(P): 所选项目下方
从题注中排除标签(E)
新建标签(N)... 删除标签(D) 编号(U)...
自动插入题注(A)... 确定 取消

图 1-15 “题注”对话框

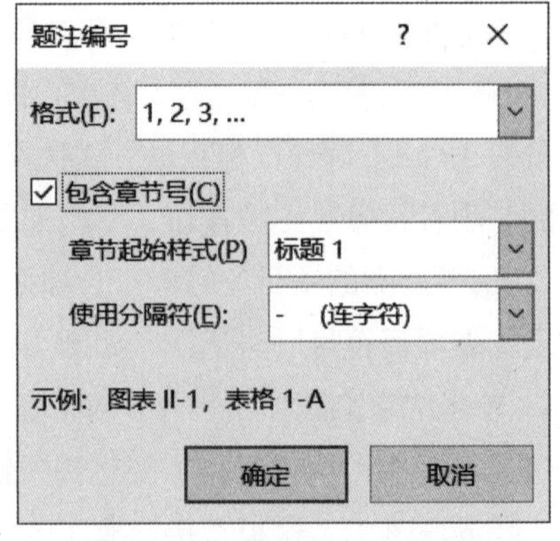

图 1-16 “题注编号”对话框

④ 单击“确定”按钮完成题注的添加，插入点位置将会自动出现“图 1-1”题注编号。选择图题注及图，单击“开始”选项卡“段落”组中的“居中”按钮，实现图题注及图的居中显示。

⑤ 重复步骤①和②，可以插入其他图的题注。或者将第一个图的题注编号“图 1-1”复制到其他图下面一行文字的前面，并通过“更新域”操作实现题注编号的自动更新，即选择题注编号，按【F9】键，或右击并从弹出的快捷菜单中选择“更新域”命令。

插入题注后，题注的字符格式默认为“黑体，10 磅”。若需要，可直接修改其字符格式或用格式刷实现格式修改。

（2）图题注的交叉引用，操作步骤如下：

① 选择文档中第一个图对应的正文中的“下图”文字并删除。单击“引用”选项卡“题注”组中的“交叉引用”按钮，弹出“交叉引用”对话框。

② 在“引用类型”下拉列表框中选择“图”选项。在“引用内容”下拉列表框中选择“仅标签和标号”选项，如图 1-17 所示。在“引用哪一个题注”列表框中选择要引用的题注，单击“插入”按钮。

③ 选择的题注编号将自动添加到文档中。按照步骤②的方法可实现所有图的交叉引用。插入需要的所有交叉引用题注后单击“关闭”按钮，完成交叉引用的操作。

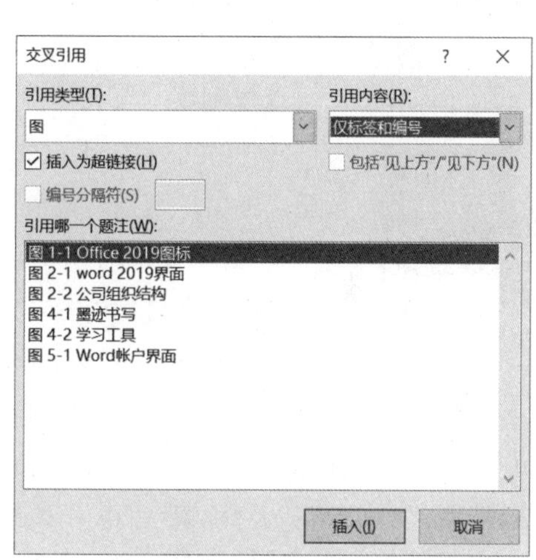

图 1-17 “交叉引用”对话框

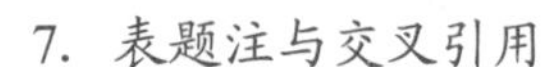
7. 表题注与交叉引用

首先要建立表题注，然后才能对其进行交叉引用。

（1）创建表题注，操作步骤如下：

① 将光标定位在文档中第一张表上面一行文字的左侧，单击“引用”选项卡“题注”组中的“插入题注”按钮，弹出“题注”对话框。

② 在“标签”下拉列表框中选择“表”选项。若没有标签“表”，单击“新建标签”按钮，在弹出的“新建标签”对话框中输入标签名称“表”，单击“确定”按钮返回。

③“题注”文本框中将会出现“表 1”。单击“编号”按钮,弹出“题注编号”对话框。在“题注编号”对话框中选择“格式”为“1，2，3，…”的类型，选择“包含章节号”复选框，在“章节起始样式”下拉列表框中选择“标题 1”选项,在“使用分隔符”下拉列表框中选择“-（连字符）”选项。单击“确定”按钮返回“题注”对话框，“题注”文本框中将自动出现“表 1-1”。

④ 单击“确定”按钮完成表题注的添加，插入点位置将会自动出现“表 1-1”题注编号。单击“居中”按钮，实现表题注的居中显示。右击表格的任意单元格，在弹出的快捷菜单中选择“表格属性”命令，弹出“表格属性”对话框，选择“表格”选项卡中的“居中”对齐方式，单击“确定”按钮完成表格居中设置。

⑤ 重复步骤①和②，可以插入其他表的题注。或者将第一个表的题注编号“表 1-1”复制到其他表上面一行文字的左侧，并通过“更新域”操作实现题注编号的自动更新。

（2）表题注的交叉引用，操作步骤如下：

① 选择第一张表对应的正文中的“下表”文字并删除。单击“引用”选项卡“题注”组中的“交叉引用”按钮，弹出“交叉引用”对话框。

② 在“引用类型”下拉列表框中选择“表”选项，在“引用内容”下拉列表框中选择“仅标签和标号”选项，在“引用哪一个题注”列表框中选择要引用的题注，单击“插入”按钮。

③ 选择的题注编号将自动添加到文档中。按照步骤②的方法可实现所有表的交叉引用。插入需要的所有交叉引用题注后单击“关闭”按钮，完成表的交叉引用的操作。

8. 查找与替换

扫一扫

第8、9题

这里利用“查找与替换”功能实现相关操作，操作步骤如下：

① 将光标定位于正文中的任意位置，单击“开始”选项卡“编辑”组中的“替换”按钮，弹出“查找和替换”对话框，如图 1-18（a）所示。

② 在“查找内容”下拉列表框中输入查找的内容“word”，在“替换为”下拉列表框中输入目标内容“Word”。

③ 单击对话框左下角的“更多”按钮，弹出更多选项。将光标定位于“替换为”下拉列表框中的任意位置，也可选择其中的内容。

④ 单击对话框左下角的“格式”按钮，在弹出的下拉列表中选择“字体”命令，弹出“字体”对话框，选择字形为“加粗”，单击“确定”按钮返回“查找和替换”对话框。

⑤ 单击“全部替换”按钮，出现如图 1-18（b）所示的提示对话框，单击“确定”按钮完成全文中的“word”替换操作。

⑥ 删除“查找内容”下拉列表框中的内容，单击对话框底部的“特殊格式”下拉按钮，在弹出的下拉列表框中选择“手动换行符”，下拉列表框中将自动出现“^l”，或者直接在下拉列表框中输入“^l”，其中，“l”为小写字母。

⑦ 删除“替换为”下拉列表框中的内容，并单击对话框底部“不限定格式”按钮，取消格式设置，单击对话框底部的“特殊格式”下拉按钮，在弹出的下拉列表中选择“段落标记”，下拉列表框中将自动出现“^p”，或者直接在下拉列表框中输入“^p”，如图 1-18（c）所示。

⑧ 单击“全部替换”按钮，出现如图 1-18（d）所示的提示对话框，单击“确定”按钮完成全文中的手动换行符替换操作。

⑨ 单击“查找和替换”对话框中的“取消”或“关闭”按钮，将退出“查找和替换”对话框。

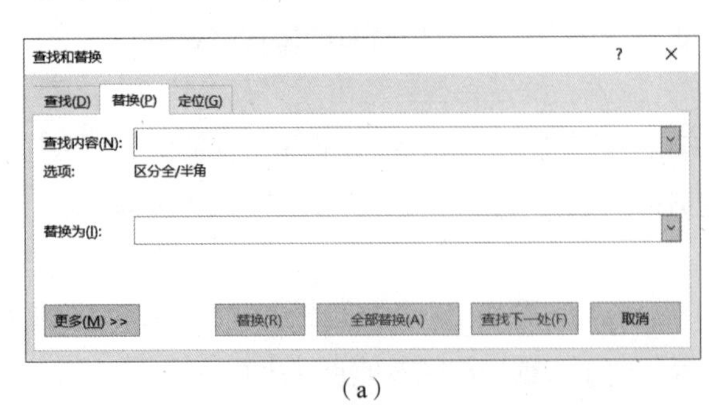

（a）

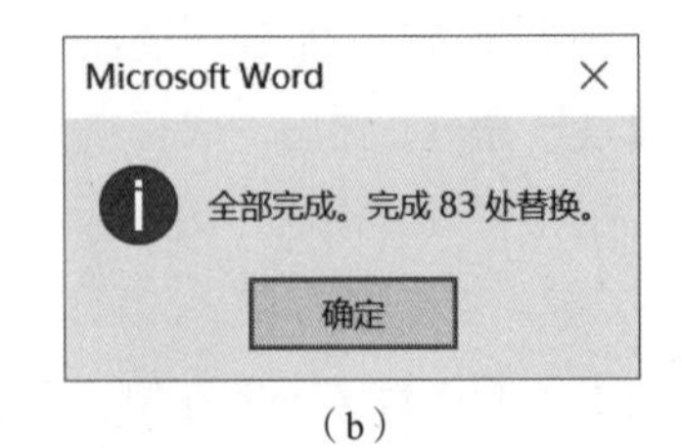

（b）

图 1-18　查找和替换

（c）

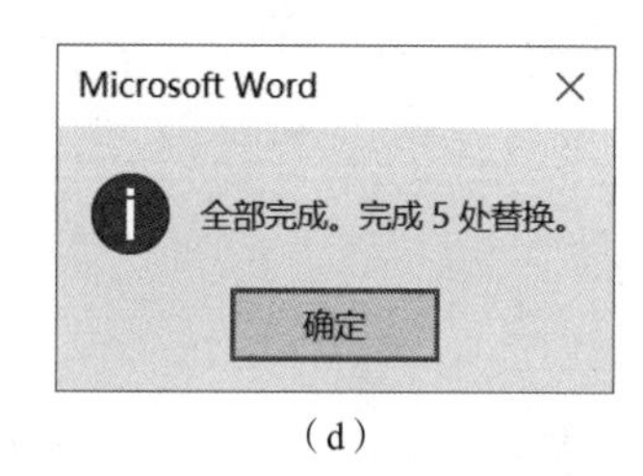

（d）

图 1-18　查找和替换（续）

9. 表格设置

本题实现表格行的增加及表格边框线的格式设置，操作步骤如下：

① 将光标定位在“表 1-1 Word 版本”表格第一行中的任意单元格中，或选择表格第一行。单击“表格工具 / 布局”选项卡“行和列”组中的“在上方插入”按钮，将在表格第一行的上方自动插入一个空白行。

② 分别在第一行的左、右单元格中输入表头内容“时间”和“版本”。

③ 将光标定位于表格的任意单元格中，或选择整个表格，也可以单击出现在表格左上角的按钮“⊞”选择整个表格。单击“表格工具 / 设计”选项卡“边框”组中的“边框”按钮的下拉按钮，从弹出的下拉列表中选择“边框和底纹”命令，弹出“边框和底纹”对话框。或者单击“边框”组右下角的对话框启动器按钮也可弹出该对话框。

④ 在“设置”栏中选择“自定义”选项，在“宽度”下拉列表框中选择“1.5 磅”选项，在“预览”栏的表格中，将显示表格的所有边框线。直接双击表格的 3 条竖线及表格内部的横线以去掉所对应的边框线，即仅剩下表格的上边线和下边线。在表格剩下的上边线及下边线上单击，表格的上下边线将自动设置为对应的边框线格式。“应用于”下拉列表框中选择“表格”选项，如图 1-19（a）所示。

⑤ 单击“确定”按钮，表格将变成如图 1-19（b）所示的样式。

⑥ 选择表格的第 1 行，按前述步骤进入“边框和底纹”对话框，单击“自定义”选项，在“宽度”下拉列表框中选择“0.75 磅”选项，在“预览”栏的表格中，直接单击表格的下边线。“预览”栏中的表格样式如图 1-19（c）所示。“应用于”下拉列表框中选择“单元格”选项。

⑦ 单击“确定”按钮，表格将变成如图 1-19（d）所示的排版结果。

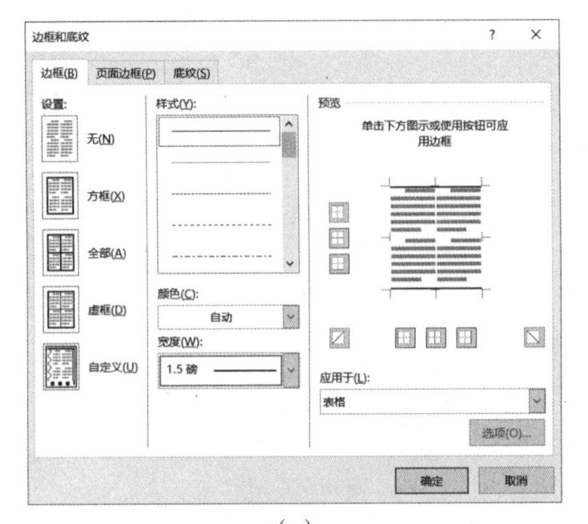

（a）

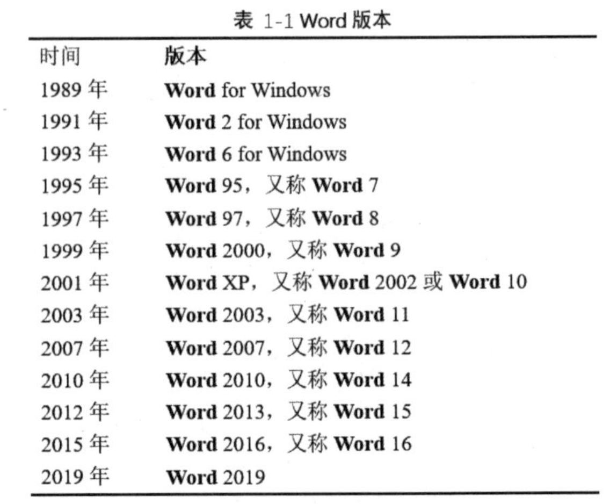

表 1-1 Word 版本

时间	版本
1989 年	**Word** for Windows
1991 年	**Word** 2 for Windows
1993 年	**Word** 6 for Windows
1995 年	**Word** 95，又称 **Word** 7
1997 年	**Word** 97，又称 **Word** 8
1999 年	**Word** 2000，又称 **Word** 9
2001 年	**Word** XP，又称 **Word** 2002 或 **Word** 10
2003 年	**Word** 2003，又称 **Word** 11
2007 年	**Word** 2007，又称 **Word** 12
2010 年	**Word** 2010，又称 **Word** 14
2012 年	**Word** 2013，又称 **Word** 15
2015 年	**Word** 2016，又称 **Word** 16
2019 年	**Word** 2019

（b）

（c）

表 1-1 Word 版本

时间	版本
1989 年	**Word** for Windows
1991 年	**Word** 2 for Windows
1993 年	**Word** 6 for Windows
1995 年	**Word** 95，又称 **Word** 7
1997 年	**Word** 97，又称 **Word** 8
1999 年	**Word** 2000，又称 **Word** 9
2001 年	**Word** XP，又称 **Word** 2002 或 **Word** 10
2003 年	**Word** 2003，又称 **Word** 11
2007 年	**Word** 2007，又称 **Word** 12
2010 年	**Word** 2010，又称 **Word** 14
2012 年	**Word** 2013，又称 **Word** 15
2015 年	**Word** 2016，又称 **Word** 16
2019 年	**Word** 2019

（d）

图 1-19 边框设置

扫一扫

第10题

10. SmartArt 图形

插入及编辑 SmartArt 图形的操作步骤如下：

① 将光标定位在文档中“图 2-2 公司组织结构”图形的右侧，单击“插入”选项卡“插图”组中的“SmartArt”按钮，弹出“选择 SmartArt 图形”对话框，如图 1-20 所示。

② 在对话框左边的列表中选择“层次结构”选项，然后在右边窗格中选择图形样式“组织结构图”。

③ 单击“确定”按钮，在光标处将自动插入一个基本组织结构图。

④ 在各个文本框中直接输入相应的文字，如图 1-21（a）所示。

⑤ 选择“项目总监”所在的文本框，单击“SmartArt 工具 / 设计”选项卡“创建图形”组中的“添加形状”下拉按钮，在弹出的下拉列表中选择“在下方添加形状”命令，将在“项目总监”文本框的下方自动添加一个文本框，输入文字“规划部”。单击“项目总监”文本框与“规划部”文本

框之间的连接线，再单击“SmartArt 工具 / 设计”选项卡“创建图形”组中的“布局”下拉按钮，从下拉列表中选择“标准”命令。

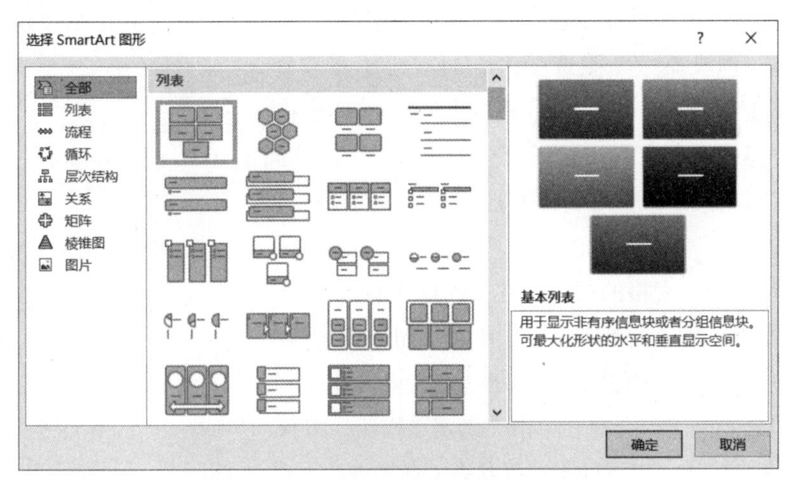

图 1-20　“选择 SmartArt 图形”对话框

⑥ 选择“技术总监”文本框，单击“创建图形”组中的“添加形状”下拉按钮，在弹出的下拉列表中选择“在下方添加形状”命令，将在“技术总监”文本框的下方添加一个文本框，输入文字“方案执行部”即可。重复此步骤，可在“方案执行部”文本框的后面添加“技术支持部”文本框。设置时，方向选择“在后面添加形状”。

⑦ 按照上述操作方法，可以将“政府事业”文本框与“企业”文本框添加进去。

⑧ 右击 SmartArt 图形的边框，在弹出的快捷菜单中选择“其他布局选项”命令，弹出“布局”对话框。切换到“大小”选项卡，在高度和宽度处分别输入“5 厘米”和“7 厘米”，单击“确定”按钮，完成 SmartArt 图形的创建，如图 1-21（b）所示。

⑨ 选择文档中的原图，按【Delete】键删除。

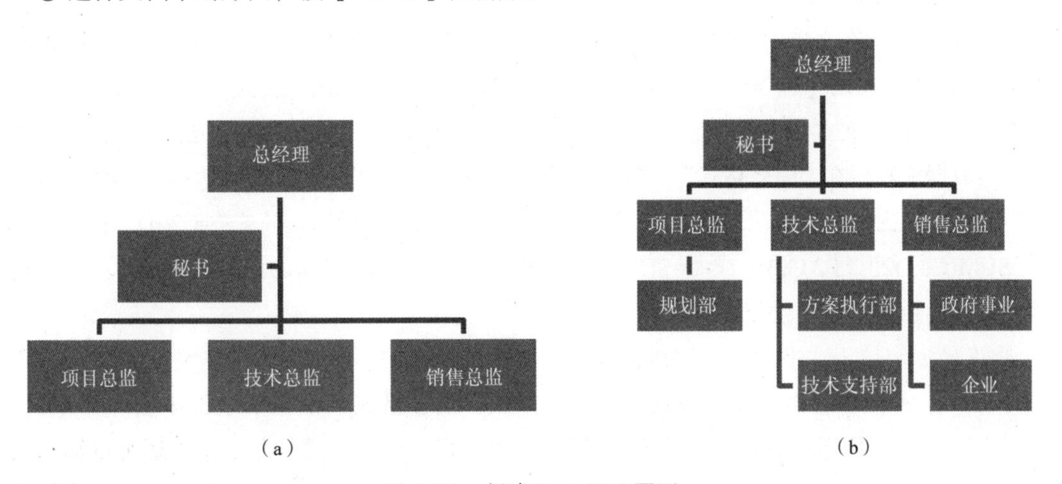

图 1-21　创建 SmartArt 图形

11. 表格制作与计算

本题实现 Word 2019 表格的制作以及表格内数据的计算，分为两个大的操作步骤，首先实现

扫一扫

第11题

表格的制作，然后进行表格数据计算。

（1）表格制作的操作步骤如下：

① 拖动鼠标，选择要转换成表格数据的文本，但文本“学生成绩表”所在行不要选择。单击“插入”选项卡“表格”组中的“表格”下拉按钮，在弹出的下拉列表中选择“文本转换成表格”命令，弹出“将文字转换成表格”对话框，如图 1-22 所示。

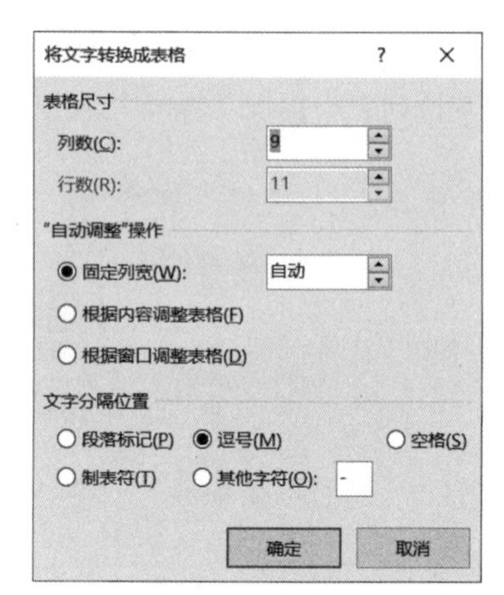

图 1-22 “将文字转换成表格”对话框

② 在该对话框中，表格的行、列数根据选择的文本数据自动出现；选择“根据内容调整表格”单选按钮，使表格各列列宽根据数据长度自动调整；文字分隔位置将自动选择，也可以根据数据分隔符进行选择。单击“确定”按钮，将自动生成一个 11 行 ×9 列的表格。

③ 生成的表格默认状态下处于选择状态（选择表格），单击“开始”选项卡“段落”组中的“居中”按钮，整个表格将水平居中。

④ 单击表格左上角第一个单元格，然后拖动鼠标直到右下角最后一个单元格，表示选择了表格内的所有单元格的数据，单击“开始”选项卡“段落”组中的“居中”按钮，实现表格内各个单元格中数据的水平居中。

⑤ 拖动鼠标，选择 A10 和 B10 两个单元格并右击，在弹出的快捷菜单中选择“合并单元格”命令，实现两个单元格的合并。按照相同方法，可以实现将 A11 和 B11 合并成一个单元格，区域 H10:I11 合并成一个单元格。

⑥ 将光标定位在表格上方一行文本的左侧，即文本“学生成绩表”的左侧。按照“插入题注”的操作步骤，插入题注并将该行居中显示，然后在文档中的相应位置交叉引用此表格题注。

（2）表格中数据的计算，其操作步骤如下：

① 将光标定位在文档中“表 2-1 学生成绩表”第 1 条记录“总分”字段下面的第 1 个单元格中，单击“表格工具 / 布局”选项卡“数据”组中的“公式”按钮，弹出“公式”对话框。

② 在“公式”文本框中已经显示出所需的公式“=SUM(LEFT)”，表示对光标左侧的所有数值型单元格数据求和。在“编号格式”下拉列表框中输入“0.0”，如图 1-23 所示。单击“确定”按钮，目标单元格中将出现计算结果“427.0”。在“公式”文本框中还可以输入公式“=C2+D2+E2+F2+G2”或“=SUM(C2,D2,E2,F2,G2)”或“=SUM(C2:G2)”，都可以得到相同的结果。按照类似的方法，可以计算出其余记录的“总分”列值。

③ 将光标定位于“平均分”字段下面的第 1 个单元格中，单击“数据”组中的“公式”按钮，弹出“公式”对话框。输入公式“=H2/5”，在“编号格式”下拉列表框中输入“0.0”，单击“确定”按钮，目标单元格中将出现计算结果“85.4”。在“公式”文本框中还可以输入公式“=(C2+D2+E2+F2+G2)/5”或“=SUM(C2,D2,E2,F2,G2)/5”或“=SUM(C2:G2)/5”或者用求平均值函数 AVERAGE 来实现，得到的结果均相同。按照类似的方法，可以计算出其余记录的“平均分”列值。

④ 将光标定位于“最大值”右侧的第 1 个单元格中，单击“数据”组中的“公式”按钮，弹出“公式”对话框。删除其中的默认公式，输入等号“=”，在“粘贴函数”下拉列表框中选择函数“MAX”，然后在函数后面的括号中输入“ABOVE”，或者输入“C2,C3,C4,C5,C6,C7,C8,C9”或者“C2:C9”，单击“确定”按钮，目标单元格中将出现计算结果“92”。按照类似的方法，可以计算出其余课程对应的最大值。

⑤ 最小值的计算方法类似于最大值，只不过选择的函数名为“MIN”。操作方法参照步骤④。

⑥ 表格数据计算的结果如图 1-24 所示。

公式 ? ×

公式(F):

=SUM(LEFT)

编号格式(N):

0.0

粘贴函数(U): 粘贴书签(B):

确定 取消

图 1-23 “公式”对话框

表 2-1 学生成绩表

学号	姓名	英语 1	计算机	高数	概率统计	体育	总分	平均分
202043885301	曾远善	78	90	82	83	94	427.0	85.4
202043885303	庞娟	85	80	79	92	83	419.0	83.8
202043885304	王相云	78	90	84	90	92	434.0	86.8
202043885306	赵杰武	83	89	83	80	86	421.0	84.2
202043885307	陈天浩	76	88	93	79	95	431.0	86.2
202043885308	詹元杰	92	83	80	87	92	434.0	86.8
202043885309	吴天	82	93	84	83	79	421.0	84.2
202043885310	熊招成	86	90	81	77	87	421.0	84.2
最大值		92	93	93	92	95		
最小值		76	80	79	77	79		

图 1-24 表格数据计算的结果

12．单页设置

扫一扫

第12、13题

本题可利用分节符结合页面设置功能来实现，操作步骤如下：

① 光标定位在文档中节标题“2.6 表格制作”的段首，由于“2.6”为自动编号，光标只能定位在文本“表格制作”的前面，或者选中编号。单击“布局”选项卡“页面设置”组中的“分隔符”下拉按钮，在弹出的下拉列表中选择“分节符 / 下一页”命令，“2.6 表格制作”（包含）开始的文档将在下一页中显示。

② 将光标定位在表格后面的段落的段首，例如本例，可定位在文本“第 3 章 Word 2019 的特点”的前面，由于“第 3 章”为自动编号，光标只能定位在文本“Word 2019 的特点”的前面或者选中这个编号，再单击“布局”选项卡“页面设置”组中的“分隔符”下拉按钮，在弹出的下拉列表中选择“分节符 / 下一页”命令，光标后面的文本将在下一页中显示。

③ 将光标定位在表格所在页的任意位置，单击“布局”选项卡“页面设置”组中的右下角对话框启动器按钮，弹出“页面设置”对话框，选择“页边距”选项卡。

④ 在对话框中设置页面的上、下、左、右页边距均为“1 厘米”，纸张方向选择“横向”选项。选择“布局”选项卡，页眉和页脚的边距均设置为“1 厘米”，在“应用于”下拉列表框中选择“本节”选项。单击“确定”按钮，设置后的效果如图 1-25 所示。

13．制作图表

本题实现将表格的目标数据制作成图表的形式进行显示，操作步骤如下：

① 将光标定位在表格下面的空白处，必须位于【Enter】键的前面（若无空白行，可先按【Enter】键产生空行）表示与表格处于同一节中。单击“插入”选项卡“插图”组中的“图表”命令，弹出“插入图表”对话框，如图 1-26（a）所示。

② 在对话框的左侧列表框中选择“柱形图”，在对话框右侧列表框中选择“簇状柱形图”，单击“确定”按钮。在插入点处将自动生成一个图表，如图 1-26（b）所示，图表数据来自于一个 Excel 文件，该 Excel 文件被自动启动并由系统提供初始数据，如图 1-27 所示。

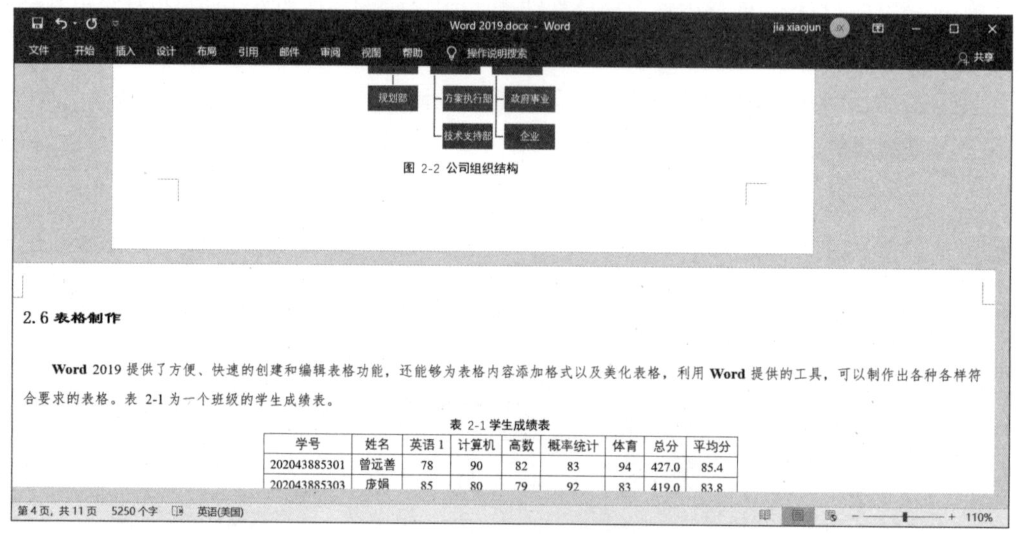

图 1-25 单页设置效果

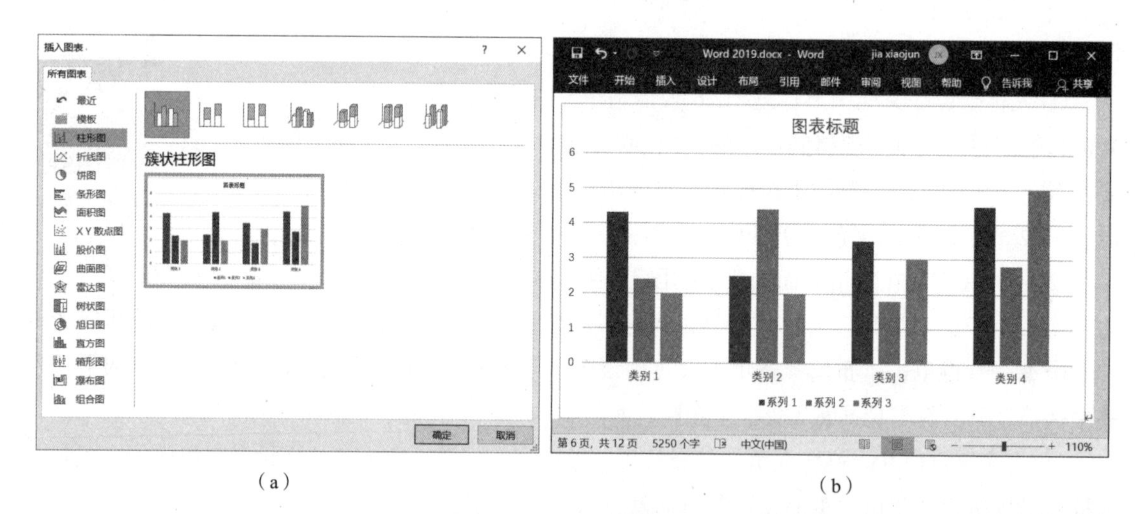

（a）　　　　（b）

图 1-26 插入图表

③ 选择自动产生的图表，单击“开始”选项卡“段落”组中的“居中”按钮，使图表居中显示。

④ 修改图 1-27 所示的 Excel 表格中的数据，以显示目标数据。拖动鼠标，选择“学生成绩表”表中的数据区域“B2:B9”，按【Ctrl+C】组合键进行复制，也可用其他方法进行复制。

Microsoft Word 中的...

	A	B	C	D	E
1		系列 1	系列 2	系列 3	
2	类别 1	4.3	2.4	2	
3	类别 2	2.5	4.4	2	
4	类别 3	3.5	1.8	3	
5	类别 4	4.5	2.8	5	
6					

图 1-27 Excel 数据

⑤ 单击 Excel 中的单元格 A2，即“类别 1”所在的单元格，按【Ctrl+V】组合键进行粘贴，也可用

其他方法实现粘贴。在弹出的对话框中单击“确定”按钮，实现将选择的姓名列复制到 Excel 中的类别列操作。

⑥ 拖动鼠标，选择“学生成绩表”表中的数据区域“C1:G9”，按【Ctrl+C】组合键进行复制。单击 Excel 中的单元格 B1，即“序列 1”所在的单元格，按【Ctrl+V】组合键进行粘贴。Excel 中的数据区域即为目标数据，如图 1-28（a）所示。

⑦ Word 中的图表将自动调整为 Excel 中的数据所对应的图表。

⑧ 选择图表，单击“图表格工具 / 设计”选项卡“图表布局”组中的“添加图表元素”下拉按钮，在弹出的下拉列表中选择“图表标题”中的“图表上方”命令，在图表的上方将自动插入一个图表标题文本框，删除文本框中的信息，输入“学生成绩表”。若有标题框可直接单击该标题框，然后输入图表标题。选择“格式”选项卡“大小”组中的“高度”文本框，将文本框中的值修改为“6.5 厘米”，宽度文本框的值不变，结果如图 1-28（b）所示。

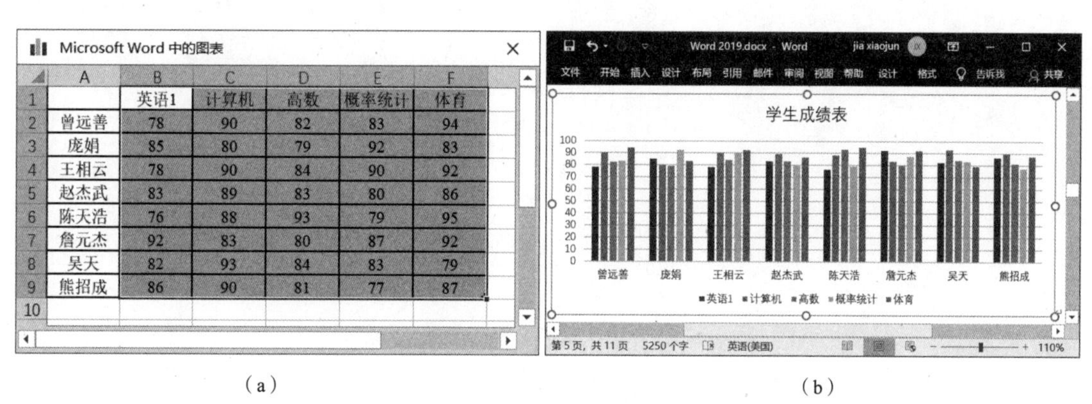

	A	B	C	D	E	F
1		英语1	计算机	高数	概率统计	体育
2	曾远善	78	90	82	83	94
3	庞娟	85	80	79	92	83
4	王相云	78	90	84	90	92
5	赵杰武	83	89	83	80	86
6	陈天浩	76	88	93	79	95
7	詹元杰	92	83	80	87	92
8	吴天	82	93	84	83	79
9	熊招成	86	90	81	77	87
10						

（a）　　（b）

图 1-28　Excel 数据及 Word 图表

14. 引文标记

本题将实现为全文中的“《计算机软件保护条例》”建立引文标记，操作步骤如下：

扫一扫

第14、15题

① 在文档的正文中选择要创建引文标记的文本“《计算机软件保护条例》”（选择一个即可）。单击“引用”选项卡“引文目录”组中的“标记引文”按钮，弹出“标记引文”对话框，如图 1-29 所示。

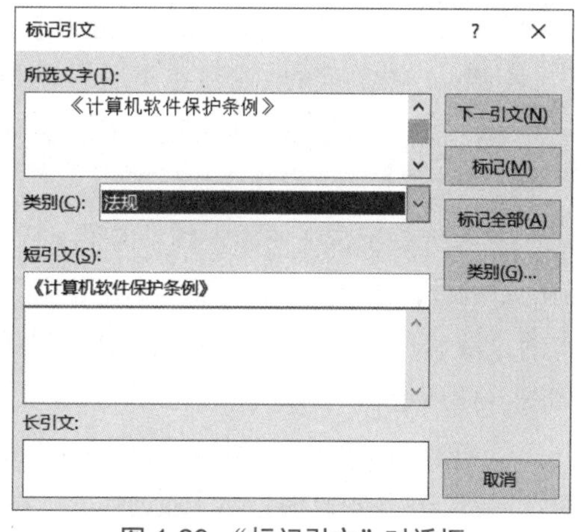

图 1-29　“标记引文”对话框

② 在“所选文字”列表框中将显示选择的文本，在“类别”下拉列表框中选择引文的类别为“法规”。

③ 单击“标记全部”按钮，文档中所有的“《计算机软件保护条例》”将自动加上引文标记“{ TA \s “《计算机软件保护条例》” }”。

④ 单击“关闭”按钮完成标记引文的操作。

⑤ 单击“开始”选项卡“段落”组中的“显示 / 隐藏编辑标记”按钮，隐藏引文标记。再

次单击，可显示引文标记。

15. 制作水印

制作水印的具体操作步骤如下：

① 单击“设计”选项卡“页面背景”组中的“水印”下拉按钮，在弹出的下拉列表中选择“自定义水印”命令，弹出“水印”对话框，如图 1-30（a）所示。

② 在该对话框中选择“文字水印”单选按钮，在“文字”下拉列表框中输入文字“Word 2019 高级应用”。字号选择 40，颜色选择“黑色”，版式选择“斜式”，其余为默认设置。

③ 单击“确定”按钮，完成水印设置。图 1-30（b）为插入文字水印后的效果。

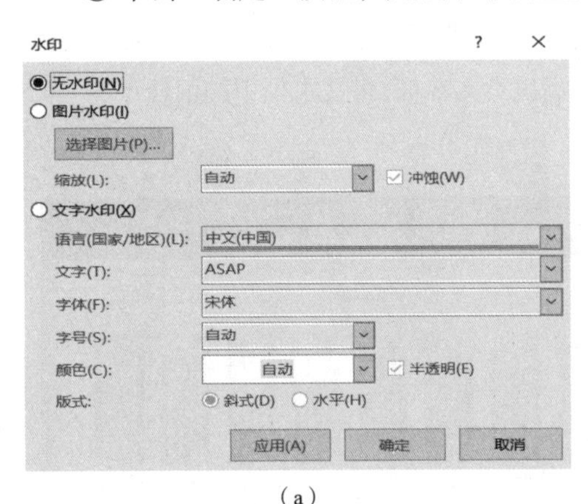

（a）

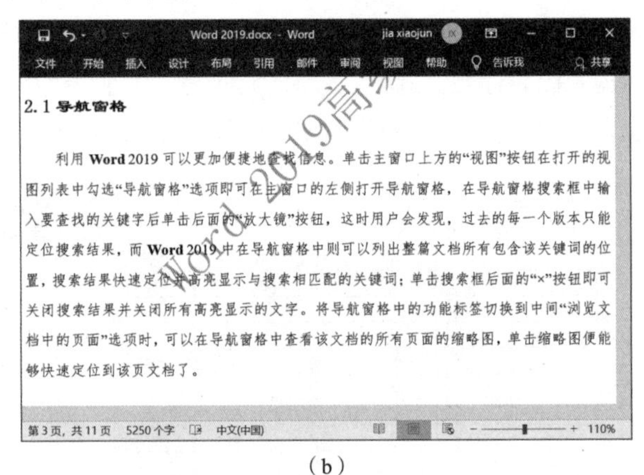

（b）

图 1-30 水印及操作结果

扫一扫

第16题

16. 建立目录、图表目录和引文目录

（1）分节，在文档中插入分节符，操作步骤如下：

① 将光标定位在正文的最前面。

② 单击“布局”选项卡“页面设置”组中的“分隔符”下拉按钮，在弹出的下拉列表的“分节符类型”中选择“下一页”命令，完成一节的插入。

③ 重复此操作，插入另外 3 个分节符。

（2）生成目录，操作步骤如下：

① 将光标定位在要插入目录的第 1 行（第 1 节所在位置），输入文字“目录”，删除“目录”前的章编号，居中显示。将插入点定位在“目录”文字的右侧，单击“引用”选项卡“目录”组中的“目录”下拉按钮，在弹出的下拉列表中选择“自定义目录”命令，弹出“目录”对话框，如图 1-31 所示。

② 在该对话框中确定目录显示的格式及级别，例如“显示页码”“页码右对齐”“制表符前导符”“格式”“显示级别”等，或选择默认值。

③ 单击“确定”按钮，完成创建目录的操作。

（3）生成图目录，操作步骤如下：

① 将光标移到要建立图目录的位置（第 2 节所在位置），输入文字“图目录”，删除“图目录”前的章编号，居中显示。将插入点定位在“图目录”文字的右侧，单击“引用”选项卡“题注”

组中的“插入表目录”按钮，弹出“图表目录”对话框，如图 1-32 所示。

② 在“题注标签”下拉列表框中选择“图”题注标签类型。

③ 在“图表目录”对话框中还可以对其他选项进行设置，如“显示页码”“页码右对齐”“格式”等，与目录设置方法类似。

④ 单击“确定”按钮，完成图目录的创建。

图 1-31　“目录”对话框

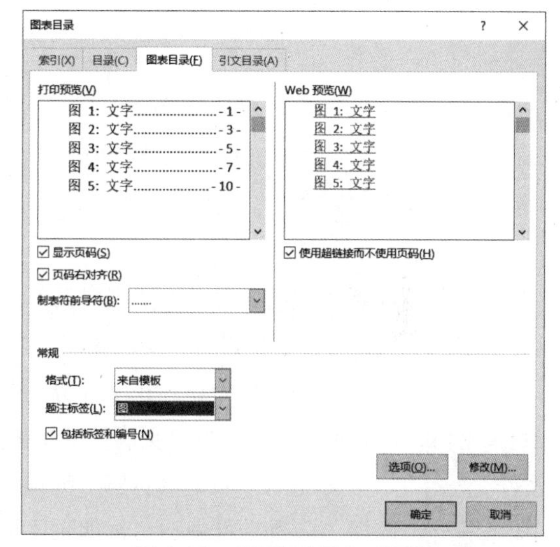

图 1-32　“图表目录”对话框

（4）生成表目录，操作步骤如下：

① 将光标移到要建立表目录的位置（第 3 节所在位置），输入文字“表目录”，删除“表目录”前的章编号，居中显示。将插入点定位在“表目录”文字的右侧，单击“引用”选项卡“题注”组中的“插入表目录”按钮，弹出“图表目录”对话框。

② 在“题注标签”下拉列表框中选择“表”题注标签类型。

③ 在“图表目录”对话框中还可以对其他选项进行设置，如“显示页码”“页码右对齐”“格式”等，与目录设置方法类似。

④ 单击“确定”按钮，完成表目录的创建。

（5）生成引文目录，操作步骤如下：

① 将光标移到要建立引文目录的位置（第 4 节所在位置），输入文字“引文目录”，删除“引文目录”前的章编号，居中显示。将插入点定位在“引文目录”文字的右侧，按【Enter】键换行，然后单击“引用”选项卡“引文目录”组中的“插入引文目录”按钮，弹出“引文目录”对话框，如图 1-33 所示。

② 对话框中的各个参数取默认值。

③ 单击“确定”按钮，完成引文目录的创建，创建效果如图 1-34 所示。

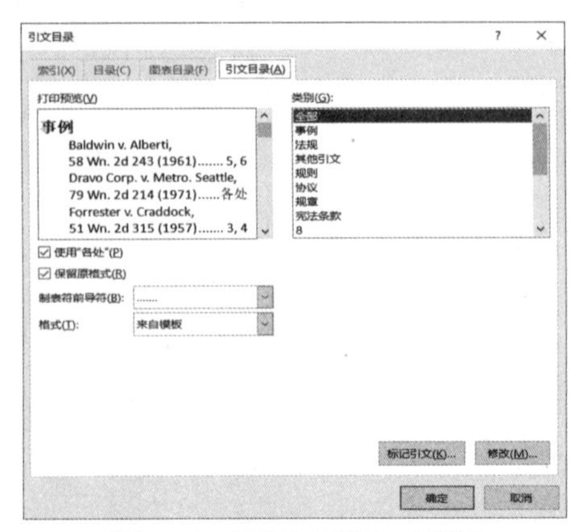

图 1-33 “引文目录”对话框

图 1-34 “引文目录”排版效果

17. 页眉

页眉设置包括正文前（目录、图表目录及引文目录）的页眉设置和正文页眉设置。本题不包括正文前的页眉设置，直接设置正文的页眉，操作步骤如下：

扫一扫

第17题

① 将光标定位在正文部分的首页，即“第 1 章”所在页，单击“插入”选项卡“页眉和页脚”组中的“页眉”下拉按钮，在弹出的下拉列表中选择“编辑页眉”命令。

② 进入“页眉和页脚”编辑状态，同时显示“页眉和页脚工具 / 设计”选项卡。选择“选项”组中的“奇偶页不同”复选框。或单击“布局”选项卡“页面设置”组中右下角的对话框启动器按钮，弹出“页面设置”对话框。选择“布局”选项卡，在“页眉和页脚”栏选择“奇偶页不同”复选框，在“应用于”下拉列表中选择“整篇文档”选项，单击“确定”按钮。

③ 将光标定位到正文第一页页眉处，即奇数页页眉处，单击“页眉和页脚工具 / 设计”选项卡“导航”组中的“链接到前一节”按钮，取消与前一奇数页页眉的链接关系（若该按钮无底纹，表示无链接关系，否则一定要单击，表示去掉链接），然后删除页眉中的原有内容（如果有）。

④ 单击“插入”选项卡“文本”组中的“文档部件”下拉按钮，在弹出的下拉列表中选择“域”命令，弹出“域”对话框，如图 1-35 所示。

⑤ 在“域名”列表框中选择“StyleRef”，并在“样式名”列表框中选择“标题 1”，选择“插入段落编号”复选框。单击“确定”按钮，在页眉中将自动添加章序号。

⑥ 输入一个空格。用同样的方法弹出“域”对话框。在“域名”列表框中选择“StyleRef”，并在“样式名”列表框中选择“标题 1”。若选择了“插入段落编号”，则再次单击复选框以去掉“插入段落编号”。选择“插入段落位置”复选框，单击“确定”按钮，实现在页眉中添加章名的操作。

⑦ 按【Ctrl+E】组合键，使页眉中的文字居中显示（默认为居中），或者直接单击“开始”选项卡“段落”组中的“居中”按钮。

⑧ 将光标定位到正文第 2 页页眉处，即偶数页页眉处，单击“页眉和页脚工具 / 设计”选项卡“导航”组中的“链接到前一节”按钮，取消与前一偶数页页眉的链接关系。用上述方法添加页眉，不同的是在“域”对话框中的“样式名”列表框中选择“标题 2”。

⑨ 偶数页页眉设置后，双击非页眉和页脚区域，即可退出页眉和页脚编辑环境。或单击“页

眉和页脚工具 / 设计”选项卡“关闭”组中的“关闭页眉和页脚”按钮，完成操作。

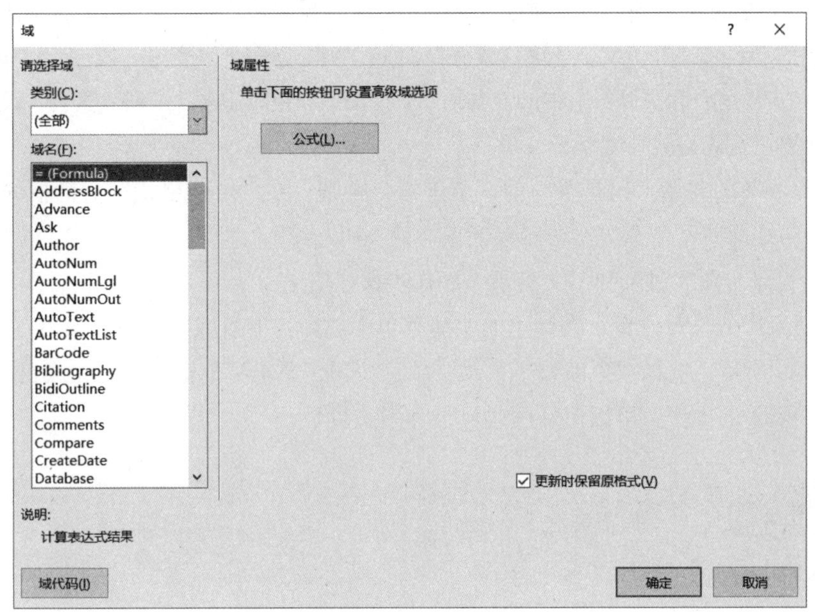

图 1-35 “域”对话框

18. *页脚*

文档页脚的内容通常是页码，实际上就是如何生成页码的过程。页脚设置包括正文前（目录、图表目录及引文目录）的页码生成和正文的页码生成。

扫一扫

第18题

（1）正文前页码的生成，操作步骤如下：

① 进入“页眉和页脚”编辑环境，并将光标定位在目录所在页的页脚处，单击“页眉和页脚工具 / 设计”选项卡“页眉和页脚”组中的“页码”下拉按钮，在弹出的下拉列表中选择“页面底端”中的“普通数字 2”命令，页脚中将会自动插入形如“1, 2, 3, …”的页码格式，并自动为居中显示。或单击“插入”选项卡“页眉和页脚”组中的“页码”下拉按钮，在弹出的下拉列表中选择“页面底端”中的“普通数字 2”命令，也可实现。

② 右击插入的页码，在弹出的快捷菜单中选择“设置页码格式”命令，弹出“页码格式”对话框，设置编号格式为“i, ii, iii, …”，起始页码为“i”，如图 1-36 所示，单击“确定”按钮。或单击“页眉和页脚工具 / 设计”选项卡“页眉和页脚”组中的“页码”下拉按钮，在弹出的下拉列表中选择“设置页码格式”命令，也会弹出“页码格式”对话框。

③ 由于文档中插入了分节符，而且设置为奇偶页不同，所以第②步操作仅仅实现了当前分节符中奇数页页脚格式的设置，还需要设置偶数页及不同节的页脚格式。将插入点定位在偶数页页脚中重复第①和②步操作，可实现偶数页页脚的设置。对于其他节的页脚，其格式默认为“1, 2, 3, …”，可以按照第②步的操作步骤将其页码格式修改为指定格式。需要注意，在“页码格式”对话框的“页码编号”栏中必须选择“续前节”单选按钮，以保证正文前的页码连续。

（2）正文页码的生成，操作步骤如下：

① 将光标定位在正文“第 1 章”所在页的页脚处，单击“页眉和页脚工具 / 设计”选项卡“导

航”组中的“链接到前一节”按钮，取消与前一节页脚的链接。

② 右击插入的页码，在弹出的快捷菜单中选择“设置页码格式”命令，弹出“页码格式”对话框，设置编号格式为“1，2，3，…”，起始页码为“1”，单击“确定”按钮。或单击“页眉和页脚工具 / 设计”选项卡“页眉和页脚”组中的“页码”下拉按钮，在弹出的下拉列表选择“设置页码格式”命令，也会弹出“页码格式”对话框。

③ 查看每一节的起始页码是否与前一节连续，否则，在“页码格式”对话框的“页码编号”栏中必须选择“续前节”单选按钮，以保证正文的页码连续。

（3）更新目录、图表目录和引文目录，操作步骤如下：

① 右击目录中的任意位置，在弹出的快捷菜单中选择“更新域”命令，弹出“更新目录”对话框，如图 1-37 所示，选择“更新整个目录”单选按钮，单击“确定”按钮完成目录的更新。

② 重复步骤①的操作，可以更新图表目录和引文目录。

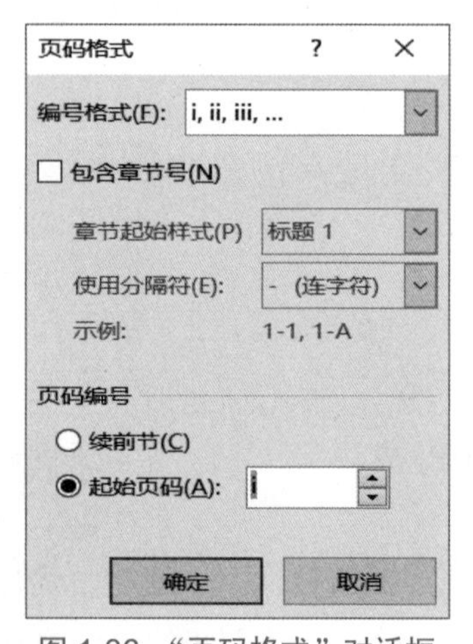

图 1-36 “页码格式”对话框

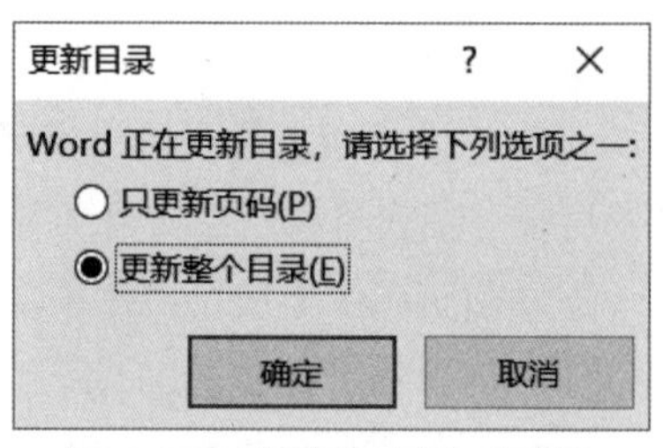

图 1-37 “更新目录”对话框

19. 文档封面

为现有文档添加文档封面的操作步骤如下：

扫一扫

第19、20题

① 单击“插入”选项卡“页面”组中的“封面”下拉按钮。

② 在弹出的下拉列表中选择一个文档封面样式，本题选择“花丝”。该封面将自动被插入到文档的第一页中，现有的文档内容会自动后移一页。

③ 将封面的“标题”文本框中的内容修改为“Word 2019 高级应用学习报告”，在“日期”下拉列表中选择“今日”选项。

④ 分别选择副标题及文本框，公司标签及文本框，作者标签及文本框，按【Delete】键删除。

20. 保存文档及生成 PDF 文件

将当前完成编辑的文档另存为指定文档及生成 PDF 文件，操作步骤如下：

① 单击“文件”选项卡，在弹出的下拉列表中选择“另存为”命令，出现“另存为”界面。单击“浏览”按钮，弹出“另存为”对话框。

② 在该对话框中，通过左侧的列表确定文件保存的位置，在“文件名”文本框中输入要保存的文件名“Word 2019(排版结果)”，在“保存类型”的下拉列表框中选择“Word 文档 (*.docx)”。

③ 单击“保存”按钮，当前文档将以指定的文档名并以 Word 文件格式保存。

④ 重复前面的操作，在“另存为”对话框中，在“保存类型”的下拉列表框中选择“PDF (*.pdf)”。当前文档将以 PDF 文件格式保存，并在 PDF 应用程序中被自动打开。

21. 排版效果

文档排版结束后，其部分效果如图 1-38 所示。

（a）文档封面

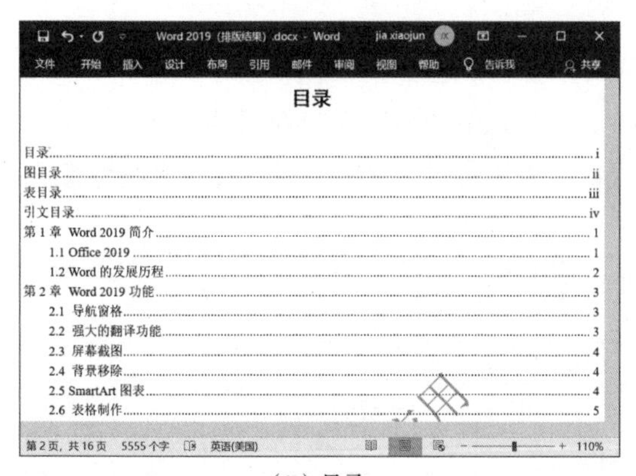

（b）目录

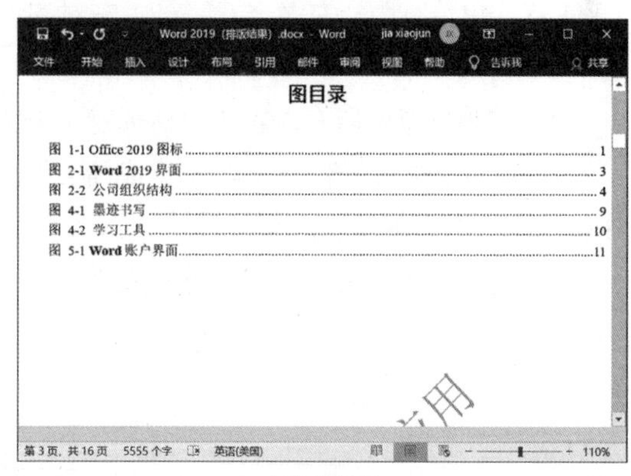

（c）图目录

（d）表目录

（e）引文目录

图 1-38 排版效果

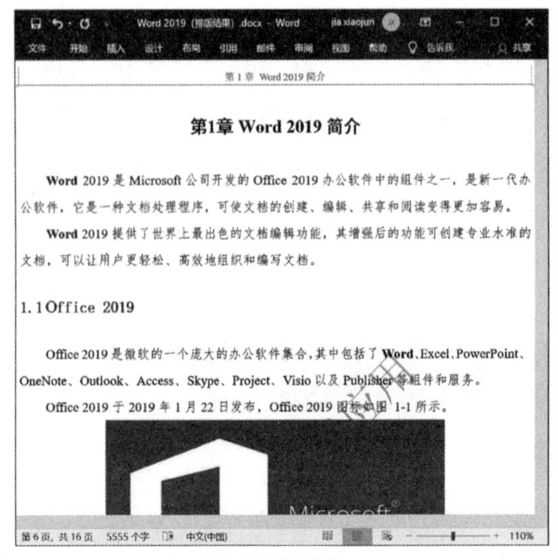

（f）标题与内容

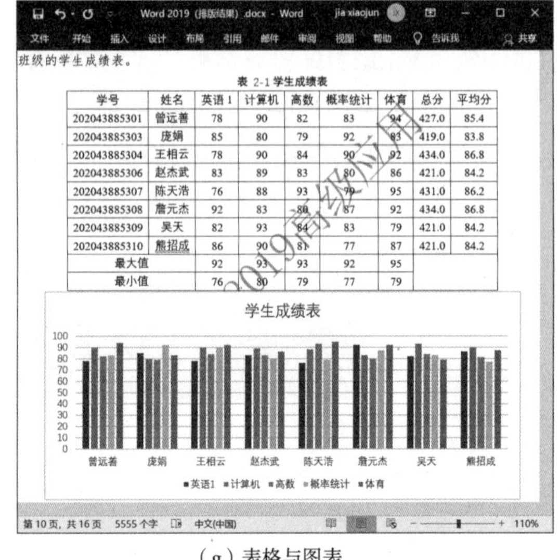

（g）表格与图表

图 1-38 排版效果（续）

1.4 提 高 操 作

（1）修改一级标题（章名）样式：从第 1 章开始自动编号，小二号，黑体，加粗，段前 1 行，段后 1 行，单倍行距，左缩进 0 字符，居中对齐。

（2）修改二级标题（节名）样式：从 1.1 开始自动编号，小三号，黑体，加粗，段前 1 行，段后 1 行，单倍行距，左缩进 0 字符，左对齐。

（3）将第 1 章 1.1 节的内容（不包括标题）分成两栏显示，选项采用默认值。

（4）将第 1 章的所有内容（包括标题）分为一节，并使该节内容以横向方式显示。

（5）设置表边框，将“表 2-1 学生成绩表”设置成以下边框格式：表格为三线表，外边框为双线，1.5 磅；内边框为单线，0.75 磅。

（6）将文档中的 SmartArt 图形改成如图 1-39 所示的结构。

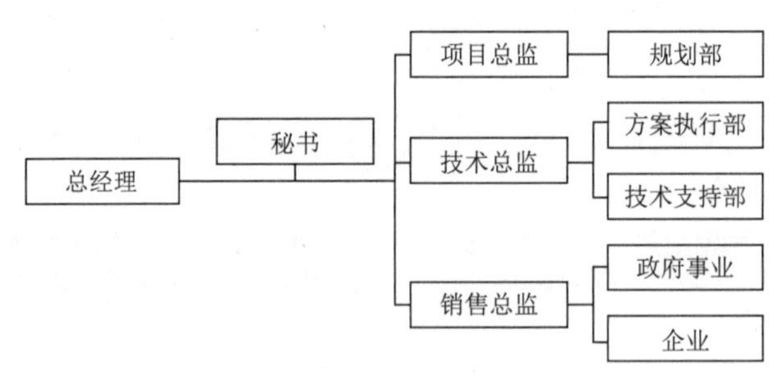

图 1-39 公司的组织结构图

（7）将全文中的“Office 2019”改为加粗显示。

（8）将全文中的“Office 2019”添加一个“协议”引文标记，并更新引文目录。

（9）启动修订功能，删除文档中最末一页的最后一段文本。

案例 2 毕业论文排版

2.1 问 题 描 述

毕业论文设计是高等教育教学过程中的一个重要环节，论文格式排版是毕业论文设计中的重要组成部分，是每位大学毕业生应该掌握的文档基本操作技能。毕业论文的整体结构主要分成以下几大部分：封面、中文摘要、英文摘要、目录、正文、结论、致谢、参考文献。毕业论文格式的基本要求是：封面无页码，格式固定；中文摘要至正文前的页面有页码，用罗马数字连续表示；正文部分的页码用阿拉伯数字连续表示；正文中的章节编号自动排序；图、表题注自动更新生成；参考文献用自动编号的形式按引用次序给出；等等。

扫一扫

毕业论文排版

通过本案例的学习，使学生对毕业论文的排版有一个整体的认识，并掌握长文档的高级排版技巧，为后期毕业论文的撰写及排版做准备，也为将来的工作需要奠定长文档操作技能基础。毕业论文的排版要求详细介绍如下。

1. 整体布局

采用 A4 纸，设置上、下、左、右页边距分别为 2 厘米、2 厘米、2.5 厘米、2 厘米；页眉和页脚距边界均为 1.5 厘米。

2. 分节

论文的封面、中文摘要、英文摘要、正文各章、结论、致谢和参考文献分别进行分节处理，每部分内容单独为一节，并且每节从奇数页开始。

3. 正文格式

正文是指从第 1 章开始的论文文档内容，排版格式包括以下几方面内容。

（1）一级、二级和三级标题样式，具体要求如下：

① 一级标题（章名）使用样式“标题 1”，居中；编号格式为“第 X 章”，编号和文字之间空一格，字体为“三号，黑体”，左缩进 0 字符，段前 1 行，段后 1 行，单倍行距，其中 X 为自动编号，标题格式形如“第 1 章 ×××”。

② 二级标题（节名）使用样式“标题 2”，左对齐；编号格式为多级列表编号（形如“X.Y”，X 为章序号，Y 为节序号），编号与文字之间空一格，字体为“四号，黑体”，左缩进 0 字符，段前 0.5 行，段后 0.5 行，单倍行距，其中，X 和 Y 均为自动编号，节格式形如“1.1 ×××”。

③ 三级标题（次节名）使用样式“标题 3”,左对齐;编号格式为多级列表编号（形如“X.Y.Z”，X 为章序号，Y 为节序号，Z 为次节序号），编号与文字之间空一格，字体为“小四，黑体”，左缩进 0 字符，段前 0 行，段后 0 行，1.5 倍行距，其中，X、Y 和 Z 均为自动编号，次节格式形如“1.1.1 × × ×”。

（2）新建样式，名为“样式 0002”，并应用到正文中除章节标题、表格、表和图的题注、自动编号外的所有文字。样式 0002 的格式为：中文字体为“宋体”，西文字体为“Times New Roman”，字号为“小四”；段落格式为左缩进 0 字符，首行缩进 2 字符，1.5 倍行距。

（3)对正文中出现的“(1),(2),(3),…”段落进行自动编号,编号格式不变。对正文中出现的“●”项目符号重新设置为“➢”项目符号。

（4）对正文中的图添加题注，位于图下方文字的左侧，居中对齐，并使图居中。标签为“图”，编号为“章序号 - 图序号”，例如，第 1 章中的第 1 张图，题注编号为“图 1-1”。对正文中出现“如下图所示”的“下图”使用交叉引用，改为“图 X-Y”，其中“X-Y”为图题注的对应编号。

（5）对正文中的表添加题注，位于表上方文字的左侧，居中对齐，并使表居中。标签为“表”，编号为“章序号 - 表序号”，例如，第 1 章中的第 1 张表，题注编号为“表 1-1”。对正文中出现“如下表所示”的“下表”使用交叉引用，改为“表 X-Y”，其中“X-Y”为表题注的对应编号。

（6）论文正文“3.1.1 径向畸变”小节中的公式（3-1）为图片格式，利用 Word 2019 的公式编辑器重新输入该公式，并将该图片删除；将正文中的所有公式所在段落右对齐，并调整公式与编号之间的空格，使公式本身位于水平居中位置。

（7）将论文正文中的图“图 3-1 相机镜头像差”的宽度、高度尺寸等比例设置，宽设置为 6.5 厘米，并将图片及其题注置于同一个文本框中，以四周环绕方式放在 3.1 节内容的右侧。

（8）将第 1 章中的文本“OpenCV（Open Source Computer Vision Library）”建立超链接，链接地址为“https://opencv.org/”。

（9）在论文正文的第 1 页一级标题末尾插入脚注，内容为“计算机科学与技术 161 班”。

（10）结论、致谢、参考文献。结论部分的格式设置与正文各章节格式设置相同。致谢、参考文献的标题使用建立的样式“标题 1”，并删除标题编号；致谢的内容部分，排版格式使用定义的样式“样式 0002”；参考文献内容为自动编号，格式为 [1]，[2]，…。根据提示，在正文中的相应位置重新交叉引用参考文献的编号并设为上标形式。

4. 中英文摘要

（1）中文摘要格式：标题使用建立的样式“标题 1”，并删除自动编号；作者及单位为“宋体，五号”，1.5 倍行距，居中显示。文字“摘要：”为“黑体，四号”，其余摘要内容为“宋体，小四号”；首行缩进 2 字符，1.5 倍行距。文字“关键词：”为“黑体，四号”，其余关键词段落内容为“宋体，小四”；首行缩进 2 字符，1.5 倍行距。

（2）英文摘要格式：所有英文字体为“Time New Roman”；标题使用定义的样式“标题 1”，删除自动编号;作者及单位为“五号”,居中显示，1.5 倍行距。字符“Abstract:”为“四号，加粗”，其余摘要内容为“小四”，首行缩进 2 字符，1.5 倍行距；字符“Key words：”为“四号，加粗”，其余关键字段落内容为“小四”，首行缩进 2 字符，1.5 倍行距。

5. 目录

在正文之前依次插入 3 个分节符，分节符类型为“奇数页”。每节内容如下：

① 第 1 节：目录，文字“目录”使用样式“标题 1”，删除自动编号，居中，并自动生成目录项。

② 第 2 节：图目录，文字“图目录”使用样式“标题 1”，删除自动编号，居中，并自动生成图目录项。

③ 第 3 节：表目录，文字“表目录”使用样式“标题 1”，删除自动编号，居中，并自动生成表目录项。

6. 论文页眉

（1）封面不显示页眉，摘要至正文部分（不包括正文）的页眉显示“××× 大学本科生毕业论文（设计）”。

（2）使用域，添加正文的页眉。对于奇数页，页眉中的文字为“章序号 + 章名”；对于偶数页，页眉中的文字为“节序号 + 节名”。

（3）使用域，添加结论、致谢、参考文献所在页的页眉为相应章的标题名，不带章编号。

7. 论文页脚

在页脚中插入页码；封面不显示页码；摘要至正文前采用“i，ii，iii，…”格式，页码连续并居中；正文页码采用“1，2，3，…”格式，页码从 1 开始，各章节页码连续，直到参考文献所在页；正文奇数页的页码位于右侧，偶数页的页码位于左侧；更新目录、图目录和表目录。

2.2　知识要点

（1）页面设置；字符、段落格式设置。

（2）样式的建立、修改及应用；章节编号的自动生成；项目符号和编号的使用。

（3）目录、图目录、表目录的生成和更新。

（4）题注、脚注、交叉引用的建立与使用。

（5）分节的设置。

（6）页眉、页脚的设置。

（7）域的插入与更新。

（8）公式的输入。

（9）图文混排，超链接的插入。

2.3　操作步骤

1. 整体布局

扫一扫

第1、2题

利用页面设置功能，将毕业论文各页设置为统一的布局格式，操作步骤如下：

① 单击“布局”选项卡“页面设置”组右下角的对话框启动器按钮，弹出“页面设置”对话框。

② 在“页面设置”对话框的“页边距”选项卡中，设置页边距的上、下、左、

右边距分别为“2厘米”“2厘米”“2.5厘米”“2厘米”。在“应用于”下拉列表框中选择“整篇文档”选项。

③ 在对话框中单击“纸张”选项卡,选择纸张大小为“A4”;在对话框中单击“布局”选项卡,设置页眉和页脚边距均为“1.5厘米”。

④ 单击“确定”按钮,完成页面设置。

2. 分节

根据双面打印毕业论文的一般习惯,毕业论文各部分内容(封面、中文摘要、英文摘要、目录、正文各章、结论、致谢、参考文献)应从奇数页开始,因此每节应该设置成从奇数页开始,操作步骤如下:

① 将光标定位在中文摘要所在页的标题文本的最前面,单击“布局”选项卡“页面设置”组中的“分隔符”下拉按钮,弹出下拉列表。

② 在下拉列表中的“分节符”栏中选择分节符类型为“奇数页”,完成第1个分节符的插入。

如果光标定位在封面所在页的最后面,然后再插入分节符,此时在中文摘要内容的最前面会产生一空行,需人工删除。

③ 重复步骤①和②,用同样的方法在中文摘要、英文摘要、正文各章、结论、致谢所在页的后面插入分节符。参考文献所在页已经位于最后一节,所以在其后面不必插入分节符。

如果插入“分节符”时选择的是“下一页”,则可以通过如下方法实现每节从“奇数页”开始的设置。单击“布局”选项卡“页面设置”组右下角的对话框启动器按钮,弹出“页面设置”对话框,单击“布局”选项卡,在“节的起始位置”下拉列表框中选择“奇数页”,在“应用于”下拉列表框中选择“整篇文档”选项,单击“确定”按钮即可。

扫一扫

正文第1题

3. 正文格式

1)一级、二级、三级标题样式

一级、二级、三级标题样式的设置可以放在一起进行操作,主要分为标题样式的建立、修改及应用。标题样式的建立可以利用“多级列表”结合“标题1”样式、“标题2”样式和“标题3”样式来实现,操作步骤如下:

(1)将光标定位在论文正文第1章所在的标题文本的任意位置,单击“开始”选项卡“段落”组中的“多级列表”下拉按钮,弹出如图1-3所示的下拉列表。

(2)选择下拉列表中的“定义新的多级列表”命令,弹出“定义新多级列表”对话框。单击对话框左下角的“更多”按钮,如图1-4所示。

① 一级标题(章名)样式的建立。操作步骤请参考案例1中的“1.3操作步骤”小节中的“2.章名和节名标题样式的建立”内容。

② 二级标题(节名)样式的建立。操作步骤请参考案例1中的“1.3操作步骤”小节中的“2.章名和节名标题样式的建立”内容。

③ 三级标题(次节)样式的建立。在“定义新多级列表”对话框中的“单击要修改的级别”列表框中选择“级别”为“3”的项,即用来设定三级标题样式。在“输入编号的格式”文本框中将自动出现带灰色底纹的数字“1.1.1”,即为自动编号。若“输入编号的格式”文本框中无编号,

可先在“包含的级别编号来自”下拉列表框中选择“级别 1”，在“输入编号的格式”文本框中将自动出现带灰色底纹的数字“1”，然后在数字“1”的后面输入“.”，然后再在“包含的级别编号来自”下拉列表框中选择“级别 2”,在“输入编号的格式”文本框中将自动出现“1.1”,在数字“1.1”的后面输入“.”,最后,在“此级别的编号样式”下拉列表框中选择“1, 2, 3, …”格式的编号样式。编号对齐方式选择“左对齐”，对齐位置设置为“0 厘米”，文本缩进位置设置为“0 厘米”，在“编号之后”下拉列表框中选择“空格”。在“将级别链接到样式”下拉列表框中选择“标题 3”样式。

④ 单击“确定”按钮完成一级、二级及三级标题样式的建立。

特别强调，一级、二级、三级标题样式的设置全部完成后，再单击“确定”按钮关闭“定义新多级列表”对话框。

（3）在“开始”选项卡“样式”组中的“快速样式”库中将会出现标题 1、标题 2 和标题 3 样式。

（4）修改各级标题样式，其操作步骤如下：

① 一级标题样式的修改。在“快速样式”库中右击样式“第 1 章 标题 1”，在弹出的快捷菜单中选择“修改”命令,弹出“修改样式”对话框。字体选择“黑体”,字号为“三号”,单击“居中”按钮。单击对话框左下角的“格式”下拉按钮,在弹出的下拉列表中选择“段落”命令,弹出“段落”对话框，进行段落格式设置，设置左缩进为“0 字符”，段前“1 行”，段后“1 行”，行距选择“单倍行距”，其中，“1 行”可直接输入。单击“确定”按钮返回“修改样式”对话框，单击“确定”按钮完成设置。

② 二级标题样式的修改。在“快速样式”库中右击样式“1.1 标题 2”，在弹出的快捷菜单中选择“修改”命令, 弹出“修改样式”对话框。字体选择“黑体”, 字号为“四号”, 单击“左对齐”按钮。单击对话框左下角的“格式”下拉按钮, 在弹出的下拉列表中选择“段落”命令, 弹出“段落”对话框，进行段落格式设置，设置左缩进为“0 字符”，段前“0.5 行”，段后“0.5 行”，行距选择“单倍行距”，其中，“0.5 行”可直接输入。单击“确定”按钮返回“修改样式”对话框。单击“确定”按钮完成设置。

③ 三级标题样式的修改。在“快速样式”库中右击样式“1.1.1 标题 3”，在弹出的快捷菜单中选择“修改”命令，弹出“修改样式”对话框。字体选择“黑体”，字号为“小四”，单击“左对齐”按钮。单击对话框左下角的“格式”下拉按钮，在弹出的下拉列表中选择“段落”命令，弹出“段落”对话框，进行段落格式设置，设置左缩进为“0 字符”，段前“0 行”，段后“0 行”，行距选择“1.5 倍行距”。单击“确定”按钮返回“修改样式”对话框。单击“确定”按钮完成设置。

（5）应用各级标题样式。

① 一级标题（章名）。将光标定位在文档中的一级标题（章名）所在行的任意位置, 单击“快速样式”库中的“第 1 章 标题 1”样式,则章名将自动设为指定的样式格式,删除原有的章名编号。其余章名应用章标题样式的方法类似，也可用“格式刷”按钮进行格式复制实现相应操作。

② 二级标题（节名）。将光标定位在文档中的二级标题（节名）所在行的任意位置, 单击“快速样式”库中的“1.1 标题 2”样式，则节名将自动设为指定的格式，删除原有的节名编号。其余节名应用节标题样式的方法类似，也可用“格式刷”按钮进行格式复制实现相应操作。

③ 三级标题(次节名)。将光标定位在文档中的三级标题(次节名)所在行的任意位置, 单击“快

速样式”库中的“1.1.1 标题3”样式，则次节名将自动设为指定的格式，删除原有的次节名编号。其余次节名应用次节标题样式的方法类似，也可用“格式刷”按钮进行格式复制实现相应操作。

扫一扫

正文第2题

2）“样式0002”的建立与应用

（1）新建“样式0002”的具体操作步骤请参考案例1中的“1.3 操作步骤”小节中的“4.‘样式0001’的建立与应用”内容。

（2）应用“样式0002”的具体操作步骤请参考案例1中的“1.3 操作步骤”小节中的“4.‘样式0001’的建立与应用”内容。

注意：论文正文中的标题（一级、二级、三级）、表格（表格内数据）、表和图的题注禁止使用定义的样式“样式0002”。若正文中已有自动编号或项目符号，也不可使用样式“样式0002”，否则原有自动编号或符号将自动删除。

如果文档中包含有公式，在应用样式“样式0002”后，公式的垂直对齐方式将以“基线对齐”方式显示，而不是上下“居中”。若垂直对齐方式要调整为上下“居中”显示，操作方法为：右击公式所在段落的任意位置，在弹出的快捷菜单中选择“段落”命令，弹出“段落”对话框，单击“中文版式”选项卡，在“文本对齐方式”下拉列表框中选择“居中”，单击“确定”按钮即可调整为上下居中形式。包括标题样式和新建样式在内，应用样式之后的毕业论文格式如图2-1所示。

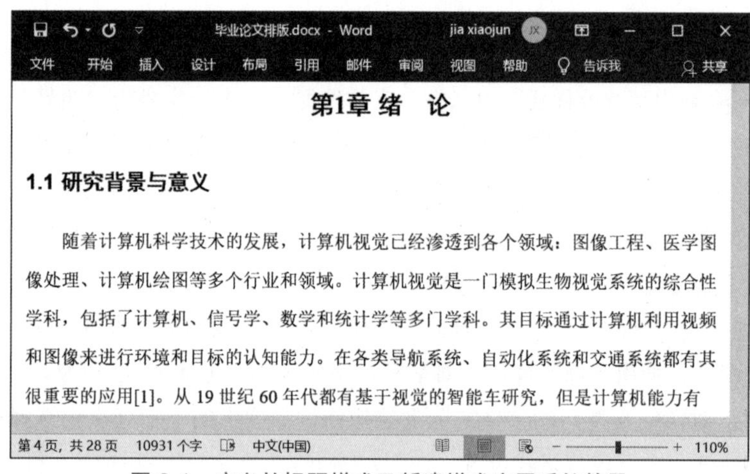

图2-1 定义的标题样式及新建样式应用后的效果

3）编号与项目符号

（1）添加编号的操作步骤如下：

① 将光标定位在论文正文中第一处出现形如“(1)，(2)，(3)，…”的段落中的任意位置，或选择该段落，或通过按【Ctrl】键加鼠标拖动方式选择要设置自动编号的多个段落，单击“开始”选项卡“段落”组中“编号”下拉按钮，弹出编号下拉列表。

② 在下拉列表中选择与正文编号一样的编号类型即可。如果没有格式相同的编号，选择“定义新编号格式”命令，弹出“定义新编号格式”对话框。在该对话框中，设置好编号格式后单击“确定”按钮。

③ 光标所在段落将自动出现编号“(1)”,其余段落可通过重复步骤①和②实现,也可以采用“格式刷”按钮进行自动编号格式复制。插入自动编号后，原来文本中的编号需人工删除。

④ 插入自动编号后，编号数字将以递增的方式出现，根据实际需要，当编号在不同的章节出现时，其起始编号应该重新从 1 开始编号，上述方法无法自动更改。若使编号重新从 1 开始，操作方法为：右击该编号，在弹出的快捷菜单中选择“重新开始于 1”命令即可。

（2）添加项目符号的操作步骤如下：

① 将光标定位在首次出现“●”的段落符号中的任意位置，或选择段落，或通过按【Ctrl】键加鼠标拖动方式选择要设置项目符号的多个段落，单击“开始”选项卡“段落”组中的“项目符号”下拉按钮，弹出项目符号下拉列表。

② 在下拉列表中选择所需的项目符号即可。如果没有所需的项目符号，选择“定义新项目符号”命令，弹出“定义新项目符号”对话框。

③ 单击“定义新项目符号”对话框中的“符号”或“图片”按钮,弹出“符号”对话框或“图片项目符号”对话框，根据需要选择所需的项目符号。这种方法可以将某张图片作为项目符号添加到选择的段落中。本题选择实心的向右箭头符号“➢”，单击“确定”按钮。

④ 光标所在段落前面将自动出现项目符号“➢”，其余段落可以通过步骤①～③实现，也可采用“格式刷”按钮进行自动添加项目符号。

4）图题注与交叉引用

（1）创建图题注，具体操作步骤请参考案例 1 中的“1.3 操作步骤”小节中的“6. 图题注与交叉引用”内容。

（2）图题注的交叉引用，具体操作步骤请参考案例 1 中的“1.3 操作步骤”小节中的“6. 图题注与交叉引用”内容。

5）表题注与交叉引用

（1）创建表题注，具体操作步骤请参考案例 1 中的“1.3 操作步骤”小节中的“7. 表题注与交叉引用”内容。

（2）表题表的交叉引用，具体操作步骤请参考案例 1 中的“1.3 操作步骤”小节中的“7. 表题注与交叉引用”内容。

6）公式输入与编辑

首先在论文中相应位置处插入公式，然后再对公式所在段落进行格式设置，操作步骤如下：

扫一扫

第6题

① 将光标定位在需要插入公式的位置,单击“插入”选项卡“符号”组中的“公式”下拉按钮,在弹出的下拉列表中选择“插入新公式”命令,将会出现“公式工具 / 设计”选项卡，且功能区中自动显示编辑公式时所需的各种数学符号。在插入点所在位置处自动出现公式编辑框 在此处键入公式。，在编辑框中可以直接输入数学公式，或按【Alt+=】组合键，也可以弹出公式编辑框。

② 单击“公式工具 / 设计”选项卡“结构”组中的“括号”下拉按钮，在弹出的下拉列表中选中单方括号“{⬚”，然后输入“x_corrected”，按一次空格键，公式编辑框中出现“$\{x_{corrected}$”，

其中，“_”表示后面的内容为下标形式。继续输入公式第 1 行的其余内容。指数形式可以用符号“^”表示，即“r^2”表示 r 的平方。

③ 输完公式的第一行，按【Enter】键将增加一行，按步骤②输入公式的第二行，直到完成整个公式的输入。

④ 选择论文中的原有公式图片，按【Delete】键删除。

⑤ 一般来说，在文档中，公式本身需要水平居中对齐，而公式右边的编号右对齐。相应的操作为：将光标定位在公式所在段落的任意位置，例如公式（2-1），单击“开始”选项卡“段落”组中的“右对齐”按钮，实现公式所在段落的右对齐。调整公式与编号之间的空格数，使公式在所在行中水平居中显示。

⑥ 按照相同的处理方法，可以实现论文中其余公式的格式设置。论文中的公式设置格式后的效果如图 2-2 所示。

当然，在输入公式时，也可以直接在功能区中选择相应的数学符号及运算符号来进行公式的录入。

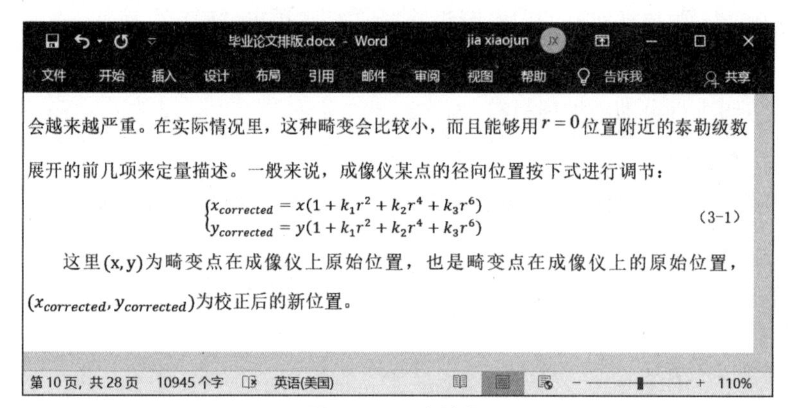

图 2-2 公式编辑

7）图文混排

本题实现论文中指定图片与文本的混合排版，操作步骤如下：

① 在论文中找到“图 3-1 相机镜头像差”所对应的图片并右击，在弹出的快捷菜单中选择“大小和位置”命令，弹出“布局”对话框，如图 2-3 所示。

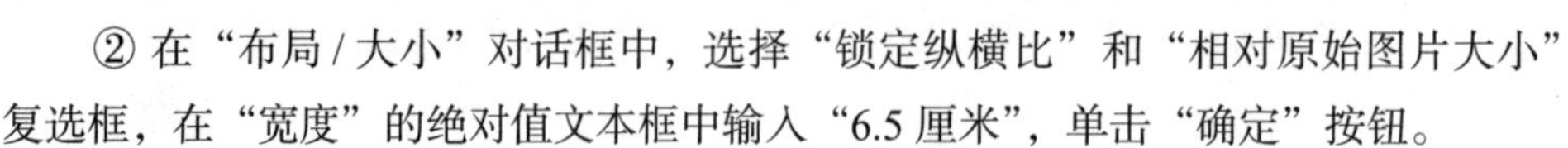

② 在“布局 / 大小”对话框中，选择“锁定纵横比”和“相对原始图片大小”复选框，在“宽度”的绝对值文本框中输入“6.5 厘米”，单击“确定”按钮。

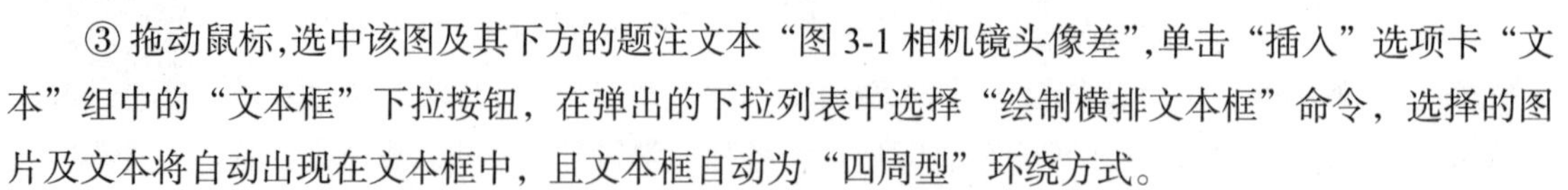

③ 拖动鼠标，选中该图及其下方的题注文本“图 3-1 相机镜头像差”，单击“插入”选项卡“文本”组中的“文本框”下拉按钮，在弹出的下拉列表中选择“绘制横排文本框”命令，选择的图片及文本将自动出现在文本框中，且文本框自动为“四周型”环绕方式。

④ 选择文本框并右击，在弹出的快捷菜单中选择“设置形状格式”命令，弹出“设置形状格式”工具栏，如图 2-4 所示。

图 2-3　“布局”对话框

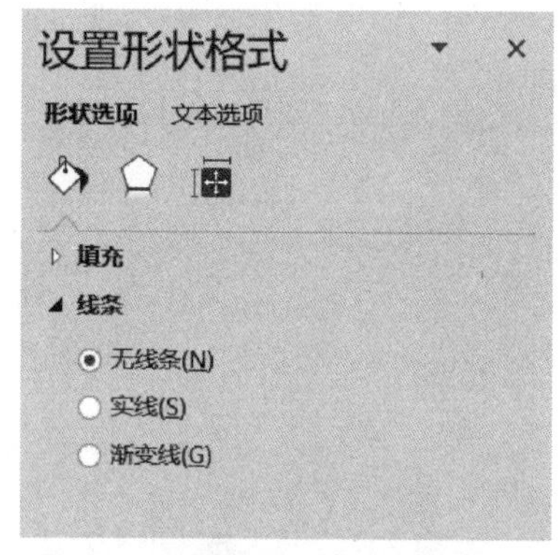

图 2-4　“设置形状格式”任务窗格

⑤ 在工具栏中选择“线条”组，并在列表中选择“无线条”单选按钮，单击工具栏右上角的“关闭”按钮，去掉文本框的边框线。

⑥ 移动该文本框（拖动边框或按键盘上的光标移动键移动），将其置于 3.1 节内容的右侧，设置结果如图 2-5 所示。如果图片的环绕方式不是“四周型”，可按前面的方法设置为“四周型”环绕方式，再进行移动。

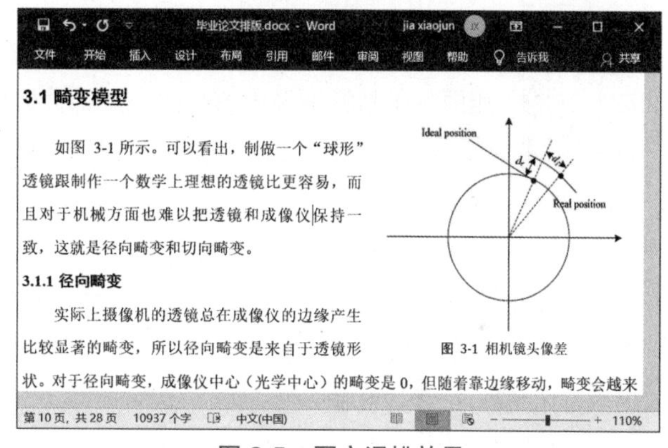

图 2-5　图文混排效果

注意：当插入题注的文本生成文本框后，其交叉引用将失效，错误信息为“错误!未找到引用源。”，原因在于文本框中的题注文本不能单独作为题注进行引用，需要重新将整个文本框进行引用。解决方法是在“交叉引用”对话框中，重新引用此题注。

8）超链接

在 Word 中，可以将文档中的文本或图片链接到指定的目标位置，目标位置可以是网址、Word 文档、书签、Web 网页、电子邮件等。本题的操作步骤如下：

① 选择第 1 章中的文本“OpenCV（Open Source Computer Vision Library）”，单击“插入”选项卡“链接”组中的“链接”命令，弹出“插入超链接”对话框，如图 2-6 所示。或右击选择的文本，在弹出的快捷菜单中选择“链接”命令，也可弹出该对话框。

② 在该对话框中的地址文本框中输入网址“https://opencv.org/”，单击“确定”按钮，选择的文本将被建立起指向目标网址的超链接，超链接的外形如图 2-7 所示。

9）插入脚注

插入脚注的操作步骤如下：

① 将光标定位在毕业论文正文中第 1 章标题的后面，单击“引用”选项卡“脚注”组中的“插入脚注”

按钮，即可在选择的位置处出现脚注标记。或者单击“脚注”组右下角的对话框启动器按钮，弹出如图 2-8 所示的“脚注和尾注”对话框，选择“脚注”单选按钮，其余默认设置，单击“确定”按钮。

② 在页面底端光标闪烁处输入注释内容“计算机科学与技术 161 班”即可。

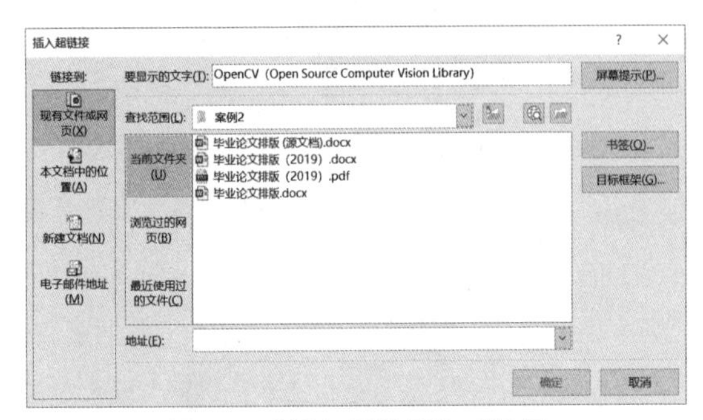

图 2-6 “插入超链接”对话框

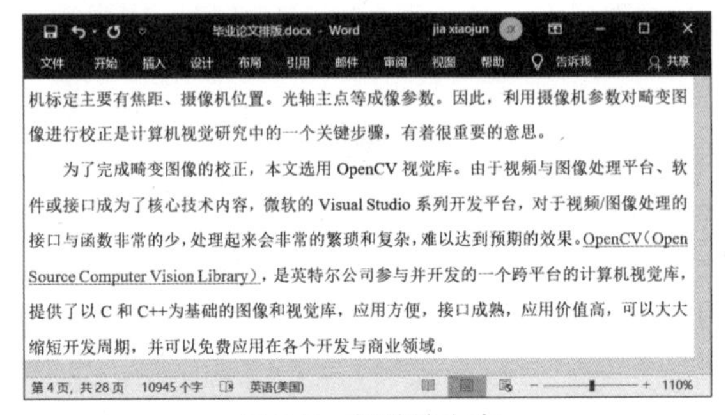

图 2-7 超链接文本

扫一扫

第10题

10）结论、致谢、参考文献

（1）结论部分的格式设置与正文各章节格式设置相同，包括标题及内容格式。此部分操作步骤略。

（2）致谢、参考文献的标题的格式设置的操作步骤如下：

① 将光标定位在致谢标题行的任意位置，或选择标题行，单击“开始”选项卡“样式”组中“快速样式”库中的“第 1 章 标题 1”样式，则致谢标题将自动设为指定的样式格式，删除自动出现的章编号，并使其居中显示即可。

② 重复步骤①，可实现参考文献的标题的格式设置。

（3）致谢内容的格式设置，操作步骤如下：

① 选择除致谢标题外的内容文本，单击“样式”窗格中的样式“样式 0002”即可。或者通过“开始”选项卡“字体”组中的对应按钮实现字体设置，通过“段落”组中的相应按钮实现段落格式设置。

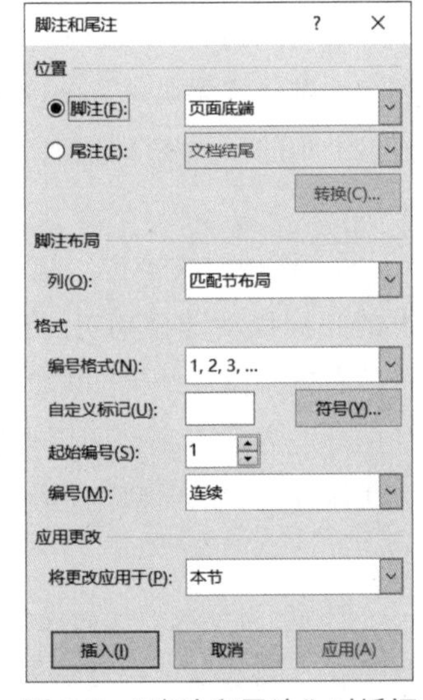

图 2-8 “脚注和尾注”对话框

② 若致谢内容中还有其他设置对象，可参照正文各章节对应项目的设置方法实现相应操作。

③ 参考文献的内容的格式采用默认格式，即五号，宋体，单倍行距，左对齐，若不是此格式，可重新设置。

（4）参考文献的自动编号设置，操作步骤如下：

① 选择所有的参考文献，单击“开始”选项卡“段落”组中的“编号”下拉按钮，弹出“编号”下拉列表。

② 在下拉列表中选择“定义新编号格式”命令，弹出“定义新编号格式”对话框，编号样式选择“1, 2, 3, …”, 在“编号格式”文本框中将会自动出现数字“1”, 在数字的左、右分别输入“[”和“]”，对齐方式选择“左对齐”。设置好编号格式后单击“确定”按钮。

③ 在每篇参考文献的前面将自动出现如“[1], [2], [3], …”形式的自动编号，删除原来的编号，操作结果如图 2-9 所示。

（5）论文中的参考文献的交叉引用，其操作步骤如下：

① 将光标定位在毕业论文正文中需要引用第 1 篇参考文献的位置，删除原有参考文献标号。单击“引用”选项卡“题注”组中的“交叉引用”按钮，弹出“交叉引用”对话框。

② 在“引用类型”下拉列表框中选择“编号项”选项。在“引用内容”下拉列表框中选择“段落编号”选项。在“引用哪一个题注”列表框中选择要引用的参考文献编号，如图 2-10 所示。

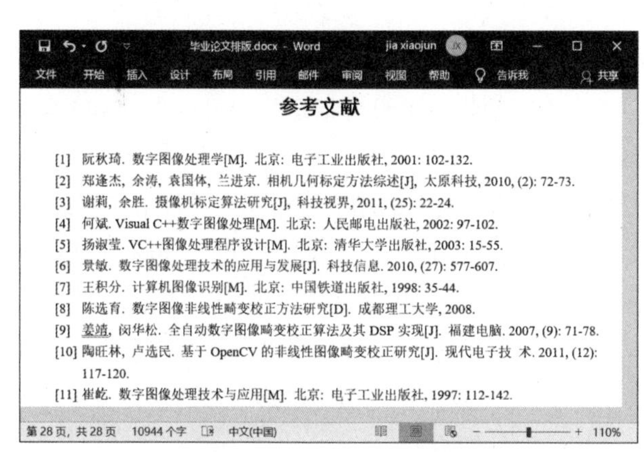

图 2-9　参考文献自动编号

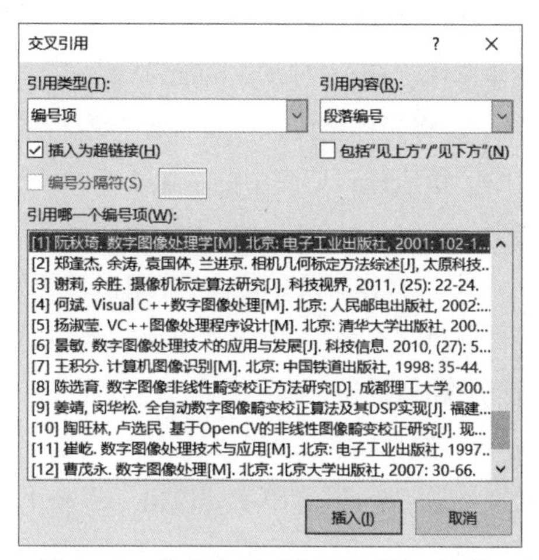

图 2-10　参考文献“交叉引用”对话框

③ 单击“插入”按钮，实现第 1 篇参考文章的交叉引用。

④ 重复步骤①～步骤③，可实现所有参考文献的交叉引用。单击“关闭”按钮，完成论文中所有参考文献的交叉引用操作。

⑤ 选择论文中已插入交叉引用的第一篇参考文献对应的编号，例如“[1]”，单击“开始”选项卡“字体”组中的“上标”按钮，“[1]”变成“$^{[1]}$”，即为上标。或在“字体”对话框中选择“效果”栏中的“上标”复选框，也可实现上标操作，或按【Ctrl+Shift++】组合键添加上标。

⑥ 重复步骤⑤，可以实现论文中所有引用的参考文献编号设为上标形式的操作。

4. 中英文摘要

（1）中文摘要的格式设置。中文摘要的格式主要包括字符格式及段落格式的设置，操作步骤如下：

扫一扫

中英文摘要

① 将光标定位在中文摘要标题行的任意位置，或选择标题行，单击“开始”选项卡“样式”组中“快速样式”库中的“第 1 章 标题 1”样式，则标题将自动设为指定的样式格式，删除自动产生的章编号，单击“居中”按钮使其居中显示。

② 选择作者及单位内容，单击“开始”选项卡“字体”组中的相应按钮实现字符格式的设置，字体选择“宋体”，字号选择“五号”。单击“段落”组中的“居中”按钮实现居中显示；选择“段落”组中的“行和段落间距”下拉列表框中的“1.5”，实现 1.5 倍行距的设置。

③ 选择文字“摘要：”，设置字体为“黑体”，字号为“四号”即可。选择其余文字，设置字体为“宋体”，字号为“小四”即可。单击“段落”组右下角的对话框启动器按钮，弹出“段落”对话框，设置首行缩进为“2 字符”，行距为“1.5 倍行距”，单击“确定”按钮返回。

④ 选择文字“关键词：”，设置字体为“黑体”，字号为“四号”即可。选择其余文字，设置字体为“宋体”，字号为“小四”即可。单击“段落”组中右下角的对话框启动器按钮，弹出“段落”对话框，设置首行缩进为“2 字符”，行距为“1.5 倍行距”，单击“确定”按钮返回。

（2）英文摘要的格式设置。英文摘要的格式主要包括字符格式及段落格式的设置，操作步骤如下：

① 选择整个英文摘要，单击“开始”选项卡“字体”组中的相应按钮实现字符格式的设置，字体选择“Times New Roman”。

② 将光标定位在英文摘要标题行的任意位置，或选择标题行，单击“开始”选项卡“样式”组中“快速样式”库中的“第 1 章 标题 1”样式，则标题将自动设为指定的样式格式，删除自动产生的章编号，单击“居中”按钮使其居中显示。

③ 选择作者及单位内容，单击“开始”选项卡“字体”组中的相应按钮实现字符格式的设置，字号选择“五号”，单击“段落”组中的“居中”按钮实现居中显示。单击“段落”组右下角的对话框启动器按钮，弹出“段落”对话框，设置行距为“1.5 倍行距”，单击“确定”按钮返回。

④ 选择字符“Abstract：”，设置字号为“四号”，并单击“加粗”按钮。选择其余字符，设置字号为“小四”。单击“段落”组右下角的对话框启动器按钮，弹出“段落”对话框，设置首行缩进为“2 字符”，行距为“1.5 倍行距”，单击“确定”按钮返回。

⑤ 选择字符“Key words：”，设置字号为“四号”，并单击“加粗”按钮。选择其余字符，设置字号为“小四”。单击“段落”组右下角的对话框启动器按钮，弹出“段落”对话框，设置首行缩进为“2 字符”，行距为“1.5 倍行距”，单击“确定”按钮返回。

5. 目录

利用分节符功能进行分节，并在各节中自动生成目录和图表目录。

（1）分节。毕业论文的目录的位置一般位于英文摘要与正文之间，因此插入分节符可按下列操作方法实现：将光标定位在毕业论文第 1 章标题文本的左侧，或选中编号，单击“布局”选项卡“页面设置”组中的“分隔符”下拉按钮，在分节符类型中选择“奇数页”，完成一节的插入。重复此操作，插入另外两个分节符。

（2）生成目录，操作步骤如下：

① 将光标定位在要插入目录的页面的第 1 行（插入的第 1 个分节符所在的页面），输入文字“目录”，删除“目录”前面自动产生的章编号，并居中显示。将插入点定位在“目录”文字的右侧，单击“引用”选项卡“目录”组中的“目录”下拉按钮，在弹出的下拉列表中选择“自定义目录”命令，弹出“目录”对话框。

② 在对话框中确定目录显示的格式及级别，例如“显示页码”“页码右对齐”“制表符前导符”“格式”“显示级别”等，或选择默认值。

③ 单击“确定”按钮，完成创建目录的操作。

（3）生成图目录，操作步骤如下：

① 将光标移到要建立图目录的位置（插入的第 2 个分节符所在的页面），输入文字“图目录”，删除“图目录”前面自动产生的章编号，并居中显示。将插入点定位在“图目录”文字的右侧，

单击“引用”选项卡“题注”组中的“插入表目录”按钮，弹出“图表目录”对话框。

② 在“题注标签”下拉列表框中选择“图”题注标签类型。

③ 在“图表目录”对话框中还可以对其他选项进行设置，例如“显示页码”“页码右对齐”“格式”等，与目录设置方法类似，或取默认值。

④ 单击“确定”按钮，完成图目录的创建。

（4）生成表目录，操作步骤如下：

① 将光标移到要建立表目录的位置（插入的第 3 个分节符所在的页面），输入文字“表目录”，删除“表目录”前面自动产生的章编号，并居中显示。将插入点定位在“表目录”文字的右侧，单击“引用”选项卡“题注”组中的“插入表目录”按钮，弹出“图表目录”对话框。

② 在“题注标签”下拉列表框中选择“表”题注标签类型。

③ 在“图表目录”对话框中还可以对其他选项进行设置，例如“显示页码”“页码右对齐”“格式”等，与目录设置方法类似，或取默认值。

④ 单击“确定”按钮，完成表目录的创建。

6. 论文页眉

毕业论文的页眉设置包括正文前（封面、中英文摘要、目录及图表目录）的页眉设置和正文（各章、结论、致谢及参考文献）的页眉设置，各部分的页眉内容要求也有所不同。

扫一扫

论文页眉

（1）正文前的页眉设置，操作步骤如下：

① 封面为单独一页，无页眉和页脚，故省略封面页眉和页脚的设置。方法是：将光标定位在中文摘要所在页，单击“插入”选项卡“页眉和页脚”组中的“页眉”下拉按钮，在弹出的下拉列表中选择“编辑页眉”命令，或直接双击页面顶部。

② 进入“页眉和页脚”编辑状态，同时显示“页眉和页脚工具 / 设计”选项卡，单击“导航”组中的“链接到前一节”按钮，取消与封面页之间的链接关系。若链接关系无灰色底色，表示无链接关系，否则一定要单击，表示去掉链接。

③ 在页眉中直接输入“××× 大学本科生毕业论文（设计）”，并居中显示。

④ 双击文档正文的任意区域，返回文档编辑状态，完成正文前的页眉的设置。

一般情况下，在文档中添加页眉内容后，页眉区域的底部将自动添加一条横线与页面内容隔开。若无此横线，则添加此横线的操作方法如下：

① 进入页眉编辑状态。

② 输入页眉内容，并拖动鼠标以选择页眉内容，同时选择页眉内容后面的换行符。

③ 单击“开始”选项卡“段落”组中的“边框”下拉按钮，弹出下拉列表。

④ 在下拉列表中选择“下框线”命令，在页眉区域的底部将自动添加一条横线。

如果要删除页眉中的横线，只要在上述第④步操作中选择下拉列表中的“无框线”命令即可。

（2）正文的页眉设置，操作步骤如下：

① 将光标定位在毕业论文正文部分所在的首页，即“第 1 章”所在页。单击“插入”选项卡“页眉和页脚”组中的“页眉”下拉按钮，在弹出的下拉列表中选择“编辑页眉”命令。

② 进入“页眉和页脚”编辑状态,单击“页眉和页脚工具 / 设计”选项卡“导航”组中的“链接到前一节”按钮，取消与前一页页眉的链接关系，然后删除页眉中的原有内容。选择“选项”组中的“奇偶页不同”复选框。

③ 单击“插入”选项卡“文本”组中的“文档部件”下拉按钮,在弹出的下拉列表中选择“域”命令，弹出“域”对话框。

④ 在“域名”列表框中选择“StyleRef”，并在“样式名”列表框中选择“标题 1”，选择“插入段落编号”复选框,单击“确定”按钮,在页眉中将自动添加章序号,并从键盘上输入一个空格。

⑤ 用同样的方法弹出“域”对话框。在“域名”列表框中选择“StyleRef”，并在“样式名”列表框中选择“标题 1”。如果“插入段落编号”复选框处于选择状态,则单击将其取消。选择“插入段落位置”复选框，单击“确定”按钮，实现在页眉中自动添加章名。

⑥ 若页眉内容没有居中，则可单击“居中”按钮，使页眉中的文字居中显示。

⑦ 将光标定位到正文的第 2 页页眉处，即偶数页页眉处，用同样的方法添加页眉（必须取消与前一页页眉的链接关系），不同的是在“域”对话框中的“样式名”列表框中应选择“标题 2”。

⑧ 偶数页页眉设置后，双击文档正文中的任意位置，即可退出页眉和页脚编辑环境。或单击“关闭”组中的“关闭页眉和页脚”按钮退出。

⑨ 若正文中的页眉区域的底部无横线，可按照添加横线的方法实现。

（3）结论、致谢和参考文献的页眉设置，操作步骤如下：

① 在页眉和页脚编辑环境下，将光标定位到论文结论所在页的页眉处，单击“页眉和页脚工具 / 设计”选项卡“导航”组中的“链接到前一节”按钮，取消与前一页眉的链接关系，然后删除页眉中的内容。

② 单击“插入”选项卡“文本”组中的“文档部件”下拉按钮,在弹出的下拉列表选择“域”命令，弹出“域”对话框。

③ 在“域名”列表框中选择“StyleRef”，并在“样式名”列表框中选择“标题 1”，选择“插入段落位置”复选框，单击“确定”按钮，实现在页眉中自动添加章名。

④ 致谢和参考文献部分的页眉内容将会自动添加。

⑤ 结论、致谢和参考文献的页眉区域中的横线添加方法，可参考前面的相关内容。

还有一种比较简单地修改这三部分页眉内容的方法，在取消与前一页眉的链接关系后，不用删除页眉中的全部内容，而是删除页眉内容当中的编号，例如，删除编号“第 5 章”即可，致谢及参考文献所在页的页眉内容的编号将自动删除，章的名称却可以保留。

7. 论文页脚

扫一扫

论文页脚

毕业论文页脚的内容通常是页码，实际上就是如何生成页码的过程。毕业论文的页脚设置包括正文前（封面、中英文摘要、目录及图表目录）的页码生成和正文（各章节、结论、致谢及参考文献）的页码生成，各部分的页码格式要求也有所不同。

（1）正文前的页码生成，操作步骤如下：

① 由于论文封面不加页码，所以进入“页眉和页脚”编辑状态后，直接将光标定位在第 2 节（中文摘要所在页）的页脚处，单击“页眉和页脚工具 / 设计”选项卡“导

航”组中的“链接到前一节”按钮，取消与第 1 节（论文封面）页脚之间的链接关系。单击“页眉和页脚”组中的“页码”下拉按钮，在弹出的下拉列表中选择“页面底端”中的“普通数字 2”页码格式，默认为居中显示。或单击“页眉和页脚”组中的“页码”下拉按钮，在弹出的下拉列表中选择“页面底端”中的“普通数字 1”，页脚中将会自动插入形如“1，2，3，…”的页码格式，再设置为居中显示。

② 右击插入的页码，在弹出的快捷菜单中选择“设置页码格式”命令，弹出“页码格式”对话框，设置编号格式为“i，ii，iii，…”，起始页码为“i”，单击“确定”按钮。或单击“页眉和页脚工具 / 设计”选项卡“页眉和页脚”组中的“页码”下拉按钮，在弹出的下拉列表中选择“设置页码格式”命令，也会弹出“页码格式”对话框。

③ 由于正文前的内容插入了多个分节符，而且设置为奇偶页不同，所以步骤①和②仅实现了当前分节符中奇数页页脚格式的设置，还需要设置偶数页及不同分节符所在页面的页脚格式（需要的话）。将插入点定位在本节偶数页页脚中重复步骤②，可实现偶数页页脚格式的设置。对于其他节的页脚格式，默认为“1，2，3，…”，可以按照步骤②的操作进行页码格式设置，并修改为指定形式。需要注意，对于正文前的各节的页脚，在“页码格式”对话框中，必须选择“续前节”单选按钮，以保证论文正文前（封面、中英文摘要、目录及图表目录）各页面的页码连续。

（2）正文的页码生成，其操作步骤如下：

① 将光标定位在论文正文“第 1 章”所在页的页脚处，单击“页眉和页脚工具 / 设计”选项卡“导航”组中的“链接到前一节”按钮，取消与前一节页脚的链接关系。

② 若该页的页脚的页码为数字形式的“1”，即为要求的页码格式，否则需要进行修改。可单击插入的页码，在弹出的快捷菜单中选择“设置页码格式”命令，出现“页码格式”对话框，设置编号格式为“1，2，3，…”，起始页码为“1”，单击“确定”按钮。或单击“页眉和页脚工具 / 设计”选项卡“页眉和页脚”组中的“页码”下拉按钮，在弹出的下拉列表中选择“设置页码格式”命令，也会弹出“页码格式”对话框。

③ 单击“开始”选项卡“段落”组中的“右对齐”按钮，实现奇数页的页脚的页码右对齐。

④ 步骤①～步骤③实现了正文中奇数页的页脚的页码格式设置，接下来设置正文中偶数页的页脚的页码格式。将光标定位到正文的第 2 页页脚处，即偶数页页脚处，单击“页眉和页脚工具 / 设计”选项卡“导航”组中的“链接到前一节”按钮，取消与正文前页脚之间的链接关系。若该页的页脚的页码为数字形式的“2”，即为要求的页码格式，否则需要插入页码。单击“页眉和页脚”组中的“页码”下拉按钮，在弹出的下拉列表中选择“页面底端”中的“普通数字 2”页码格式，默认为居中显示。页脚中将出现数字形式的页码“2”。

⑤ 单击“开始”选项卡“段落”组中的“左对齐”按钮，实现偶数页的页脚的页码左对齐。

⑥ 查看正文各节（第 2 章开始各章节，结论，致谢及参考文献）的起始页面的页码是否与前一节连续，否则需选择“页码格式”对话框中的“续前节”单选按钮，以保证正文各部分的页码连续。

（3）更新目录、图表目录，操作如下：

① 右击目录中的任意标题名称，在弹出的快捷菜单中选择“更新域”命令，弹出“更新目录”对话框，选择“更新整个目录”单选按钮，单击“确定”按钮完成目录的更新。

② 重复步骤①，可以更新图目录和表目录。

③ 保存排版后的结果。

8. 排版效果

毕业论文排版结束后，其部分效果如图 2-11 所示。

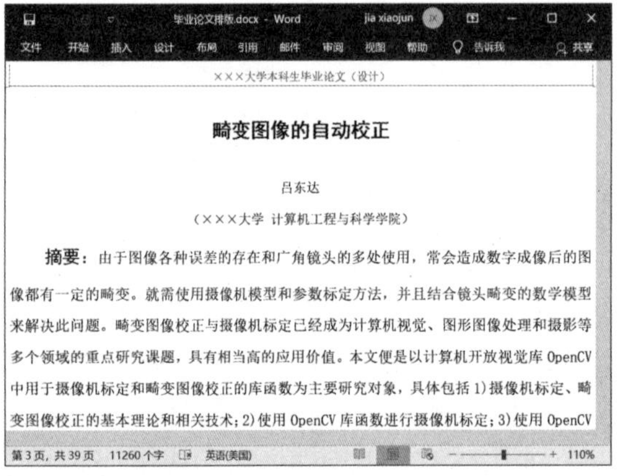

×××大学本科生毕业论文（设计）

畸变图像的自动校正

吕东达

（×××大学 计算机工程与科学学院）

摘要：由于图像各种误差的存在和广角镜头的多处使用，常会造成数字成像后的图像都有一定的畸变。就需使用摄像机模型和参数标定方法，并且结合镜头畸变的数学模型来解决此问题。畸变图像校正与摄像机标定已经成为计算机视觉、图形图像处理和摄影等多个领域的重点研究课题，具有相当高的应用价值。本文便是以计算机开放视觉库 OpenCV 中用于摄像机标定和畸变图像校正的库函数为主要研究对象，具体包括 1）摄像机标定、畸变图像校正的基本理论和相关技术；2）使用 OpenCV 库函数进行摄像机标定；3）使用 OpenCV

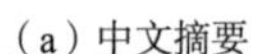

（a）中文摘要

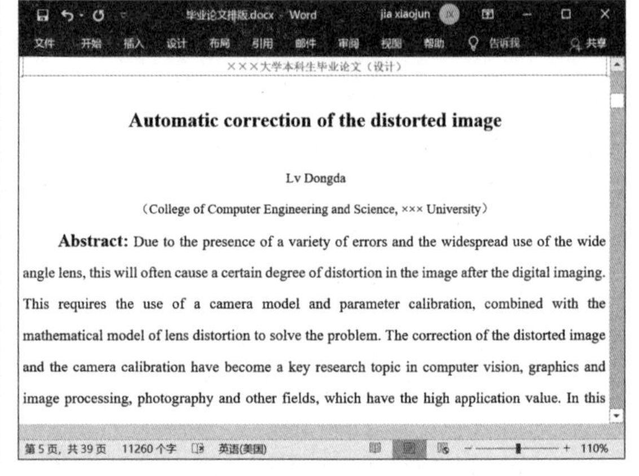

×××大学本科生毕业论文（设计）

Automatic correction of the distorted image

Lv Dongda

（College of Computer Engineering and Science, ××× University）

Abstract: Due to the presence of a variety of errors and the widespread use of the wide angle lens, this will often cause a certain degree of distortion in the image after the digital imaging. This requires the use of a camera model and parameter calibration, combined with the mathematical model of lens distortion to solve the problem. The correction of the distorted image and the camera calibration have become a key research topic in computer vision, graphics and image processing, photography and other fields, which have the high application value. In this

（b）英文摘要

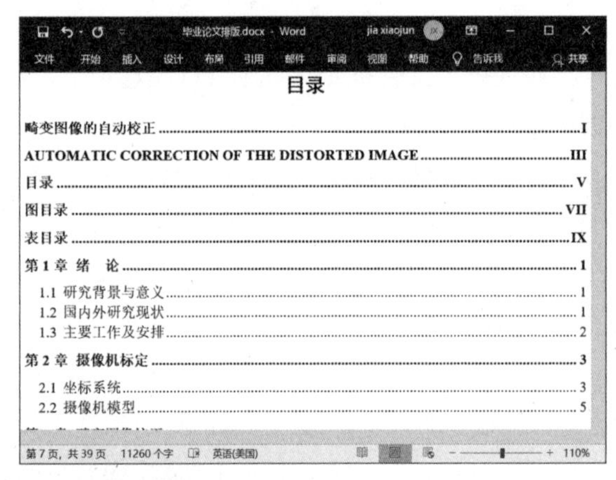

目录

畸变图像的自动校正 I
AUTOMATIC CORRECTION OF THE DISTORTED IMAGE III
目录 V
图目录 VII
表目录 IX
第 1 章 绪 论 1
1.1 研究背景与意义 1
1.2 国内外研究现状 1
1.3 主要工作及安排 2
第 2 章 摄像机标定 3
2.1 坐标系统 3
2.2 摄像机模型 5

（c）目录

×××大学本科生毕业论文（设计）

图目录

图 2-1 像素坐标系和画平面坐标系 4
图 2-2 摄像机成像几何关系 4
图 3-1 相机镜头像差 7
图 4-1 层次结构 9
图 4-2 整体流程图 13
图 4-3 标定模版 14
图 4-4 找到角点的结果 20
图 4-5 校正主界面 21
图 4-6 加载未校正图片界面 21
图 4-7 畸变图像转换校正和显示 22

（d）图目录

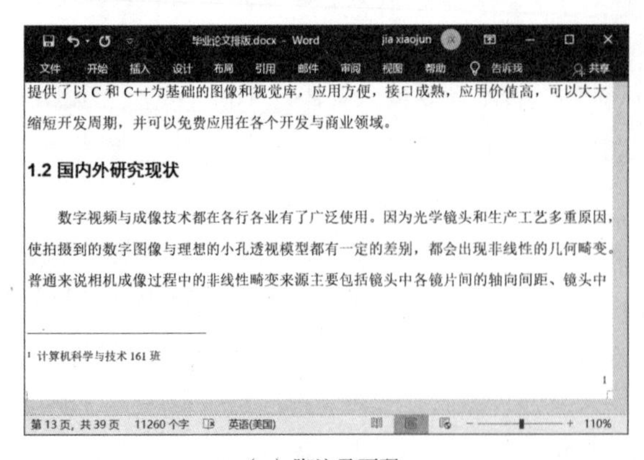

提供了以 C 和 C++为基础的图像和视觉库，应用方便，接口成熟，应用价值高，可以大大缩短开发周期，并可以免费应用在各个开发与商业领域。

1.2 国内外研究现状

数字视频与成像技术都在各行各业有了广泛使用。因为光学镜头和生产工艺多重原因，使拍摄到的数字图像与理想的小孔透视模型都有一定的差别，都会出现非线性的几何畸变。普通来说相机成像过程中的非线性畸变来源主要包括镜头中各镜片间的轴向间距、镜头中

1 计算机科学与技术 161 班

1

（e）脚注及页码

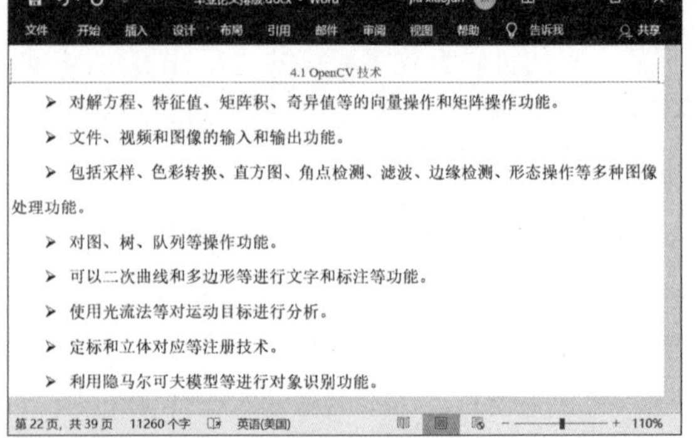

4.1 OpenCV 技术

➢ 对解方程、特征值、矩阵积、奇异值等的向量操作和矩阵操作功能。
➢ 文件、视频和图像的输入和输出功能。
➢ 包括采样、色彩转换、直方图、角点检测、滤波、边缘检测、形态操作等多种图像处理功能。
➢ 对图、树、队列等操作功能。
➢ 可以二次曲线和多边形等进行文字和标注等功能。
➢ 使用光流法等对运动目标进行分析。
➢ 定标和立体对应等注册技术。
➢ 利用隐马尔可夫模型等进行对象识别功能。

（f）页眉及项目符号

图 2-11 排版效果

2.4 提高操作

（1）修改一级标题样式:从第 1 章开始自动排序，小二号，黑体，加粗，段前 2 行，段后 1 行，单倍行距，左缩进 0 字符，居中对齐。

（2）修改二级标题样式：从 1.1 开始自动排序，小三号，黑体，加粗，段前 1 行，段后 1 行，单倍行距，左缩进 0 字符，左对齐。

（3）修改三级标题样式:从 1.1.1 开始自动排序，小四号，黑体，加粗，段前 0.5 行，段后 0.5 行，单倍行距，左缩进 0 字符，左对齐。

（4）将正文中的表格全部改为以下格式:三线表，外边框单线，1.5 磅，内边框单线，0.75 磅。

（5）对正文中出现的“1.，2.，3.，…”编号进行自动编号，编号格式不变。

（6）将第 1 章中出现的“OpenCV”全部改成粗体显示。

（7）将正文中“3.1.2 切向畸变”小节中的公式（3-2）利用公式编辑器重新输入，放在其下面，成为公式（3-3）。

（8）对结论所在的标题添加批注，批注内容为“此部分内容需再详细阐述。”

（9）将结论所在的内容以两栏方式显示，选项采用默认方式。

（10）将致谢所在的节的内容以横排方式显示。

（11）在第 1 章的标题后另起一段，插入一子文档，内容为“作者简介：吕东达，男，1998 年 3 月生，本科生，计算机科学与技术专业。”，并以默认文件和默认路径进行保存。

（12）给文档设置密码，打开密码为“ABCDEF”，修改密码为“123456”。

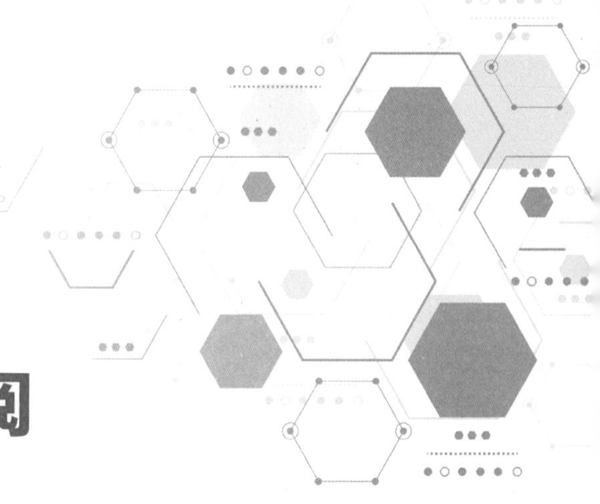

案例 3
期刊论文排版与审阅

3.1 问题描述

扫一扫

期刊论文排版与审阅

学生小张将主持的 SRT（Students Research Training）项目的研究成果写成了一篇学术论文，向某期刊投稿。小张事先按照期刊的排版要求进行了论文格式编辑，然后向该期刊投稿，经审稿人审阅后提出修改意见返回。现在请读者模拟论文处理过程中的排版编辑，按要求完成下列格式操作。

（1）全文采用单倍行距。

（2）中英文标题及摘要的格式要求如下：

中文标题：小二号，黑体，加粗，居中对齐，段前 2 行，段后 1 行。作者和单位：小四号，仿宋，居中对齐，姓名后面及单位前面的数字设为上标形式。字符“摘要：”及“关键词：”：五号，黑体，加粗。其余内容：小五号，宋体，段首空 2 字符。

英文标题及摘要采用字体 Times New Roman，其中英文标题：小四号，黑体，加粗，段前 2 行，段后 1 行，居中对齐。作者和单位：五号，居中对齐，姓名后面及单位前面的数字设为上标形式。字符“Abstract：”及“Key words：”：五号，黑体，加粗。其余内容：小五号，段首空 2 字符。

（3）以首页一级标题的最末一个字为标签插入脚注（“概述”的“述”），标签格式与标题格式相同，内容为“收稿日期：2020-9-20 E-mail：Paper@gmail.com”。脚注内容格式：六号，黑体，加粗。

（4）一级标题：采用样式“标题 1”。要求从 1 开始自动编号，小四号，黑体，加粗，段前 1 行，段后 1 行，单倍行距，左对齐。

（5）二级标题：采用样式“标题 2”。要求从 1.1 开始自动编号，五号，黑体，加粗，段前 0 行，段后 0 行，单倍行距，左对齐。

（6）正文（除各级标题、图表题注、表格内容、公式、参考文献外）为五号，中文字体为宋体，英文字体为 Times New Roman，单倍行距，段首空 2 字符。

（7）添加图题注，形式为“图 1、图 2、…”，自动编号，位于图下方文字的左侧，与文字间隔一个空格，图及题注居中，并将文档中的图引用改为交叉引用方式。

（8）添加表题注，形式为“表 1、表 2、…”，自动编号，位于表上方文字的左侧，与文字间隔一个空格，表及题注居中，并将文档中的表引用改为交叉引用方式。

（9）参考文献采用“[1]，[2]，…”格式，并自动编号。将正文中引用到的参考文献设为交叉引用方式，并设为上标形式。

（10）将正文到参考文献（包括参考文献）内容进行分栏，分为两栏，无分隔线，栏宽宽度取默认值，其中图 2（包括图及图题注内容）保留单栏形式。

（11）调整论文中公式所在行的格式，使公式编号右对齐，公式本身居中显示。

（12）将表格“表 1 车牌实验数据”设置成三线表，外边框线线宽 2.25 磅，绿色；内边框线线宽 0.75 磅，绿色。表格内的数据的字号为小五，并且表格内的数据居中显示。

（13）添加页眉，内容为论文中文标题，居中显示；添加页脚页码，格式为“1，2，3，…”，居中显示。

（14）对论文的中文标题添加批注，批注内容为“标题欠妥，请修改。”。

（15）将“1 概述”章标题下面一段文本的段落首字（“汽车牌照识别技术是车辆自动识别系统……”所在的段落）设为下沉 2 行形式。

（16）启动修订，将中文摘要中重复的文字“车牌”删除，并将“5 结语”改为“5 结论”。

（17）在论文的最后插入子文档，文档内容为“作者简介:张三，男，2000 年 6 月生，本科生，计算机科学与技术专业。”，并以默认文件名及默认路径保存。

（18）保存 Word 文档，并生成一个名为“一种基于纹理模式的汽车牌照定位方法 .pdf”的 PDF 文档。

3.2 知识要点

（1）字符格式、段落格式设置。

（2）样式的建立、修改及应用；自动编号的使用。

（3）分栏设置。

（4）题注、交叉引用的使用。

（5）表格边框的设置。

（6）脚注的编辑。

（7）页眉、页脚的设置。

（8）标注的编辑。

（9）修订的编辑。

（10）子文档的插入。

3.3 操作步骤

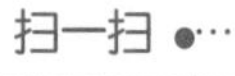

第1、2题

1. 全文行间距

拖动鼠标选择全文或按【Ctrl+A】组合键选择全文，单击“开始”选项卡“段落”组中的“行和段落间距”下拉按钮，在弹出的下拉列表中选择“1.0”，即可将全文行间距设为单倍行距，或在“段落”对话框中进行设置。

2. 中英文标题及摘要格式

（1）中文标题及摘要格式，操作步骤如下：

① 中文标题。选择中文标题，在“开始”选项卡“字体”组中设置字体为“黑体”，字号为“小二号”，单击“加粗”按钮。单击“段落”组右下角的对话框启动器按钮，弹出“段落”对话框，设置段前距为“2行”，段后距为“1行”，对齐方式选择“居中”，单击“确定”按钮返回。

② 作者和单位。选择作者及单位所在段落，在“开始”选项卡“字体”组中设置字体为“仿宋”，字号为“小四”。单击“段落”组中的“居中”按钮。分别选择中文姓名后面及单位前面的数字，单击“字体”组中的“上标”按钮 x^2，将指定的数字设为上标形式。

③ 分别选择字符“摘要：”及“关键词：”，在“开始”选项卡“字体”组中设置字体为“黑体”，字号为“五号”，单击“加粗”按钮。选择其余内容，在“字体”组中设置字体为“宋体”，字号为“小五”。打开“段落”对话框，在“特殊格式”下拉列表框中选择“首行缩进”，并设置为“2字符”，单击“确定”按钮返回。

（2）英文标题及摘要格式，操作步骤如下：

选择所有英文标题及摘要内容，在“开始”选项卡“字体”组中设置字体为“Times New Roman”。

① 英文标题。选择英文标题，在“开始”选项卡“字体”组中设置字体为“黑体”，字号为“小四”，单击“加粗”按钮。单击“段落”组右下角的对话框启动器按钮，弹出“段落”对话框，设置段前距为“2行”，段后距为“1行”，对齐方式选择“居中”，单击“确定”按钮返回。

② 作者和单位。选择作者及单位所在段落，在“开始”选项卡“字体”组中设置字号为“五号”。单击“段落”组中的“居中”按钮。分别选择英文姓名后面及单位前面的数字，单击“字体”组中的“上标”按钮 x^2，将指定的数字设为上标形式。

③ 分别选择英文字符“Abstract：”及“Key words：”，在“开始”选项卡“字体”组中设置字体为“黑体”，字号为“五号”，单击“加粗”按钮。选择其余内容，字号选择“小五”。打开“段落”对话框，在“特殊格式”下拉列表框中选择“首行缩进”，并设置为“2字符”，单击“确定”按钮返回。

3. 插入脚注

本题实现在指定位置插入符合要求的脚注，操作步骤如下：

① 将光标定位到首页一级标题行的末尾（“1 概述”行的末尾），单击“引用”选项卡“脚注”组右下角的对话框启动器按钮，弹出“脚注和尾注”对话框。

② 在“位置”栏中选择“脚注”单选按钮，并设置位于“页面底端”。在“自定义标记”文本框中输入标题的最后一个汉字，即“1 概述”的“述”，其他选项取默认值，如图3-1所示，单击“插入”按钮。此时在标题的末尾出现脚注标记“述”，并且页面底部也出现脚注标记，分别为“1 概述[述]”和“[述]”。

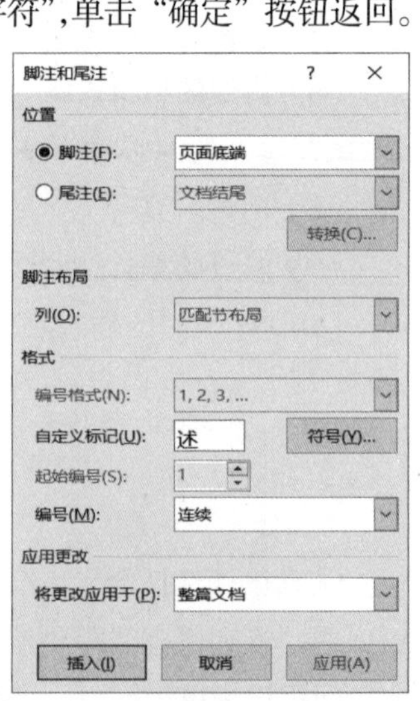

图3-1 “脚注和尾注”对话框

③ 选中一级标题中的文字“概述”，单击“开始”选项卡“剪贴板”

组中的“格式刷”按钮，进行格式复制。然后，拖动鼠标刷脚注标记“述”字，使其格式与“概述”字符格式相同，并删除原文标题中的字符“述”。

④ 将光标定位到页面底端题注标记“述”的右侧，按【Backspace】键删除字符“述”，并输入文本“收稿日期：2020-9-20 E-mail：Paper@gmail.com”。选择输入的文本，在“开始”选项卡“字体”组中设置字体为“黑体”，字号为“六号”，单击“加粗”按钮，完成脚注的添加及格式设置。

⑤ 一级标题及页面底端的脚注将分别形如“1 概述”和“收稿日期：2020-9-20 E-mail：Paper@gmail.com”。

4. 一级、二级标题样式的建立

一级标题和二级标题样式的操作可以放在一起进行操作，其过程主要分为样式的建立、修改及应用。标题样式的建立可以利用多级列表结合“标题 1”样式和“标题 2”样式来实现，具体操作步骤如下：

（1）将光标定位在论文标题文本“1 概述”中的任意位置，单击“开始”选项卡“段落”组中的“多级列表”下拉按钮，弹出下拉列表。

（2）选择下拉列表中的“定义新的多级列表”命令，弹出“定义新多级列表”对话框。单击对话框中左下角的“更多”按钮，对话框选项将增加。

① 一级标题样式的建立。在“定义新多级列表”对话框中的“单击要修改的级别”列表框中选择“级别”为“1”的项，即用来设定一级标题样式。在“输入编号的格式”文本框中将会自动出现带灰色底纹的数字“1”，即为自动编号。若“输入编号的格式”文本框中无自动编号，可在“此级别的编号样式”下拉列表框中选择“1，2，3，…”格式的编号样式。编号对齐方式选择“左对齐”，对齐位置设置为“0 厘米”，文本缩进位置设置为“0 厘米”，在“编号之后”下拉列表框中选择“空格”。在“将级别链接到样式”下拉列表框中选择“标题 1”样式。

② 二级标题样式的建立。在“定义新多级列表”对话框中的“单击要修改的级别”列表框中选择“级别”为“2”的项，即用来设定二级标题样式。在“输入编号的格式”文本框中将自动出现带灰色底纹的数字“1.1”，即为自动编号。若“输入编号的格式”文本框中无编号，可先在“包含的级别编号来自”下拉列表框中选择“级别 1”，在“输入编号的格式”文本框中将自动出现带灰色底纹的数字“1”，在数字“1”的后面输入“.”，然后在“此级别的编号样式”下拉列表框中选择“1，2，3，…”格式的编号样式。编号对齐方式选择“左对齐”，对齐位置设置为“0 厘米”，文本缩进位置设置为“0 厘米”，在“编号之后”下拉列表框中选择“空格”。在“将级别链接到样式”下拉列表框中选择“标题 2”样式。

③ 单击“确定”按钮完成一级、二级标题样式的设置。特别强调，一级、二级标题样式的设置全部完成后，再单击“确定”按钮返回。

（3）在“开始”选项卡“样式”组中的“快速样式”库中将会出现“标题 1”和“标题 2”样式，分别形如“1 标题 1”和“1.1 标题 2”。

5. 一级、二级标题样式的修改及应用。

（1）一级、二级标题样式的修改，操作步骤如下：

① 一级标题样式的修改。在“快速样式”库中右击样式“1 标题 1”，在弹出的快捷菜单中选择“修改”命令，弹出“修改样式”对话框。在该对话框中，字体选择“黑体”，字号为“小四”，单击“加粗”

按钮，单击“左对齐”按钮。单击对话框左下角的“格式”下拉按钮，在弹出的下拉列表中选择“段落”命令，弹出“段落”对话框，进行段落格式设置，设置左缩进为“0 字符”，段前距为“1 行”，段后距为“1 行”，设置行距为“单倍行距”。单击“确定”按钮返回“修改样式”对话框，单击“确定”按钮完成设置。

② 二级标题样式的修改。在“快速样式”库中右击样式“1.1 标题 2”，在弹出的快捷菜单中选择“修改”命令，弹出“修改样式”对话框。在该对话框中，字体选择“黑体”，字号为“五号”，单击“加粗”按钮，单击“左对齐”按钮。单击对话框左下角的“格式”下拉按钮，在弹出的下拉列表中选择“段落”命令，弹出“段落”对话框，进行段落格式设置，设置左缩进为“0 字符”，段前距为“0 行”，段后距为“0 行”，设置行距为“单倍行距”。单击“确定”按钮返回“修改样式”对话框，单击“确定”按钮完成设置。

（2）一级、二级标题样式的应用，操作步骤如下：

① 一级标题样式的应用。将光标定位在论文中的一级标题所在行的任意位置，单击“快速样式”库中的“1 标题 1”样式，则一级标题将自动设为指定的样式格式，删除原有的编号。按照此方法，可以将论文中的其余一级标题格式设置为指定的标题样式格式。

② 二级标题样式的应用。将光标定位在论文中的二级标题所在行的任意位置，单击“快速样式”库中的“1.1 标题 2”样式，则二级标题将自动设为指定的格式，删除原有的编号。按照此方法，可以将论文中的其余二级标题格式设置为指定的标题样式格式。

6. 正文格式设置

本题可以先建立一个样式“样式 0003”，然后利用应用样式方法来实现相应操作，具体操作步骤如下：

① 新建样式“样式 0003”，具体操作步骤请参考案例 1 中的“1.3 操作步骤”小节中的“4.‘样式 0001’的建立与应用”内容。

② 应用样式“样式 0003”，具体操作步骤请参考案例 1 中的“1.3 操作步骤”小节中的“4.‘样式 0001’的建立与应用”内容。

包括标题样式和新建样式在内，应用样式之后的论文格式如图 3-2 所示。

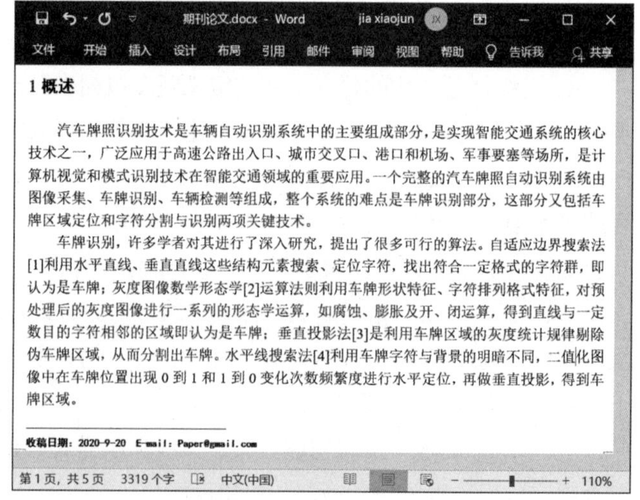

图 3-2　各级样式应用效果

7. 图题注及交叉引用

（1）创建图题注，其操作步骤如下：

① 将光标定位在论文中第一个图下面一行文字内容的左侧，单击“引用”选项卡“题注”组中的“插入题注”按钮，弹出“题注”对话框。

② 在“标签”下拉列表框中选择“图”。若没有标签“图”，单击“新建标签”按钮，在弹出

的“新建标签”对话框中输入标签名称“图”，单击“确定”按钮返回。

③“题注”文本框中将会出现“图 1”，单击“确定”按钮完成题注的添加，插入点位置将会自动出现“图 1”题注编号。

④ 选择图题注及图，单击“开始”选项卡“段落”组中的“居中”按钮，实现图题注及图的居中显示。

⑤ 重复步骤①和步骤②，可以插入其他图的题注。或者将第一个图的题注编号“图 1”复制到其他图下面一行文字的前面，并通过“更新域”命令实现图题注编号的自动更新。

（2）图题注的交叉引用，其操作步骤如下：

① 选择论文中第一个图对应的论文中的图引用文字并删除。单击“引用”选项卡“题注”组中的“交叉引用”按钮，弹出“交叉引用”对话框。

② 在“引用类型”下拉列表框中选择“图”。在“引用内容”下拉列表框中选择“仅标签和标号”。在“引用哪一个题注”列表框中选择要引用的题注，单击“插入”按钮。

③ 选择的题注编号将自动添加到文档中。按照步骤②的方法可实现论文中所有图的交叉引用。选择完要插入的交叉引用题注后单击“关闭”按钮，完成图交叉引用的操作。

8. *表题注及交叉引用*

（1）创建表题注，其操作步骤如下：

① 将光标定位在论文中第一张表上面一行文字内容的左侧，单击“引用”选项卡“题注”组中的“插入题注”按钮，弹出“题注”对话框。

② 在“标签”下拉列表框中选择“表”。若没有标签“表”，单击“新建标签”按钮，在弹出的“新建标签”对话框中输入标签名称“表”，单击“确定”按钮返回。

③“题注”文本框中将会出现“表 1”，单击“确定”按钮完成题注的添加，插入点位置将会自动出现“表 1”题注编号。

④ 单击“居中”按钮，实现表题注的居中显示。右击表格任意单元格，在弹出的快捷菜单中选择“表格属性”命令，弹出“表格属性”对话框，选择“表格”选项卡中的“居中”对齐方式，单击“确定”按钮完成表格居中设置。

⑤ 重复步骤①和步骤②，可以插入其他表的题注。或者将第一个表的题注编号“表 1”复制到其他表上面一行文字的前面，并通过“更新域”命令实现表题注编号的自动更新。

（2）表题注的交叉引用，其操作步骤如下：

① 选择第一张表对应的论文中的表引用文字并删除。单击“引用”选项卡“题注”组中的“交叉引用”按钮，弹出“交叉引用”对话框。

② 在“引用类型”下拉列表框中选择“表”。在“引用内容”下拉列表框中选择“仅标签和标号”。在“引用哪一个题注”列表框中选择要引用的题注，单击“插入”按钮。

③ 选择的题注编号将自动添加到文档中。按照步骤②的方法可实现所有表的交叉引用。选择完要插入的交叉引用题注后单击“关闭”按钮，完成表交叉引用的操作。

9. *参考文献*

选择字符“参考文献”，单击“开始”选项卡“样式”组中的“快速样式”库中的“1 标题 1”

样式，删除自动产生的编号，并使其居中显示。

对于参考文献在论文中的引用操作，首先要创建参考文献的自动编号，然后再建立参考文献的交叉引用。

（1）参考文献的自动编号设置，操作步骤如下：

① 选择所有的参考文献，单击“开始”选项卡“段落”组中的“编号”下拉按钮，弹出“编号”下拉列表。

② 在下拉列表中选择“定义新编号格式”按钮，弹出“定义新编号格式”对话框，编号样式选择“1, 2, 3, …”，在“编号格式”文本框中将会自动出现数字“1”，在数字的左右分别输入“[”和“]”，对齐方式选择“左对齐”。设置好编号格式后单击“确定”按钮。

③ 在每篇文章的前面将自动出现如“[1]，[2]，[3]，…”形式的自动编号，删除原来的编号。

（2）参考文献的交叉引用，操作步骤如下：

① 将光标定位在引用第 1 篇参考文献的论文中的位置，删除原有参考文献标号。单击“引用”选项卡“题注”组中的“交叉引用”按钮，弹出“交叉引用”对话框。

② 在“引用类型”下拉列表框中选择“编号项”。在“引用内容”下拉列表框中选择“段落编号”。在“引用哪一个题注”列表框中选择要引用的参考文献编号。

③ 单击“插入”按钮，实现第 1 篇参考文献的交叉引用。

④ 重复步骤①～步骤③，可实现所有参考文献的交叉引用。单击“关闭”按钮，完成参考文献的交叉引用操作。

⑤ 选择论文中已插入交叉引用的第 1 篇参考文献对应的编号，例如“[1]”，单击“开始”选项卡“字体”组中的“上标”按钮，“[1]”变成“[1]”，即为上标。或在“字体”对话框中选择“效果”栏中的“上标”复选框，也可实现上标操作，或按【Ctrl+Shift++】组合键添加上标。

⑥ 重复步骤⑤，实现论文中所有的交叉引用编号设为上标形式的操作。

扫一扫

第10、11题

10. 分栏

本题实现将选中内容进行分栏的功能。Word 的分栏操作要求选中的内容必须连续，中间没有间隔。由于本题要求图 2 及其题注为单栏形式，所以论文的分栏操作分成两部分内容单独进行，操作步骤如下：

① 选择第一部分内容（从正文一级标题开始到图 2 前面的段落文字结束位置，但不包括图 2）。

② 单击“布局”选项卡“页面设置”组中的“栏”下拉按钮，在弹出的下拉列表中选择“更多分栏”命令，弹出“栏”对话框。

③ 在“预设”栏中单击“两栏”，其他选项取默认值，如图 3-3 所示，单击“确定”按钮，实现选中内容的分栏。

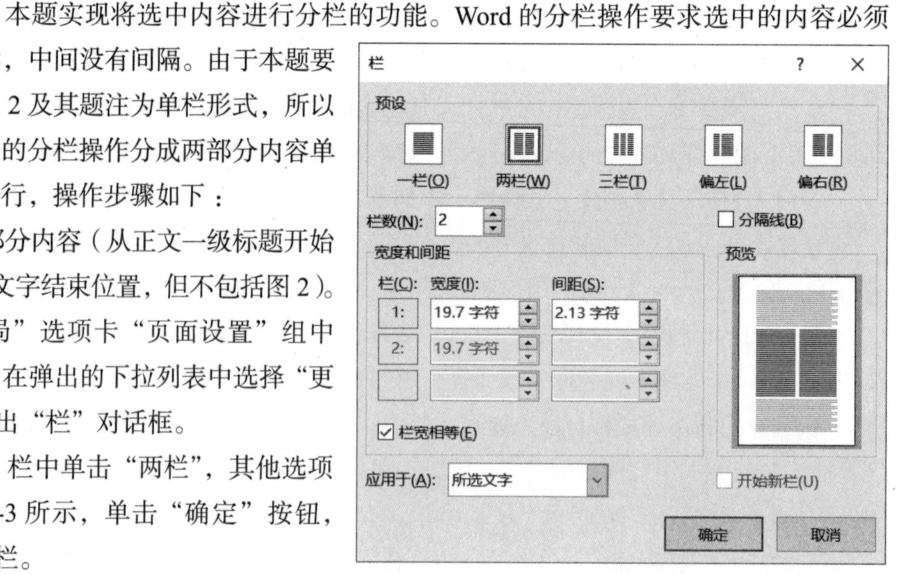

图 3-3 “分栏”对话框

④ 选择第二部分内容，从图 2 后面的段落（不包括图 2 及其题注）开始到论文结束位置，即最后一篇参考文献后面，注意不包括论文最后一个段落符号。

⑤ 重复步骤②和步骤③实现第二部分选中内容的分栏操作。

11. 公式布局

公式所在行的格式与论文其他段落格式略有不同，通常采用右对齐方式，其格式设置的操作步骤如下：

① 将光标定位在论文中公式所在段落的任意位置，例如公式 (1)，单击“开始”选项卡“段落”组中的“右对齐”按钮，实现公式所在段落的“右对齐”。

② 调整公式与编号之间的空格数，使公式在所在行中水平居中显示。

③ 按照相同的方法，实现论文中其余公式的格式设置。

12. 表格设置

本题实现对表格边框线及表格内数据的格式设置，操作步骤如下：

扫一扫

第12题

① 将光标定位于表格“表 1 车牌实验数据”的任意单元格中，或选择整个表格，也可以单击出现在表格左上角的按钮“⊞”以选择整个表格。单击“表格工具 / 设计”选项卡“边框”组右下角的对话框启动器按钮，弹出“边框和底纹”对话框。

② 在“设置”栏中选择“自定义”，在“颜色”下拉列表框中选择“绿色”，在“宽度”下拉列表框中选择“2.25 磅”，在“预览”栏的表格中将显示表格的所有边框线。单击两次（不要直接双击）表格的 3 条竖线及表格内部的横线以去掉所对应的边框线，即仅剩下表格的上边线和下边线，然后单击表格剩下的上边线和下边线，上边线和下边线将加粗。“应用于”下拉列表中选择“表格”。

③ 单击“确定”按钮，表格将变成如图 3-4（a）所示的形式。

④ 选择表格的第 1 行，按前面的步骤进入“边框和底纹”对话框，单击“自定义”，在“颜色”下拉列表框中选择“绿色”，在“宽度”下拉列表框中选择“0.75 磅”，在“预览”栏的表格中直接单击表格的下边线，在预览中将显示表格的下边线。“应用于”下拉列表中选择“单元格”。

⑤ 单击“确定”按钮，完成表格边框线的设置。

⑥ 拖动鼠标，选择整个表格内的数据，在“开始”选项卡“字体”组中的“字号”下拉列表框中选择“小五”，并单击“段落”组中的“居中”按钮。设置完成后，表格格式如图 3-4（b）所示。

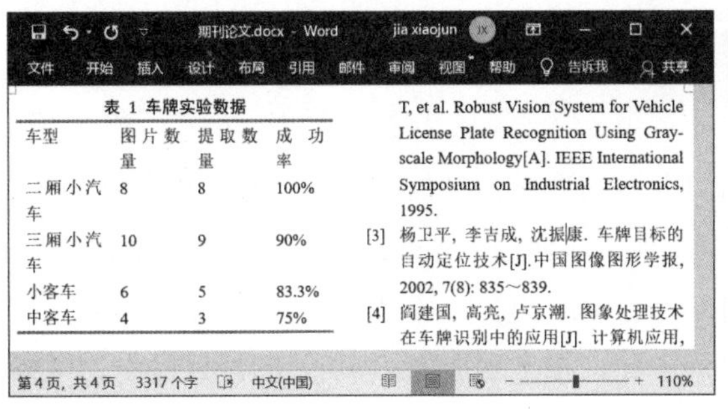

（a）　　　　（b）

图 3-4　表格边框线

13. 页眉和页脚

本题实现在论文中添加页眉和页脚，其操作步骤如下：

① 单击“插入”选项卡“页眉和页脚”组中的“页眉”下拉按钮，在弹出的下拉列表中单击“编辑页眉”命令，或者直接双击论文文档顶部的空白区域。

② 进入“页眉和页脚”编辑状态，在光标处直接输入论文的中文标题即可。单击“开始”选项卡“段落”组中的“居中”按钮，完成页眉居中设置。

③ 将光标定位到页脚处，单击“页眉和页脚工具 / 设计”选项卡“页眉和页脚”组中的“页码”下拉按钮，在弹出的下拉列表中选择“页面底端”中的“普通数字 2”，页脚中将会自动插入形如“1，2，3，…”的页码格式。

④ 双击非页眉和页脚的任意区域，返回文档编辑状态，完成论文页眉和页脚的设置，或单击“页眉和页脚工具 / 设计”选项卡“关闭”组中的“关闭页眉和页脚”按钮退出。

14. 添加批注

扫一扫

第14~16题

添加批注的操作步骤如下：

① 选择论文的中文标题文本，单击“审阅”选项卡“批注”组中的“新建批注”按钮。选择的文本将被填充颜色，旁边为批注框。

② 直接在批注框中输入批注内容“标题欠妥，请修改。”，单击批注框外的任何区域，即可完成添加批注操作。

③ 根据步骤①和步骤②，可以实现论文中其他批注的添加操作。

15. 首字下沉

设置首字下沉的操作步骤如下：

① 将光标定位在该段落中的任意位置，单击“插入”选项卡“文本”组中的“首字下沉”下拉按钮，弹出下拉列表。

② 在下拉列表中选择“首字下沉选项”命令，弹出“首字下沉”对话框，如图 3-5 所示。

③ 在对话框中的“位置”栏处选择“下沉”，“下沉行数”下拉列表中设置为 2。

④ 单击“确定”按钮完成设置。

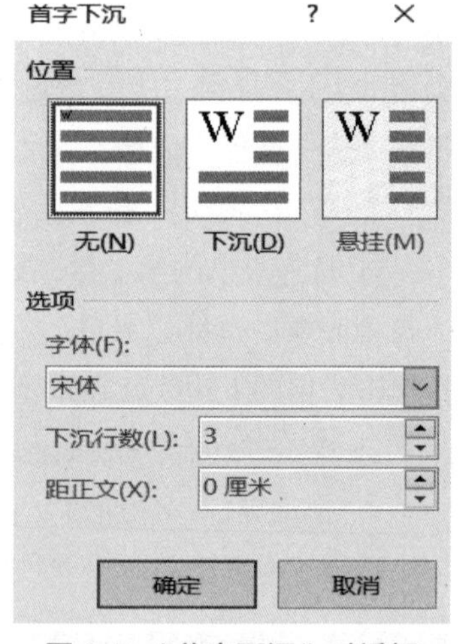

图 3-5 “首字下沉”对话框

16. 修订

添加修订的操作步骤如下：

① 单击“审阅”选项卡“修订”组中的“修订”按钮即可启动修订功能，或者单击“修订”下拉按钮，在弹出的下拉列表中选择“修订”命令。如果“修订”按钮以灰色底纹突出显示，形如，则打开了文档的修订功能，否则文档的修订功能为关闭状态。

② 选择中文摘要中的文本“车牌”，按【Delete】键，将出现形如“车牌”的修订提示，可根据需要接受或拒绝修订操作。

③ 选择“5 结语”中的文字“语”，直接输入文字“论”，将出现形如“**结语论**”的修订提示，

可根据需要接受或拒绝修订操作。

④ 若对论文内容进行其他编辑操作，也会自动添加相应的修订提示，并可根据需要接受或拒绝修订操作。

17. 子文档的建立

扫一扫

第17、18题

本题要求在论文的最后建立一个子文档，操作步骤如下：

① 将光标定位在论文的最后，即最后一个【Enter】键处，单击“视图”选项卡“视图”组中的“大纲”按钮，切换到大纲视图模式下。此时，光标所在的段落为正文,需提升为标题才能建立子文档。单击“大纲显示”选项卡“大纲工具”组中的“升级”按钮，可将光标所在段落提升 1 级标题，删除其中自动产生的编号。

② 单击“大纲显示”选项卡“主控文档”组中的“显示文档”按钮,将展开“主控文档”组，单击“创建”按钮。此时，光标所在标题周围自动出现一个灰色细线边框，其左上角显示一个标记，表示该标题及其下级标题和正文内容为该主控文档的子文档。

③ 在该标题下面空白处输入子文档的内容“作者简介：张三，男，2000 年 6 月生，本科生，计算机科学与技术专业。”，如图 3-6（a）所示。

④ 输完子文档的内容后，单击“大纲”功能区中“主控文档”组中的“折叠子文档”按钮，弹出是否保存主控文档的提示对话框，单击“确定”按钮，插入的子文档将以超链接的形式显示在主控文档的大纲视图中，如图 3-6（b）所示。同时，系统将自动以默认文件名及默认路径（主控文档所在的文件夹）保存创建的子文档。

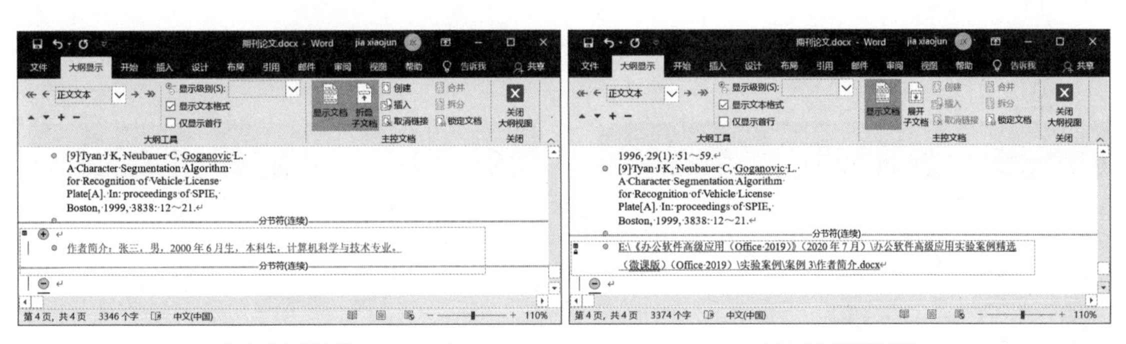

（a）子文档内容　　（b）子文档超链接

图 3-6　建立子文档窗口

⑤ 单击状态栏右侧的“页面视图”按钮，切换到页面视图模式下，完成子文档的创建操作。或单击“大纲显示”选项卡“关闭”组中的“关闭大纲视图”按钮进行切换，或单击“视图”选项卡“文档视图”组中的“页面视图”按钮进行切换。

⑥ 还可以在论文中建立多个子文档，操作方法类似。

18. 保存文档及生成 PDF 文件

将当前编辑好的论文进行保存及另存为 PDF 文件的操作步骤如下：

① 直接单击“快捷启动栏”中的“保存”图标按钮，编辑后的文档将以原文件名进行保存。

② 单击“文件”选项卡，在弹出的下拉列表中选择“另存为”命令，出现“另存为”界面。单击“浏览”按钮，弹出“另存为”对话框。

③ 在该对话框中，通过左侧的列表确定文件保存的位置，在文件名文本框中输入要保存的文件名“一种基于纹理模式的汽车牌照定位方法”，在“保存类型”的下拉列表框中选择“PDF(*.pdf)”。

④ 单击“保存”按钮，当前论文将以 PDF 文件格式保存，并在 PDF 应用程序中被自动打开。

19. 排版效果

论文文档按要求排版结束后，其效果如图 3-7 所示。

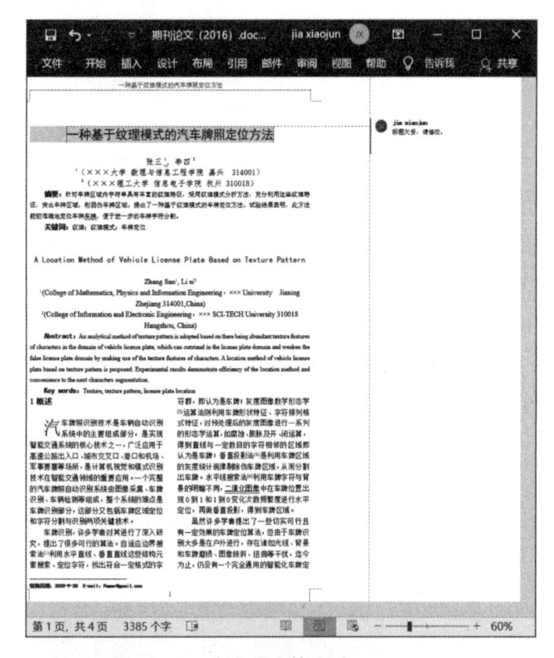

（a）论文第 1 页

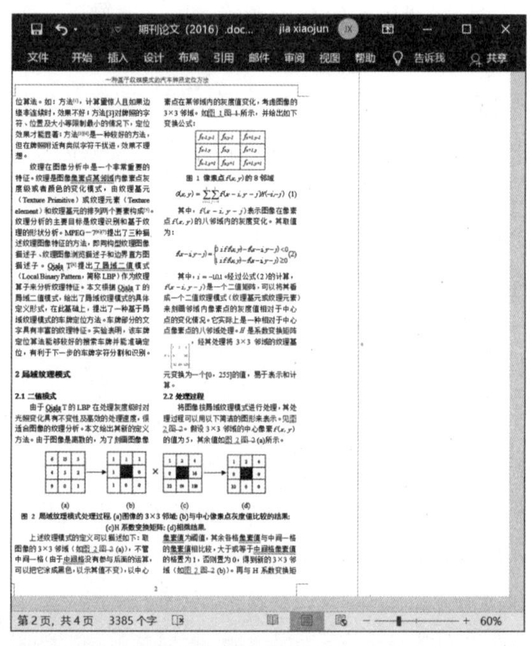

（b）论文第 2 页

（c）论文第 3 页

（d）论文第 4 页

图 3-7 排版效果

3.4 提 高 操 作

（1）删除批注，接受对论文的一切修订操作。

（2）修改一级标题样式：从 1 开始自动排序，宋体，四号，加粗，段前 0.5 行，段后 0.5 行，单倍行距，左缩进为 0 字符，左对齐。

（3）修改二级标题样式：从 1.1 开始自动排序，宋体，五号，加粗，段前 0 行，段后 0 行，单倍行距，左缩进为 0 字符，左对齐。

（4）在论文首页的脚注内容后面另起一行，增加脚注内容：浙江省自然科学基金（No. Y2020000A）。

（5）将论文中的表格改为三线表，外边框为双实线，线宽为 1.5 磅，蓝色；内边框为 0.75 磅，单线，绿色；表题注与表格左对齐。

（6）将素材论文中图 3 的 5 个子图放在一行显示，整体格式如图 3-8 所示。

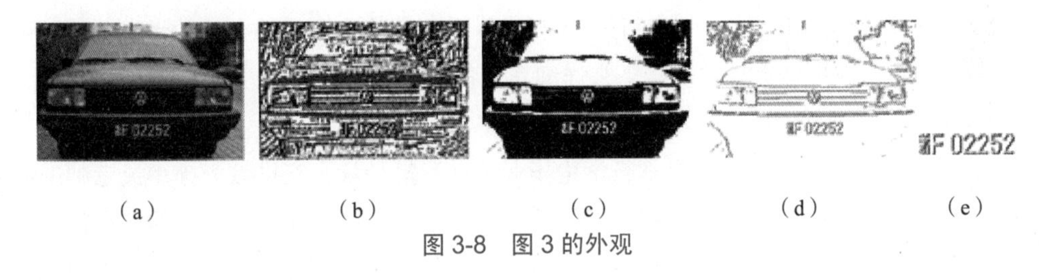

（a）（b）（c）（d）（e）

图 3-8　图 3 的外观

（7）将参考文献的编号格式改为“1.，2.，3.，…”，论文中引用参考文献时，使用交叉引用，并以上标方式显示。

案例 4
基于邮件合并的批量数据单生成

4.1 问题描述

扫一扫

基于邮件合并的批量数据单生成

本案例包含三个子案例，分别用来制作毕业论文答辩会议通知单、学生成绩单和发票领用申请单。这三个子案例从不同角度反映了邮件合并的强大功能，可以方便地生成批量数据单。接下来详细介绍各个子案例的操作方法。

1. 制作毕业论文答辩会议通知单

某高校计算机学院举行学生毕业论文答辩会议，安排教务办小吴老师书面通知每个要参加毕业论文答辩会议的教师。小吴老师将参加答辩会议的教师信息放在一个 Excel 表格中，以文件“答辩成员信息表 .xlsx”进行保存，如图 4-1 所示。会议通知单内容单独放在一个 Word 文件“答辩会议通知 .docx”中，内容及格式如图 4-2 所示。小吴老师根据如图 4-1 所示的答辩成员信息，需要批量生成每位答辩会议成员的通知单，具体要求如下。

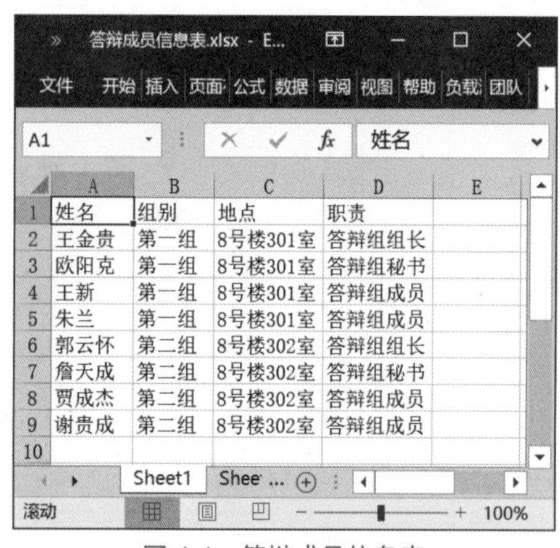

	A	B	C	D	E
1	姓名	组别	地点	职责	
2	王金贵	第一组	8号楼301室	答辩组组长	
3	欧阳克	第一组	8号楼301室	答辩组秘书	
4	王新	第一组	8号楼301室	答辩组成员	
5	朱兰	第一组	8号楼301室	答辩组成员	
6	郭云怀	第二组	8号楼302室	答辩组组长	
7	詹天成	第二组	8号楼302室	答辩组秘书	
8	贾成杰	第二组	8号楼302室	答辩组成员	
9	谢贵成	第二组	8号楼302室	答辩组成员	
10					

图 4-1 答辩成员信息表

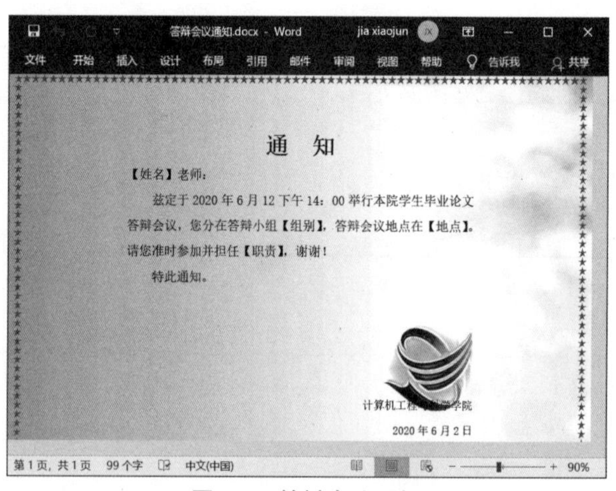

通 知

【姓名】老师：

兹定于 2020 年 6 月 12 下午 14：00 举行本院学生毕业论文答辩会议，您分在答辩小组【组别】，答辩会议地点在【地点】。请您准时参加并担任【职责】，谢谢！

特此通知。

2020 年 6 月 2 日

图 4-2 答辩会议通知

（1）建立 Excel 2019 文档“答辩成员信息表 .xlsx”，数据如图 4-1 所示。

（2）建立 Word 2019 文档“答辩会议通知 .docx”，内容如图 4-2 所示，其中要求：

① 以字符“通知”为文档标题，中间空两个字符，标题的格式为“宋体”“二号”“加粗”“居中”显示；“【姓名】”行的格式为“宋体”“小四”“左对齐”；通知正文的格式为“宋体”“小四”，段首空“2 字符”；最后两行文本格式为“宋体”“五号”“右对齐”；所有段落左右缩进各“4 字符”“1.5

倍行距”。

② 在文档的右下角处插入一个小图片作为院标，图片等比例缩放，宽度为 3 厘米，布局如图 4-2 所示。

③ 将“会议通知单背景图 .jpg”设置为文档背景。

④ 设置文档的页面边框为红色的五角星“★”。

（3）自动生成一个合并文档，并以文件名“答辩会议通知文档 .docx”进行保存。

2. 制作学生成绩单

2019—2020 学年第二学期的期末考试已经结束，学生辅导员小张老师需要为某班级制作一份学生成绩单。首先建立一个 Word 文档，用来记录每个学生各门课程成绩，以文件“学生成绩表 .docx”进行保存，如图 4-3 所示。成绩通知单也放在一个 Word 文件“成绩通知单 .docx”中，内容及格式如图 4-4 所示。小张老师根据图 4-3 所示的学生成绩信息，需要自动建立每位学生的成绩通知单。具体要求如下：

（1）建立 Word 2019 文档“学生成绩表 .docx”，内容如图 4-3 所示。

（2）建立 Word 2019 文档“成绩通知单 .docx”，内容如图 4-4 所示，其中要求：

① 插入一个 6 行 ×4 列的表格，并设置行高为“1 厘米”，列宽为“3.5 厘米”；输入表格数据，并设置字体为“宋体”，字号为“三号”，“居中”显示；单元格“总分”右边的所有单元格合并为一个单元格；设置表格边框线，外边框线宽“2.25 磅”，单实线，内边框线宽“0.75 磅”，单实线，均为黑色。

② 在表格上面插入一行文本“学生成绩通知单”作为表格的标题，文本格式为“宋体”“二号”“加粗”，段前“1 行”，段后“1 行”，“单倍行距”；表格标题及表格水平居中显示。

③ 以填充效果“金色年华”作为文档背景。

④ 将“平面”主题应用于该文档。

（3）自动生成一个合并文档，并以文件名“成绩通知单文档 .docx”进行保存。

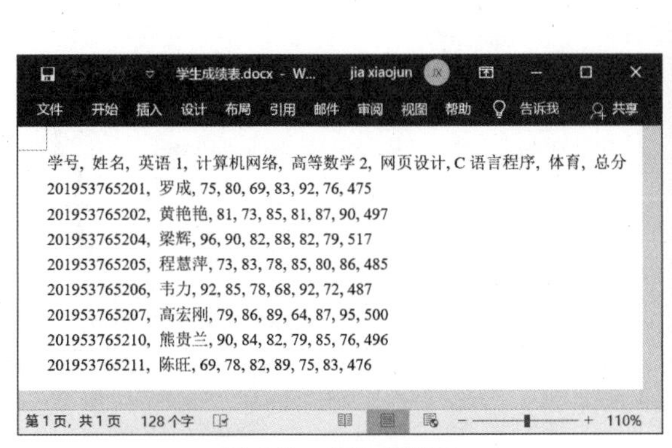
学号，姓名，英语 1，计算机网络，高等数学 2，网页设计，C 语言程序，体育，总分
201953765201，罗成，75，80，69，83，92，76，475
201953765202，黄艳艳，81，73，85，81，87，90，497
201953765204，梁辉，96，90，82，88，82，79，517
201953765205，程慧萍，73，83，78，85，80，86，485
201953765206，韦力，92，85，78，68，92，72，487
201953765207，高宏刚，79，86，89，64，87，95，500
201953765210，熊贵兰，90，84，82，79，85，76，496
201953765211，陈旺，69，78，82，89，75，83，476

图 4-3　学生成绩表

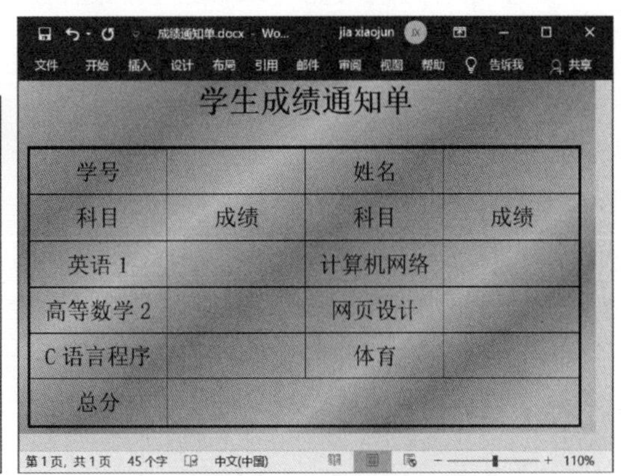
学生成绩通知单

学号		姓名	
科目	成绩	科目	成绩
英语 1		计算机网络	
高等数学 2		网页设计	
C 语言程序		体育	
总分			

图 4-4　学生成绩通知单

3. 制作发票领用申请单

某单位财务处请会计小陈设计一个《增值税专用发票领用申请单》模板，以提高日常报账效率。小陈根据要求，生成了申请单模板。现小陈要根据“申请资料 .xlsx”文件中包含的发票领用信息，

使用申请单模板自动批量生成所有申请单。其中，对于金额为 80 000.00 元（含）以下的单据，经办单位意见栏填写“同意，送财务审核。”，否则填写“情况属实，拟同意，请所领导审批。”对于金额为 100 000.00 元（含）以下的单据，财务部门意见栏填写“同意，可以领用。”，否则填写“情况属实，拟同意，请计财处领导审批。”领用人必须按格式“姓名（男）”或“姓名（女）”显示。同时，要求因材料无姓名的单据（信息不全）不再单独审核，需在批量生成单据时将这些单据自动跳过。生成的批量单据以文件名“批量申请单 .docx”进行保存，具体要求如下。

（1）建立 Excel 2019 文档“申请资料 .xlsx”，数据如图 4-5 所示。

领用单位	领用人	性别	申报日期	付款单位名称	项目名称	项目代码	项目负责人	联系电话	金额（小写）	金额（大写）
第一研究室	丁宝贵	男	2020年4月18日	涵普电力公司	智能PCB元件检测系统	0052016HX001	甲一	14005730020	150000.00	壹拾伍万元整
第二研究室	李自杰	男	2020年4月19日	机器人公司	机器人流水流送货系统	0052016HX002	甲二	14005710021	120000.00	壹拾贰万元整
第二研究室	陈诚	女	2020年4月18日	智能电网公司	高压线压力测试系统	0052016HX010	甲三	14005170025	45000.00	肆万伍仟元整
第三研究室	王斌	男	2020年4月21日	电能表公司	智能电能表缺陷检测	0052016HX015	甲三	14005732323	70000.00	柒万元整
第二研究室	程芳芳	女	2020年4月24日	电脑公司	计算机显示器配件	0052016HX005	甲一	14005731234	12000.00	壹万贰仟元整
第三研究室	帅慧慧	女	2020年4月25日	图像公司	人脸检测系统研发	0052016HX006	甲二	14005734545	48000.00	肆万捌仟元整
第一研究室	罗成	男	2020年4月26日	视频公司	密集人群动态检测系统研发	0052016HX007	甲一	14005712626	37000.00	叁万柒仟元整
第二研究室	孙伟	男	2020年4月27日	音箱公司	电能音箱配件系统	0052016HX018	甲三	14005712356	10000.00	壹万元整
第三研究室			2020年4月28日	移动子公司	近红外移动微目标检测	0052016HX009	甲一	14005710123	80000.00	捌万元整
第二研究室	吴佳	女	2020年4月29日	通讯子公司	手机动态监测系统	0052016HX011	甲四	14005733251	68000.00	陆万捌仟元整

图 4-5 申请资料

（2）建立 Word 2019 文档“增值税专用发票领用申请单 .docx”，内容如图 4-6 所示，其中要求：

① 表格标题文字为“宋体”“三号”“加粗”，并“居中”对齐，其余文字为“宋体”“五号”。

② 表格外边框线宽“2.25 磅”，内边框线宽“0.75 磅”。

③ 表格内文字若为单行的，行高设置为“1 厘米”；文字为两行的，行高为“1.5 厘米”；多行文字的行高取默认值。

（3）按要求自动生成一个合并文档，并以文件名“批量申请单 .docx”进行保存。

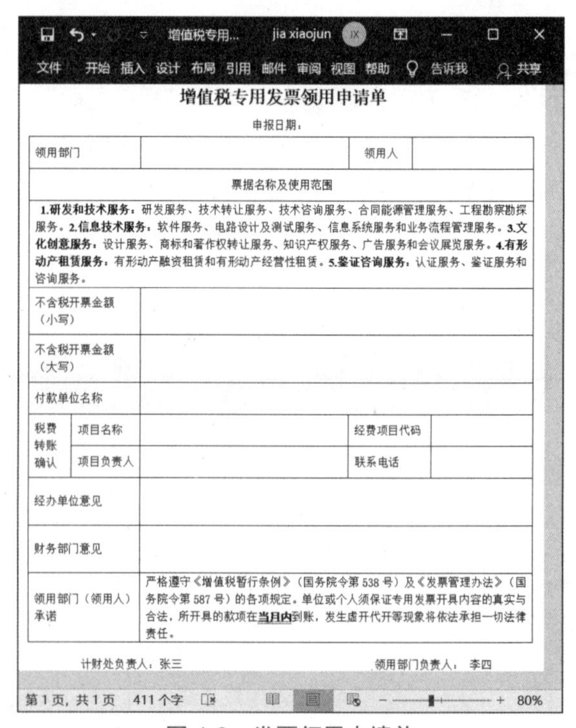

增值税专用发票领用申请单

申报日期：

领用部门			领用人	
票据名称及使用范围				
1.研发和技术服务：研发服务、技术转让服务、技术咨询服务、合同能源管理服务、工程勘察勘探服务。**2.信息技术服务：**软件服务、电路设计及测试服务、信息系统服务和业务流程管理服务。**3.文化创意服务：**设计服务、商标和著作权转让服务、知识产权服务、广告服务和会议展览服务。**4.有形动产租赁服务：**有形动产融资租赁和有形动产经营性租赁。**5.鉴证咨询服务：**认证服务、鉴证服务和咨询服务。				
不含税开票金额（小写）				
不含税开票金额（大写）				
付款单位名称				
税费转账确认	项目名称		经费项目代码	
	项目负责人		联系电话	
经办单位意见				
财务部门意见				
领用部门（领用人）承诺	严格遵守《增值税暂行条例》（国务院令第 538 号）及《发票管理办法》（国务院令第 587 号）的各项规定。单位或个人须保证专用发票开具内容的真实与合法，所开具的款项在**当月内**到账，发生虚开代开等现象将依法承担一切法律责任。			

计财处负责人：张三　　领用部门负责人：李四

图 4-6 发票领用申请单

4.2 知识要点

（1）创建 Excel 2019 电子表格。

（2）Word 2019 表格制作及其格式设置。

（3）域的使用。

（4）图文混排。

（5）页面背景、页面边框的设置。

（6）主题的应用。

（7）Word 邮件合并。

4.3　操 作 步 骤

1. 制作毕业论文答辩会议通知单

1）创建数据源

扫一扫

毕业论文答辩会议通知单

建立 Excel 文档“答辩成员信息表 .xlsx”，操作步骤如下：

① 启动 Excel 2019 应用程序。

② 在 Sheet1 各单元格中输入答辩组成员信息，参考如图 4-1 所示的数据。其中，第 1 行为标题行，其他行为数据行，各单元格的数据格式取默认值。

③ 数据输入完毕后，以文件名“答辩成员信息表 .xlsx”进行保存。

2）创建主文档

（1）建立主文档“答辩会议通知 .docx”，操作步骤如下：

① 启动 Word 2019 应用程序，输入会议通知单所需的所有文本信息，按图 4-2 所示进行分段，其中，字符“通知”中间间隔两个空格，通知内容与学院名称之间空四行。

② 选择文本“通　知”，单击“开始”选项卡“字体”组中的相应按钮，设置字体为“宋体”，字号为“二号”，单击“加粗”按钮；单击“段落”组中的“居中”按钮，设置为居中对齐方式。

③ 选择“【姓名】”所在段落，单击“开始”选项卡“字体”组中的相应按钮，设置字体为“宋体”，字号为“小四”，单击“开始”选项卡“段落”组中的“左对齐”按钮。

④ 选择通知内容所在的段落，单击“开始”选项卡“字体”组中的相应按钮，设置字体为“宋体”，字号为“小四”，单击“段落”组右下角的对话框启动器按钮，弹出“段落”对话框，在该对话框中设置“特殊格式”的“首行缩进”为“2 字符”，单击“确定”按钮返回。

⑤ 选择最后两个段落（学院名称及日期所在的段落），单击“开始”选项卡“字体”组中的相应按钮，设置字体为“宋体”，字号为“五号”，单击“段落”组中的“右对齐”按钮。

⑥ 按【Ctrl+A】组合键选择全文，或鼠标拖动选择全文，打开“段落”对话框，在对话框中设置左缩进为“4 字符”，右缩进为“4 字符”，行距为“1.5 倍行距”，单击“确定”按钮返回。

⑦ 文档格式设置完成后，如图 4-7 所示，并以文件名“答辩会议通知 .docx”进行保存。

（2）插入图片。在学院名称附近插入图片作为学院的院标，操作步骤如下：

① 将光标定位在文档中的任意位置，单击“插入”选项卡“插图”组中的“图片”按钮，弹出“插入图片”对话框，确定需要插入的图片文件夹及文件名，单击“插入”按钮，选择的图片将自动插入到光标所在位置，如图 4-8 所示。或者，找到要插入的图片文件，进行“复制”操作，然后在文档中执行“粘贴”操作，也可实现图片的插入。

② 右击插入的图片，在弹出的快捷菜单中选择“大小和位置”命令，弹出“布局”对话框，切换到“大小”选项卡。选择“锁定纵横比”和“相对原始图片大小”复选框，设置“宽度”绝对值为“3 厘米”。单击对话框的“文字环绕”选项卡，选择环绕方式为“衬于文字下方”，单击“确定”按钮返回。

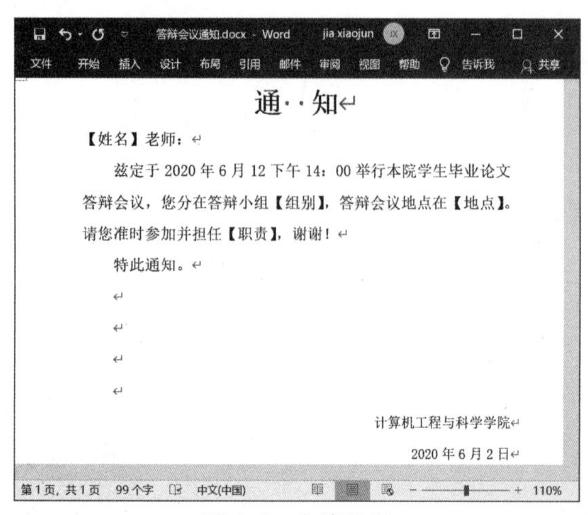

图 4-7　文档编辑

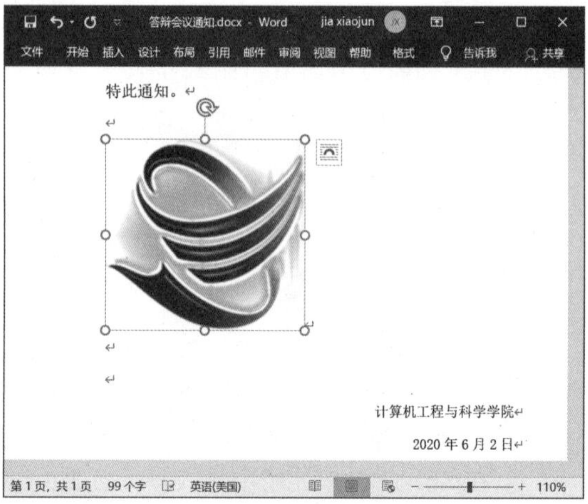

图 4-8　插入图片

③ 通过键盘上的上、下、左、右光标移动键移动图片（前提是图片已经被选择）到合适的位置，效果如图 4-9 所示。

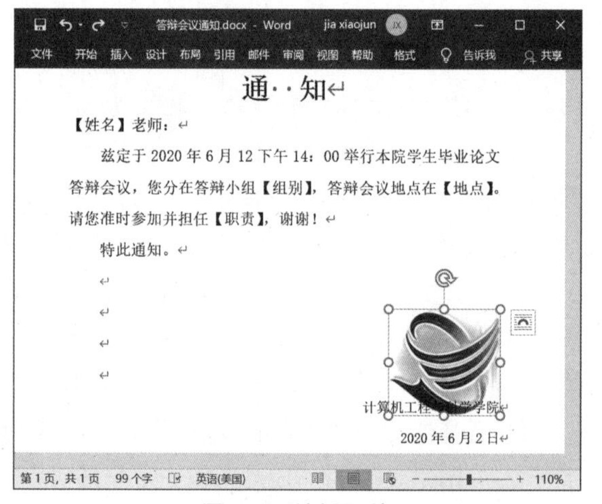

图 4-9　编辑图片

（3）设置文档背景。本题要求将指定的一张图片设置为文档的背景，操作步骤如下：

① 单击文档中的任意位置，然后单击“设计”选项卡“页面背景”组中的“页面颜色”下拉按钮，在弹出的下拉列表中选择“填充效果”命令，弹出“填充效果”对话框。

② 在对话框中单击“图片”选项卡，如图 4-10 所示，然后单击“选择图片”按钮，弹出“插入图片”对话框，单击“从文件”按钮，弹出“选择图片”对话框，确定文档背景的图片所在的文件夹及文件名“会议通知单背景图 .jpg”，单击“插入”按钮。选择的图片将在如图 4-10 所示的预览窗格中显示，单击“确定”按钮，文档背景将被设置为指定图片，效果如图 4-11 所示。

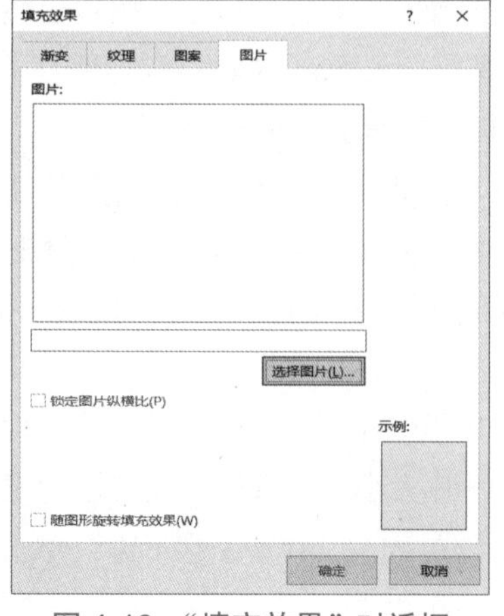

图 4-10　“填充效果”对话框

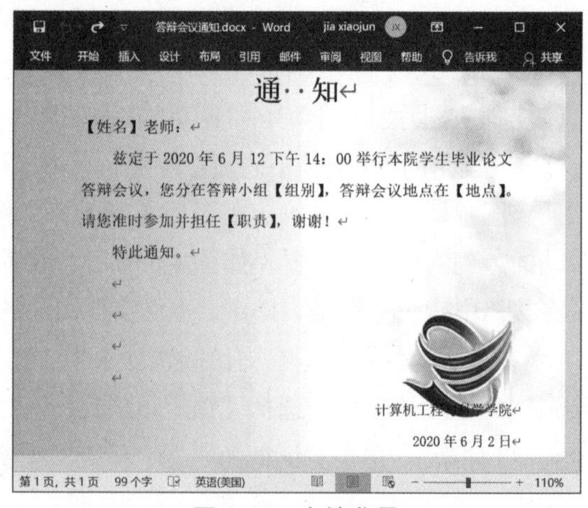

图 4-11　文档背景

（4）设置页面边框。本题要求在文档的页面四周添加一个指定形式的边框，操作步骤如下：

① 单击“设计”选项卡“页面背景”组中的“页面边框”按钮，弹出“边框和底纹”对话框，选择“页面边框”选项卡，如图 4-12（a）所示。

② 在对话框中的“颜色”下拉列表框中选择“红色”，在“艺术型”下拉列表框中选择黑色的五角星“★”（有多种类型的五角星，但只有黑色的五角星才可以更改为其他颜色，其他五角星本身带有颜色，不能再更改），其他设置项取默认值。设置后，对话框形式如图 4-12（b）所示。

③ 单击“确定”按钮，文档的页面边框设置完成，设置效果如图 4-2 所示。

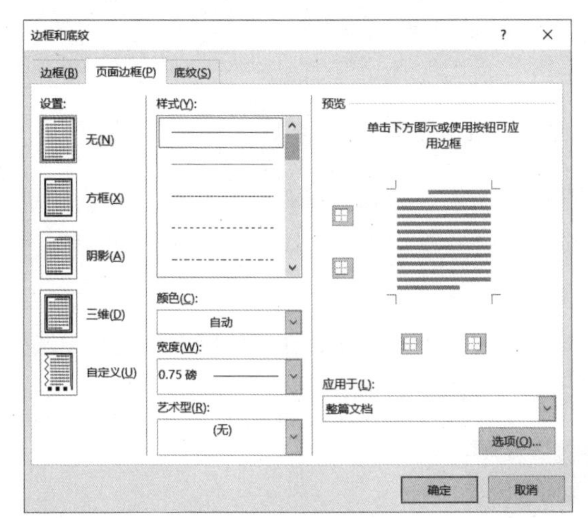

（a）

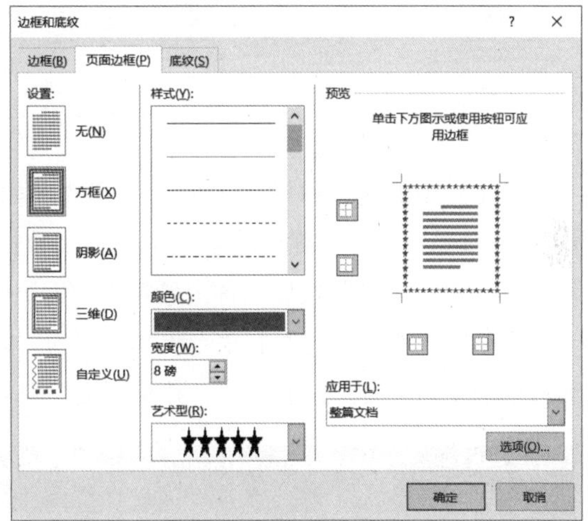

（b）

图 4-12　“边框和底纹”对话框

3）邮件合并

扫一扫

邮件合并

利用邮件合并功能，实现主文档与数据源的关联，批量生成答辩会议通知单，操作步骤如下：

①打开已创建的主文档“答辩会议通知 .docx”，单击“邮件”选项卡“开始邮件合并”组中的“选择收件人”下拉按钮，在弹出的下拉列表中选择“使用现有列表”命令，弹出“选取数据源”对话框。

② 在对话框中选择已创建好的数据源文件“答辩成员信息表 .xlsx”，如图 4-13（a）所示，单击“打开”按钮。

③ 弹出“选择表格”对话框，选择数据所在的工作表，默认为“Sheet1”，如图 4-13（b）所示，单击“确定”按钮将自动返回。

④ 在主文档中选择第一个占位符“【姓名】”，单击“邮件”选项卡“编写和插入域”组中的“插入合并域”下拉按钮，在弹出的下拉列表中选择要插入的域“姓名”，主文档中的“【姓名】”变成“《姓名》”。

⑤ 在主文档中选择第 2 个占位符“【组别】”，按照上一步的操作，插入域“组别”。同理，插入域“地点”和“职责”。

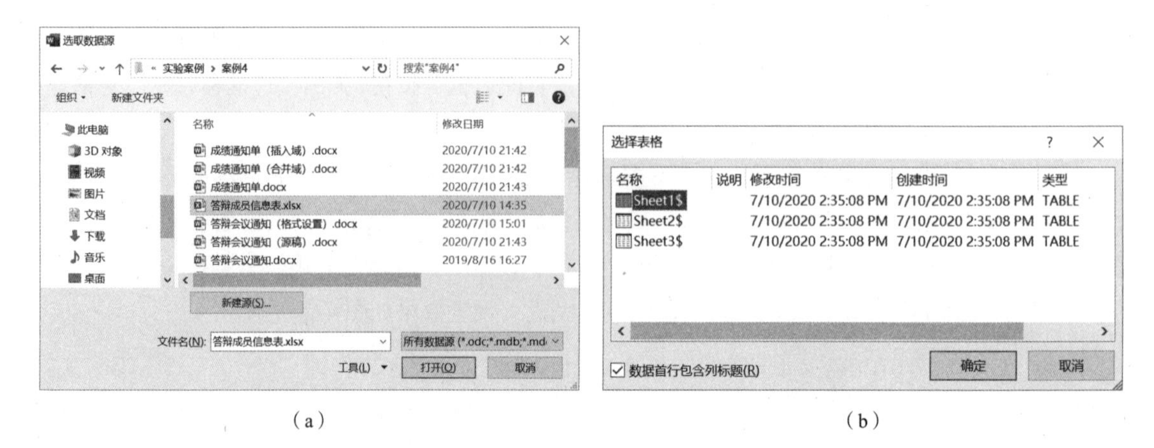

（a）　　　　　　　　　　（b）

图4-13 “选取数据源”对话框和“选择表格”对话框

⑥ 文档中的占位符被插入域后，其效果如图4-14所示。单击“邮件”选项卡“预览效果”组中的“预览结果”按钮，将显示主文档和数据源关联后的第一条数据结果，单击查看记录按钮“ ”，可逐条显示各记录对应数据源的数据。

⑦ 单击“邮件”选项卡“完成”组中的“完成并合并”下拉按钮，在弹出的下拉列表中选择“编辑单个文档”命令，弹出“合并到新文档”对话框，如图4-15所示。

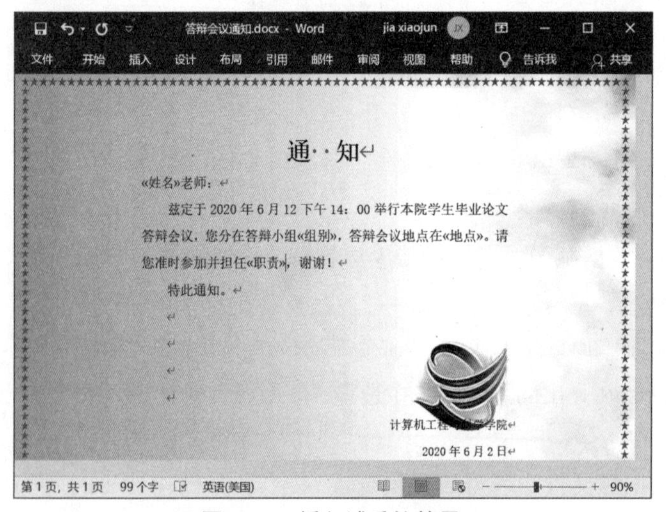

图4-14 插入域后的效果

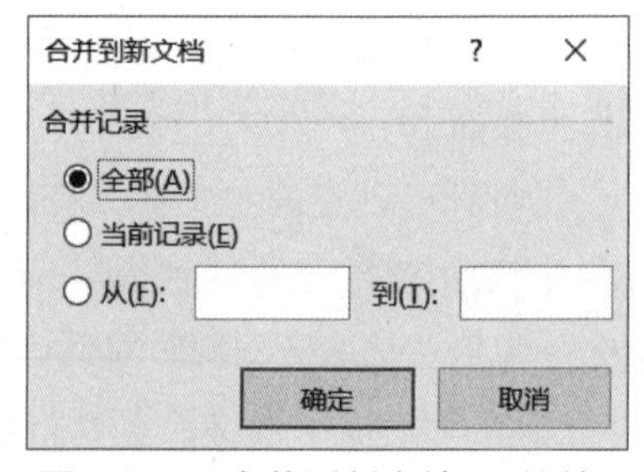

图4-15 “合并到新文档”对话框

⑧ 在对话框中，选择“全部”单选按钮，然后单击“确定”按钮，Word将自动合并文档并将全部记录放入一个新文档“信函1.docx”中。

⑨ 若自动合并生成的文档“信函1.docx”中页面的背景为白色且无边框（丢失了刚刚添加好的文档背景），可重新添加文档背景及页面边框。例如本题，可以单击“设计”选项卡“页面设置”组中的“页面颜色”下拉按钮，在弹出的下拉列表中选择“填充效果”命令，然后在弹出的“填充效果”对话框中直接单击“确定”按钮返回，可重新加上背景图片。单击“设计”选项卡“页面背景”组中的“页面边框”按钮，然后在弹出的“边框和底纹”对话框中直接单击“确定”按钮返回，可重新加上页面边框。文档的部分结果如图4-16所示。

⑩ 单击“文件”选项卡，选择下拉列表中的“另存为”命令，对文档“信函 1.docx”重新以文件名“答辩会议通知文档 .docx”在指定位置进行保存。

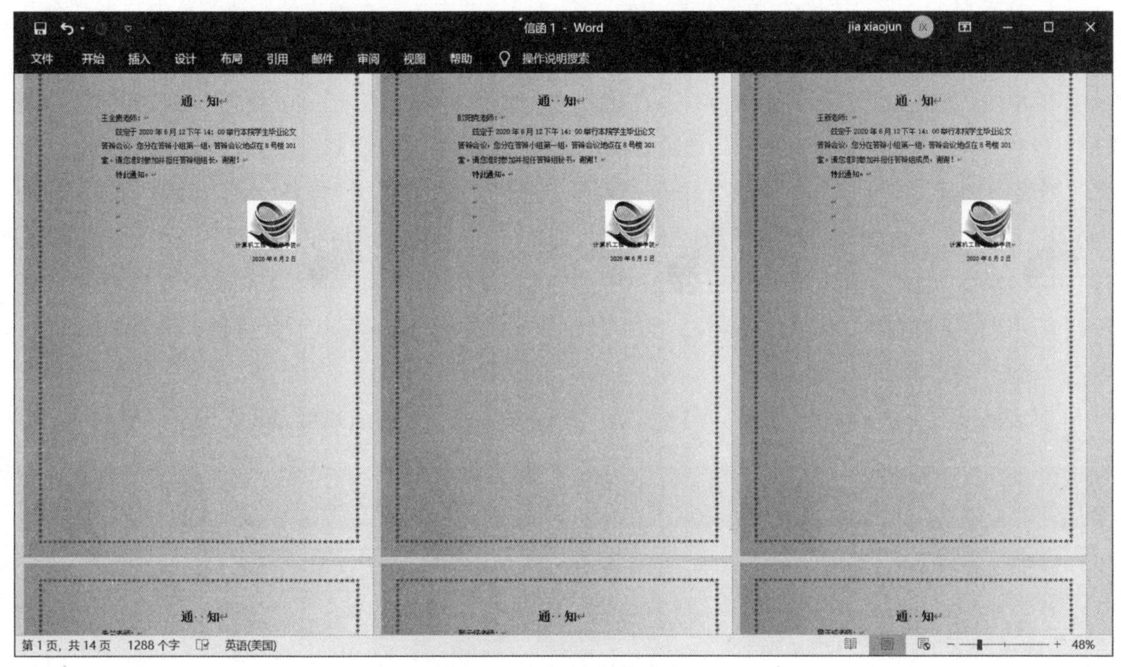

图 4-16　邮件合并效果

2. 制作学生成绩单

学生成绩单

1）创建数据源

建立 Word 文档“学生成绩表 .docx”，操作步骤如下：

① 启动 Word 2019 应用程序。

② 参考如图 4-3 所示的数据，直接录入学生成绩表信息。其中，第 1 行为标题行，各字段名之间用英文标点符号“,”分隔，以【Enter】键换行，其他行为数据行，各数据之间用英文标点符号“,”分隔，以【Enter】键换行，各数据格式取默认值。特别强调，各行数据之间的间隔符（这里指逗号）必须在英文状态下输入，否则无法进行后面的邮件合并。

③ 数据输入完毕后，以文件名“学生成绩表 .docx”进行保存。

2）创建主文档

（1）建立主文档“成绩通知单 .docx”，操作步骤如下：

① 启动 Word 2019 应用程序。单击“插入”选项卡“表格”组中的“表格”下拉按钮，在弹出的下拉列表中选择“插入表格”命令，弹出“插入表格”对话框。在对话框中，确定表格的尺寸，列数为“4”，行数为“6”，单击“确定”按钮，在光标处将自动生成一个 6 行 ×4 列的表格。

② 选择整个表格，在“表格工具 / 布局”选项卡“单元格大小”组中的“高度”文本框中输入“1 厘米”，“宽度”文本框中输入“3.5 厘米”。

③ 参照图 4-4，在插入的表格的相应单元格中输入数据，输完数据后，表格形式如图 4-17 所示。

④ 拖动鼠标选择表格的所有单元格，单击“开始”选项卡“字体”组中的相应按钮，设置字体为“宋体”，字号为“三号”，单击“段落”组中的“居中”按钮，实现单元格内数据的居中显示。

⑤ 拖动鼠标选择“总分”单元格右边的3个单元格并右击，在弹出的快捷菜单中选择“合并单元格”命令，选择的3个单元格将合并为1个单元格。

⑥ 单击“表格工具/设计”选项卡“边框”组中的“边框”下拉按钮，在弹出的下拉列表中选择“边框和底纹”命令，弹出“边框和底纹”对话框，将对话框切换到“边框”选项卡。在对话框左侧的“设置”列表中选择“自定义”，“宽度”下拉列表框中选择“2.25磅”，“预览”列表框中单击表格的上、下、左、右边框线，表格的四条边框线将以2.25磅重新显示；再在“宽度”下拉列表框中选择“0.75磅”，“预览”列表框中单击表格的中间的竖线和横线，表格内部的线将以0.75磅重新显示；“应用于”下拉列表中选择“表格”，表格的内外边框线默认为单实线且为黑色，其余取默认值。单击“确定”按钮完成设置。

⑦ 表格设置完成后，形式如图4-18所示，并以文件名“成绩通知单.docx”进行保存。

学号		姓名	
科目	成绩	科目	成绩
英语1		计算机网络	
高等数学2		网页设计	
C语言程序		体育	
总分			

图4-17 插入的表格

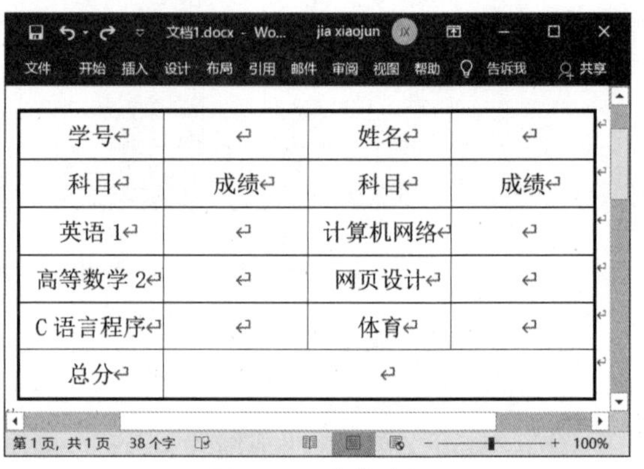

学号		姓名	
科目	成绩	科目	成绩
英语1		计算机网络	
高等数学2		网页设计	
C语言程序		体育	
总分			

图4-18 表格边框

（2）设置表格标题，操作步骤如下：

① 将光标定位在A1单元格中的数据“学号”的左侧，按键【Enter】键，在表格上方将自动插入一个空行。此操作的前提是表格前面无任何文档内容，即表格为本页的起始内容。

② 在空行处输入文本“学生成绩通知单”，并选择该文本，单击“开始”选项卡“字体”组的相应按钮，设置字体为“宋体”，字号为“二号”，单击“加粗”按钮，单击“段落”组中的“居中”按钮，使文本居中显示。

③ 单击“段落”组右下角的对话框启动器按钮，弹出“段落”对话框，在对话框中设置段前距“1行”，段后距“1行”，行距选择“单倍行距”，单击“确定”按钮返回。

④ 右击表格中任意单元格，在弹出的快捷菜单中选择“表格属性”命令，弹出“表格属性”对话框，将对话框切换到“表格”选项卡。选择“对齐方式”为“居中”，单击“确定”按钮返回，表格将水平居中显示。

⑤ 设置完成后，单击“保存”按钮，表格形式如图4-19所示。

（3）设置文档背景，操作步骤如下：

① 单击“设计”选项卡“页面背景”组中的“页面颜色”下拉按钮，在弹出的下拉列表中选

择“填充效果”命令，弹出“填充效果”对话框。

② 在对话框中单击“渐变”选项卡。首先选择颜色为“预设”的单选按钮，然后在弹出的“预设颜色”下拉列表框中选择“金色年华”，其余项取默认值，单击“确定”按钮返回，文档背景将被设置为“金色年华”，如图 4-20 所示。

学生成绩通知单

学号		姓名	
科目	成绩	科目	成绩
英语 1		计算机网络	
高等数学 2		网页设计	
C 语言程序		体育	
总分			

图 4-19　表格标题

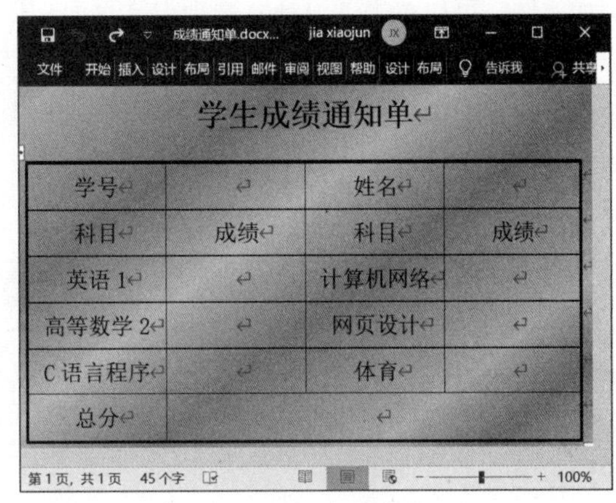

学生成绩通知单

学号		姓名	
科目	成绩	科目	成绩
英语 1		计算机网络	
高等数学 2		网页设计	
C 语言程序		体育	
总分			

图 4-20　文档背景

（4）设置文档主题，操作步骤如下：

① 单击文档中的任意位置，然后单击“设计”选项卡“文档格式”组中的“主题”下拉按钮，在弹出的下拉列表框中选择“平面”主题样式，文档将被应用“平面”主题格式。

② 单击“保存”按钮进行文档的保存。

3）邮件合并

利用邮件合并功能，实现主文档与数据源的关联，批量生成学生成绩通知单，操作步骤如下：

① 打开已创建的主文档“成绩通知单 .docx”，单击“邮件”选项卡“开始邮件合并”组中的“选择收件人”下拉按钮，在弹出的下拉列表中选择“使用现有列表”命令，弹出“选取数据源”对话框。

② 在对话框中选择已创建好的数据源文件“学生成绩表 .docx”，单击“打开”按钮。

③ 在主文档中选择第一个占位符，即将插入点定位到表格中“学号”右侧的空单元格中，单击“邮件”选项卡“编写和插入域”组中的“插入合并域”下拉按钮，在弹出的下拉列表中选择要插入的域“学号”。

④ 在主文档中选择第 2 个占位符，即将插入点移到“姓名”右侧的空单元格中，按上一步操作，插入域“姓名”。同理，依次插入域“英语 1”“计算机网络”“高等数学 2”“网页设计”“C 语言程序”“体育”及“总分”。

⑤ 文档中的占位符被插入域后，其效果如图 4-21 所示。单击“邮件”选项卡“预览结果”组中的“预览结果”按钮，将显示主文档和数据源关联后的第一条数据结果，单击查看记录按钮“◀◀ ◀ 1 ▶ ▶▶”，可逐条显示各记录对应数据源的数据。

⑥ 单击“邮件”选项卡“完成”组中的“完成并合并”下拉按钮，在弹出的下拉列表中选择“编辑单个文档”命令，弹出“合并到新文档”对话框。

⑦ 在对话框中选择“全部”单选按钮，然后单击“确定”按钮，Word 将自动合并文档并将

全部记录放入一个新文档“信函 1.docx”中。

⑧ 若自动合并生成的文档“信函 1.docx”中页面的背景为白色（丢失了刚刚添加好的文档背景），可重新添加文档背景。例如本题，可以单击“设计”选项卡“页面背景”组中的“页面颜色”下拉按钮，在弹出的下拉列表中选择“填充效果”命令，然后在弹出的对话框中选择“金色年华”预设颜色，单击“确定”按钮返回。合并文档的部分结果如图 4-22 所示。

⑨ 单击“文件”选项卡，选择下拉列表中的“另存为”命令，对文档“信函 1.docx”重新以文件名“学生成绩通知单 .docx”进行保存。

学生成绩通知单

学号	«学号»	姓名	«姓名»
科目	成绩	科目	成绩
英语 1	«英语 1»	计算机网络	«计算机网络»
高等数学 2	«高等数学 2»	网页设计	«网页设计»
C 语言程序	«C 语言程序»	体育	«体育»
总分	«总分»		

图 4-21　插入域后的效果

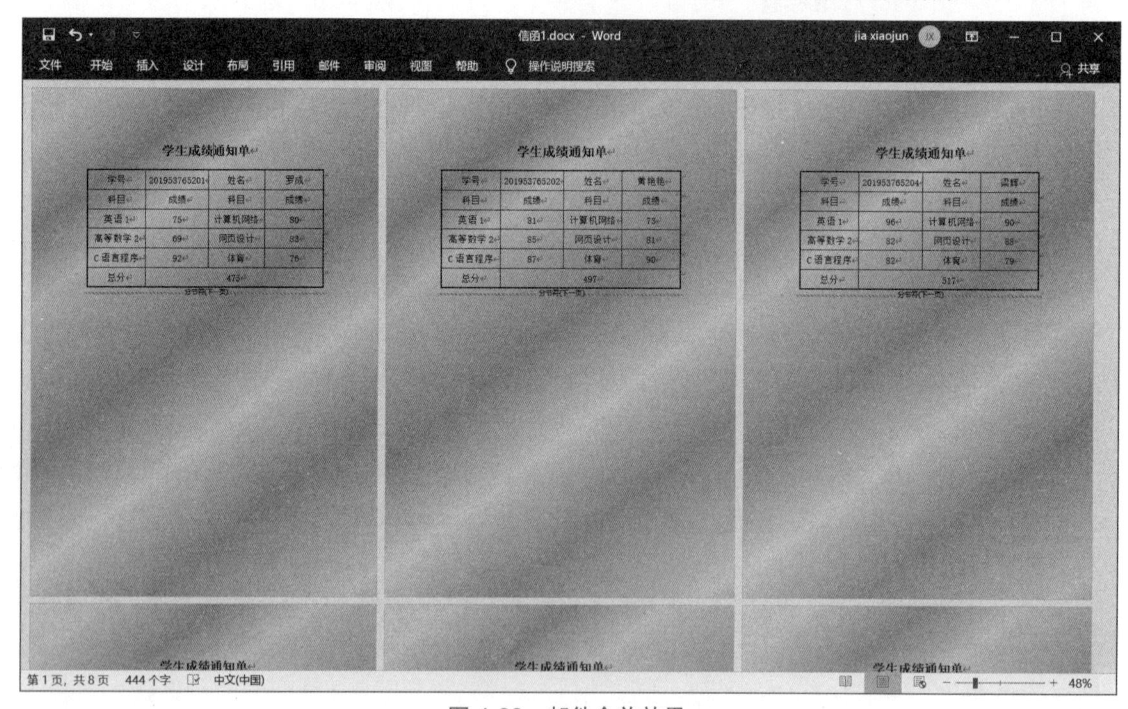

图 4-22　邮件合并效果

3. 制作发票领用申请单

1）创建数据源

建立 Excel 文档“申请资料 .xlsx”，操作步骤如下：

① 启动 Excel 2019 应用程序。

② 参考图 4-5 的数据，在 Sheet1 各单元格中输入资料信息。其中，第 1 行为

标题行，其他行为数据行，各单元格的数据格式取默认值。

③ 数据输入完毕后，以文件名“申请资料 .xlsx”进行保存。

2）创建主文档

建立主文档“增值税专用发票领用申请单 .docx”，插入一个多行多列的表格，进行单元格的拆分与合并，输入数据，利用“边框和底纹”对话框对表格边框线进行设置；通过设置表格的行高以调整表格中指定行的高度。具体操作步骤可参考前面相关操作，在此不再赘述。表格设置完成后，形式如图 4-6 所示，并以文档名“增值税专用发票领用申请单 .docx”进行保存。

3）邮件合并

利用邮件合并功能，实现主文档与数据源的关联，批量生成发票领用申请单，操作步骤如下：

① 打开已创建的主文档“增值税专用发票领用申请单 .docx”，单击“邮件”选项卡“开始邮件合并”组中的“选择收件人”下拉按钮，在弹出的下拉列表中选择“使用现有列表”命令，弹出“选取数据源”对话框。

② 在对话框中选择已创建好的数据源文件“申请资料 .xlsx”，单击“打开”按钮。

③ 弹出“选择表格”对话框，在对话框中选择存放申请资料信息的工作表，默认为“sheet1”，单击“确定”按钮将自动返回。

④ 在主文档中选择第一个占位符，即将插入点定位到“申报日期”右侧的空白处，单击“邮件”选项卡“编写和插入域”组中的“插入合并域”下拉按钮，在弹出的下拉列表中选择要插入的域“申报日期”，主文档中出现“《申报日期》”。

⑤ 在主文档中选择第 2 个占位符，即将插入点移到“领用部门”右侧的空单元格中，按照上一步操作，插入域“领用单位”。

⑥ 将光标定位在“领用人”右侧的单元格中，单击“邮件”选项卡“编写和插入域”组中的“规则”下拉按钮，在弹出的下拉列表中选择“跳过记录条件”命令，弹出“插入 Word 域：Skip Record If ”对话框。在域名下拉列表框中选择“领用人”，比较条件下拉列表框中选择“等于”，比较对象文本框中不输入，如图 4-23（a）所示。单击“确定”按钮返回。单元格中出现合并域“《跳过记录条件…》”。

⑦ 将光标定位在合并域“《跳过记录条件…》”的后面，按插入域“申报日期”的方法插入域“领用人”。然后再单击“邮件”选项卡“编写和插入域”组中的“规则”下拉按钮，在弹出的下拉列表中选择“如果…那么…否则…”命令，弹出“插入 Word 域：如果”对话框。在域名下拉列表框中选择“性别”，比较条件下拉列表框中选择“等于”，比较对象文本框中输入“男”，“则插入此文字”文本框中输入文本“(男)”，“否则插入此文字”文本框中输入文本“(女)”，如图 4-23（b）所示。单击“确定”按钮返回。该单元格中的数据将自动显示为“《跳过记录条件…》《领用人》(男)”，表示单元格中有三个合并域。

⑧ 按照插入合并域“申报日期”方法，分别插入小写金额、大写金额、付款单位名称、项目名称、项目代码、项目负责人及联系电话右侧单元格中的合并域。

⑨ 将光标定位在经办单位意见右侧的单元格中，单击“邮件”选项卡“编写和插入域”组中的“规则”下拉按钮，在弹出的下拉列表中选择“如果…那么…否则…”命令，弹出“插入 Word 域：

如果”对话框。在域名下拉列表框中选择“金额（小写）”，“比较条件”下拉列表框中选择“小于等于”，“比较对象”文本框中输入“80000”，“则插入此文字”文本框中输入文本“同意，送财务审核。”，“否则插入此文字”文本框中输入文本“情况属实，拟同意，请所领导审批。”，如图 4-24（a）所示，单击“确定”按钮返回。

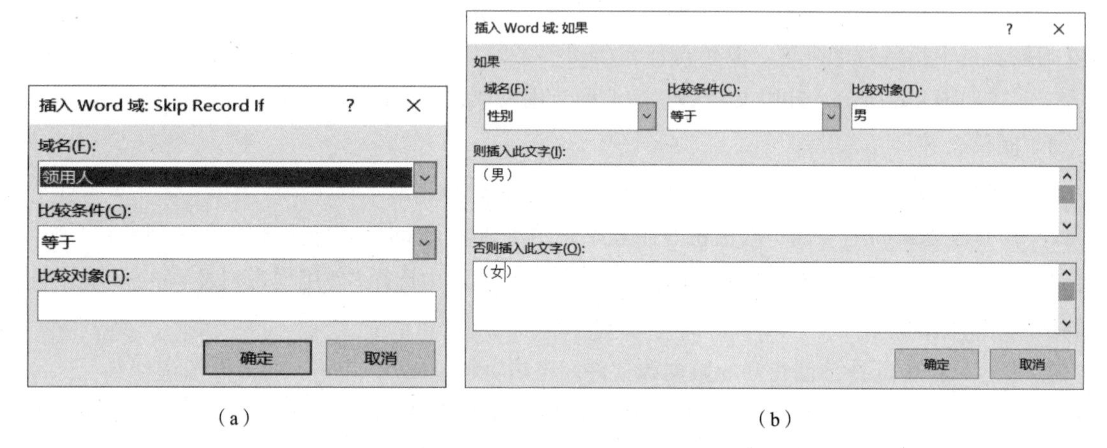

（a）　　　　　　（b）

图 4-23　插入 Word 域对话框

⑩ 将光标定位在财务部门意见右侧的单元格中，单击“邮件”选项卡“编写和插入域”组中的“规则”下拉按钮，在弹出的下拉列表中选择“如果…那么…否则…”命令，弹出“插入 Word 域：如果”对话框。在域名下拉列表框中选择“金额（小写）”，“比较条件”下拉列表框中选择“小于等于”，“比较对象”文本框中输入“100000”，“则插入此文字”文本框中输入文本“同意，可以领用。”，“否则插入此文字”文本框中输入文本“情况属实，拟同意，请计财处领导审批。”，如图 4-24（b）所示，单击“确定”按钮返回。

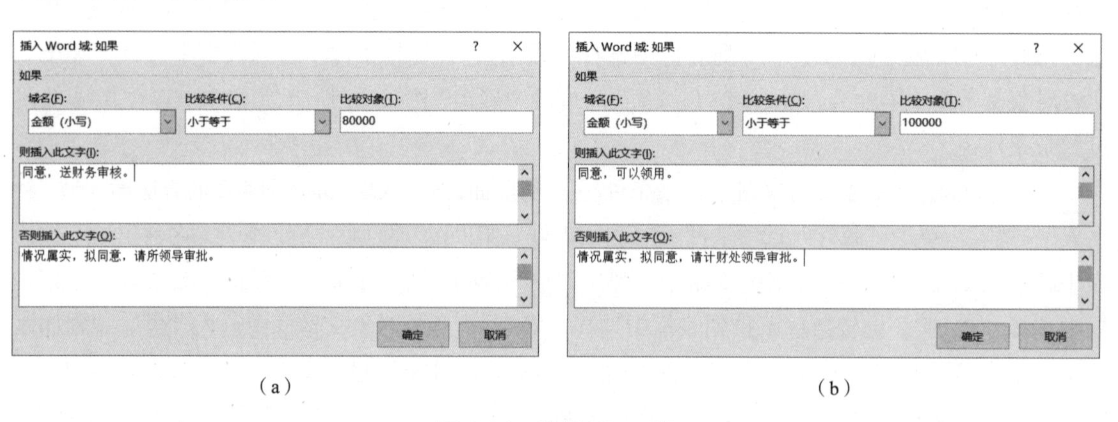

（a）　　　　　　（b）

图 4-24　编辑 Word 域

⑪ 文档中的占位符被插入域后，其效果如图 4-25 所示。单击“邮件”选项卡“预览结果”组中的“预览结果”按钮，将显示主文档和数据源关联后的第一条数据结果，单击查看记录按钮“◀◀ 1 ▶▶”，可逐条显示各记录对应数据源的数据。由于文档“申请资料 .xlsx”有一条记录没有姓名，故此记录被过滤，也就是仅有 9 条记录。

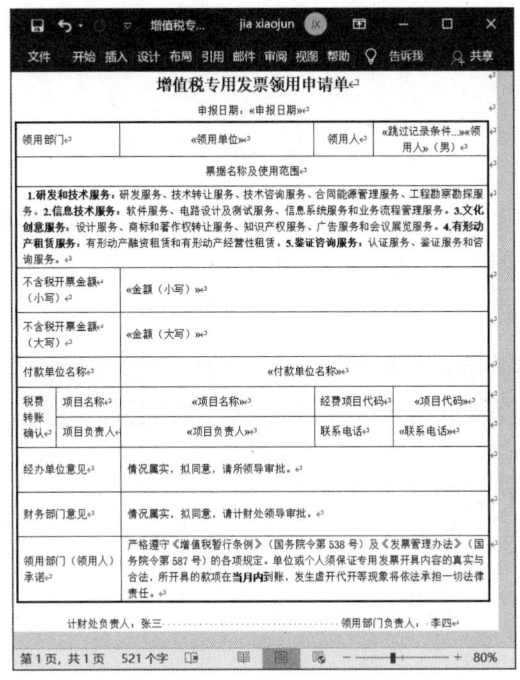

增值税专用发票领用申请单

申报日期：«申报日期»

领用部门	«领用单位»			领用人	«跳过记录条件…»«领用人»（男）
票据名称及使用范围					
1.研发和技术服务：研发服务、技术转让服务、技术咨询服务、合同能源管理服务、工程勘察勘探服务。**2.信息技术服务：**软件服务、电路设计及测试服务、信息系统服务和业务流程管理服务。**3.文化创意服务：**设计服务、商标和著作权转让服务、知识产权服务、广告服务和会议展览服务。**4.有形动产租赁服务：**有形动产融资租赁和有形动产经营性租赁。**5.鉴证咨询服务：**认证服务、鉴证服务和咨询服务。					
不含税开票金额（小写）	«金额（小写）»				
不含税开票金额（大写）	«金额（大写）»				
付款单位名称	«付款单位名称»				
税费转账确认	项目名称	«项目名称»		经费项目代码	«项目代码»
	项目负责人	«项目负责人»		联系电话	«联系电话»
经办单位意见	情况属实，拟同意，请所领导审批。				
财务部门意见	情况属实，拟同意，请计财处领导审批。				
领用部门（领用人）承诺	严格遵守《增值税暂行条例》（国务院令第 538 号）及《发票管理办法》（国务院令第 587 号）的各项规定。单位或个人须保证专用发票开具内容的真实与合法，所开具的款项在**当月内**到账，发生虚开代开等现象将依法承担一切法律责任。				

计财处负责人：张三　　　　领用部门负责人：李四

图 4-25　插入域结果

⑫ 单击“邮件”选项卡“完成”组中的“完成并合并”下拉按钮，在弹出的下拉列表中选择“编辑单个文档”命令，弹出“合并到新文档”对话框。在对话框中选择“全部”单选按钮，然后单击“确定”按钮，Word 将自动合并文档并将全部记录放入一个新文档“信函 1.docx”中。合并文档的部分结果如图 4-26 所示。

图 4-26　邮件合并效果

⑬ 单击“文件”选项卡，选择下拉列表中的“另存为”命令，对文档“信函 1.docx”重新以文件名“批量申请单 .docx”进行保存。

4.4 提 高 操 作

（1）根据图 4-27 所示的计科 191 班成绩表，在 Excel 2019 环境下建立文件“计科 191 班成绩表 .xlsx”作为邮件合并的数据源，然后在 Word 2019 环境下建立如图 4-4 所示的主文档，最后利用邮件合并功能自动生成计科 191 班每个学生的成绩单。

学号	姓名	英语1	计算机网络	高等数学2	网页设计	C语言程序	体育	总分
201952115201	应礼成	86	84	78	90	86	95	519
201952115202	杨成凯	85	82	92	83	90	93	525
201952115203	叶琴	76	93	84	82	81	94	510
201952115204	孟菲	93	76	80	90	83	90	512
201952115205	李陈刚	82	81	86	78	94	83	504
201952115206	高宏	68	92	90	80	85	95	510
201952115207	熊娟	73	81	76	80	88	86	484
201952115208	陈雄	81	75	70	90	80	87	483
201952115209	王荣杰	93	82	68	95	85	84	507
201952115210	高洁	78	69	73	93	87	86	486

图 4-27 计科 191 班成绩表

（2）利用 Word 2019 中“邮件”选项卡“创建”组中的“中文信封”按钮，生成一张空白信封，然后再输入提示文字，生成如图 4-28 所示的信封主文档模板。根据如图 4-29 所示的计科 191 班学生的通信地址表，在 Excel 2019 环境下建立邮件合并的数据源。利用 Word 邮件合并功能，自动生成计科 191 班每个学生的信封，用于邮寄计科 191 班每个学生的成绩单。图 4-30 为插入合并域后的信封，自动生成的信封如图 4-31 所示。

图 4-28 信封主文档模板

学号	姓名	班级	家长姓名	家庭住址	邮政编码
201952115201	应礼成	计科191	应天龙	吉林省白山市解放路183号	134300
201952115202	杨成凯	计科191	杨杰友	成都市建设北路二段四号	610054
201952115203	叶琴	计科191	叶成	浙江省杭州市文一路3号102室	310003
201952115204	孟菲	计科191	孟浩伟	上海市延长中路149号	200072
201952115205	李陈刚	计科191	李国浩	厦门市翔安区新店镇中和路254	361102
201952115206	高宏	计科191	高大成	浙江省海宁市和平街6号	314400
201952115207	熊娟	计科191	熊方勇	广东省汕头市金平区许家村	515001
201952115208	陈雄	计科191	陈国力	浙江省杭州市文一路65号	310012
201952115209	王荣杰	计科191	王志成	山东省青岛市院上镇郑家庄村31	266609
201952115210	高洁	计科191	高浩	四川省广安市邻水县城南路1号	638500

图 4-29　计科 191 班学生通信地址

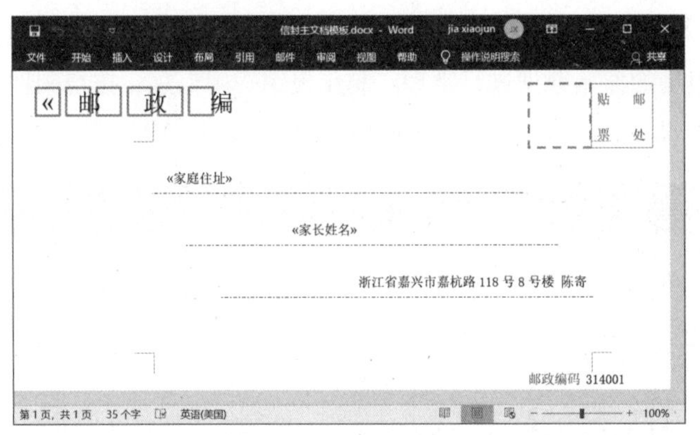

图 4-30　信封域格式

图 4-31　生成的信封（部分）

案例 5 费用报销分析与管理

5.1 问题描述

小王大学毕业后应聘到某公司财务部门工作，主要负责职工费用的报销与处理。报销数据量大、烦琐，需要对报销的原始数据进行整理、制作报销费用汇总、按报销性质进行分类管理、制作报销费用表等。在如图 5-1 所示的费用报销表中，完成如下操作。

某公司报销记录							按部门自动分类				按报销性质自动分类					
日期	凭证号	部门	摘要	科目名称	报销金额	经手人	项目1部	项目2部	项目3部	项目4部	办公费	差旅费	招待费	交通费	燃料费	材料费
2019/1/5	706	项目1部	刘马明报路由器	办公费	114.00											
2019/1/10	713	项目1部	尚小雨报厦门旅	差旅费	1,790.00											
2019/1/15	708	项目2部	吴新报餐费	招待费	5,357.00											
2019/1/20	711	项目3部	吴新报邯郸旅费	差旅费	90.72											
2019/1/25	711	项目3部	吴新报邯郸旅费	差旅费	66.67											
2019/1/30	708	项目3部	吴新报材料费	材料费	11,523.00											
2019/2/4	708	项目3部	吴新报汽油费	燃料费	1,456.00											
2019/2/9	716	项目3部	孙颖新报维修费	办公费	2,567.00											
2019/2/14	707	项目3部	孙颖新报电话费	办公费	879.00											
2019/2/19	707	项目3部	孙颖新报交通费	交通费	54.00											
2019/2/24	707	项目3部	孙颖新报邮费	办公费	29.00											
2019/3/5	688	项目4部	邢庆辉报电话费	办公费	700.00											
2019/3/10	691	项目4部	邢庆辉报厦门等	差旅费	13,234.00											
2019/3/15	687	项目4部	颜利报材料费	材料费	321.00											
2019/3/20	1564	项目4部	邢庆辉报餐费	招待费	4,322.00											
2019/3/25	1564	项目4部	邢庆辉报汽油费	燃料费	345.00											
2019/3/30	2144	项目4部	高敬民报餐费	招待费	2,888.00											

图 5-1 费用报销表

（1）在费用报销表中根据摘要列提取经手人姓名填入“经手人”列中。

（2）在费用报销表中将报销费用的数据按部门自动归类，并填入按部门自动分类的区域中。

（3）在费用报销表中将报销费用的数据按报销性质自动归类，并填入按报销性质自动分类的区域中。

（4）在费用报销表中将报销费用超过 10 000 的记录以红色突出显示。

（5）制作如表 5-1 所示的 2019 年度各类报销费用的总和及排名的表格，将计算结果填入 2019 年度各类报销费用统计表中。

表 5-1　2019 年度各类报销费用统计表

报 销 名 称	合　计	排　名
办公费		
差旅费		
招待费		
材料费		
交通费		
燃料费		

（6）创建不同日期各部门费用报销的数据透视表，具体要求如下：

① 筛选设置为“日期”。

② 列设置为“科目名称”。

③ 行设置为“部门”和“经手人”。

④ 值设置为“求和项报销金额”。

⑤ 将数据透视表放置于名为“数据透视表”的工作表 A1 单元格开始的区域中。

⑥ 数据透视表中各部门内员工的报销费用总计以从大到小的顺序显示。

（7）制作一个如图 5-2 所示的费用报销单，将其放置于名为“费用报销单”的工作表中，具体要求如下：

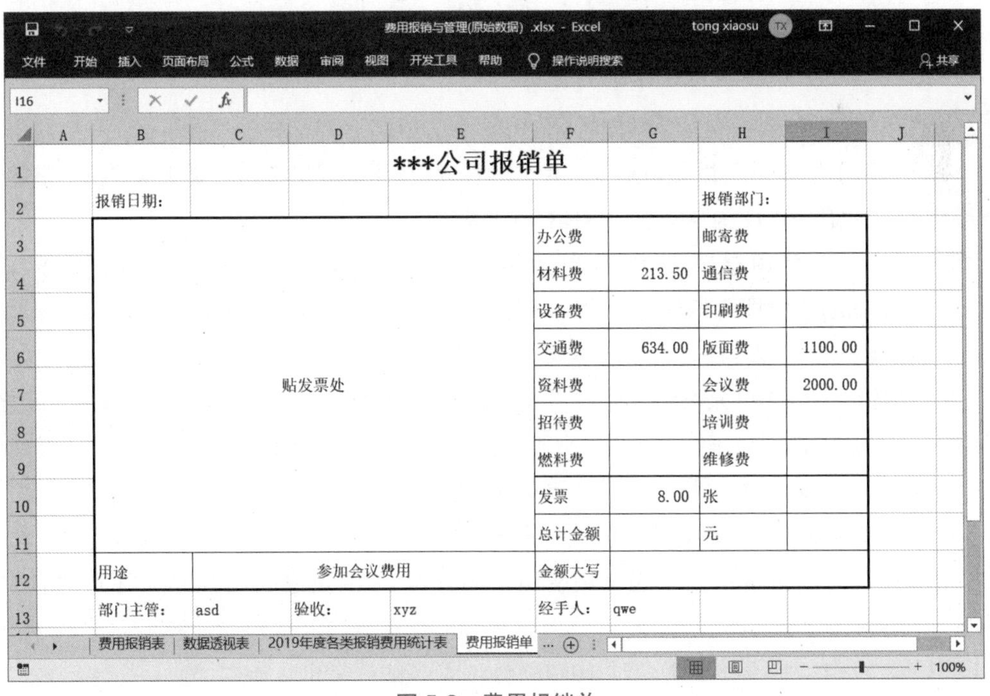

图 5-2　费用报销单

① 报销日期由系统日期自动填入，格式为 **** 年 ** 月 ** 日。

② 报销部门设置为下拉列表选择填入（其中下拉列表选项为：“项目 1 部”“项目 2 部”“项目 3 部”“项目 4 部”）。

③ 求报销单中的总计金额和大写金额。

④ 报销单创建完成后，取消网格线以及对报销单设置保护，并设定保护密码，其中在G3：G10区域、I3：I9区域、I2单元格、C13单元格、E13单元格和G13单元格可以输入内容，也可以修改内容，其余部分则不能修改。

5.2 知识要点

（1）左截函数LEFT和文本查找函数FIND。

（2）逻辑函数IF。

（3）条件格式。

（4）条件求和函数SUMIF和排名函数RANK.EQ。

（5）数据透视表。

（6）时间函数YEAR、MONTH、DAY、TODAY和字符链接符“&”。

（7）数据验证。

（8）求和函数SUM和TEXT函数。

（9）工作表的保护。

5.3 操作步骤

扫一扫

第1~3题

1. 根据摘要填经手人姓名

在摘要中有一个共同特征：在经手人姓名后都有一个“报”字，只要获得“报”字的位置，就可以知道经手人姓名的长度，从而提取出姓名。要获得“报”字的位置，可以用FIND函数实现。具体操作步骤如下：

在费用报销表中G3单元格输入公式“=LEFT(D3,FIND("报",D3)-1)”，按【Enter】键即可得到对应的经手人姓名。拖动填充柄完成其他单元格的填充。

2. 对报销费用的数据按部门自动分类

在费用报销表中H3单元格输入公式“=IF($C3=H$2,$F3,"")”，并向右填充至K3单元格，然后向下填充，完成按部门对报销费用自动分类（注意混合引用的使用）。

3. 对报销费用的数据按报销性质自动分类

在费用报销表中L3单元格输入公式“=IF($E3=L$2,$F3,"")”，并向右填充至Q3单元格，然后向下填充，完成按报销性质对报销费用自动分类，结果如图5-3所示（注意混合引用的使用）。

扫一扫

第4~6题

4. 将报销费用超过10 000的记录以红色突出显示

① 在费用报销表中选择A3：Q70单元格区域。

② 单击“开始”选项卡下“样式”组中的“条件格式”按钮，从下拉列表中选择“新建规则”命令，弹出如图5-4所示的“新建格式规则”对话框，选择“使用公式确定要设置格式的单元格”，在“为符合此公式的值设置格式”框中输入公式

“=$F3>10000”, 单击“格式”按钮, 弹出如图 5-5 所示的“设置单元格格式”对话框, 单击“填充”选项卡, 选择“红色”, 单击“确定”按钮, 返回“新建格式规则”对话框, 再单击“确定”按钮, 则得到如图 5-6 所示的结果。

G3　=LEFT(D3,FIND("报",D3)-1)

	A	B	C	D	E	F	G	H	I	J	K	L	M
1	某公司报销记录							按部门自动分类					
2	日期	凭证号	部门	摘要	科目名称	报销金额	经手人	项目1部	项目2部	项目3部	项目4部	办公费	差旅
3	2019/1/5	706	项目1部	刘马明报路由器	办公费	114.00	刘马明	114				114	
4	2019/1/10	713	项目1部	尚小雨报厦门旅	差旅费	1,790.00	尚小雨	1790					17
5	2019/1/15	708	项目2部	吴新报餐费	招待费	5,357.00	吴新		5357				
6	2019/1/20	711	项目3部	吴新报邯郸旅费	差旅费	90.72	吴新			90.72			90.
7	2019/1/25	711	项目3部	吴新报邯郸旅费	差旅费	66.67	吴新			66.67			66.
8	2019/1/30	708	项目3部	吴新报材料费	材料费	11,523.00	吴新			11523			
9	2019/2/4	708	项目3部	吴新报汽油费	燃料费	1,456.00	吴新			1456			
10	2019/2/9	716	项目3部	孙颖新报维修费	办公费	2,567.00	孙颖新			2567		2567	
11	2019/2/14	707	项目3部	孙颖新报电话费	办公费	879.00	孙颖新			879		879	
12	2019/2/19	707	项目3部	孙颖新报交通费	交通费	54.00	孙颖新			54			
13	2019/2/24	707	项目3部	孙颖新报邮费	办公费	29.00	孙颖新			29		29	
14	2019/3/5	688	项目4部	邢庆辉报电话费	办公费	700.00	邢庆辉				700	700	
15	2019/3/10	691	项目4部	邢庆辉报厦门等	差旅费	13,234.00	邢庆辉				13234		132

费用报销表　数据透视表　2019年度各类报销费用统计表　费用报销单

图 5-3　前 3 题操作后的结果

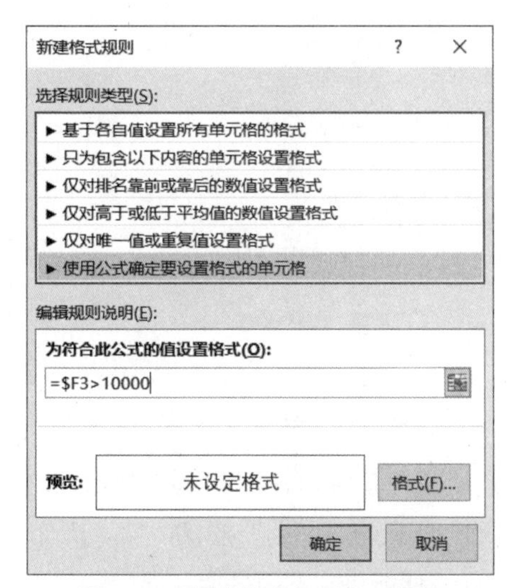

图 5-4　“新建格式规则”对话框

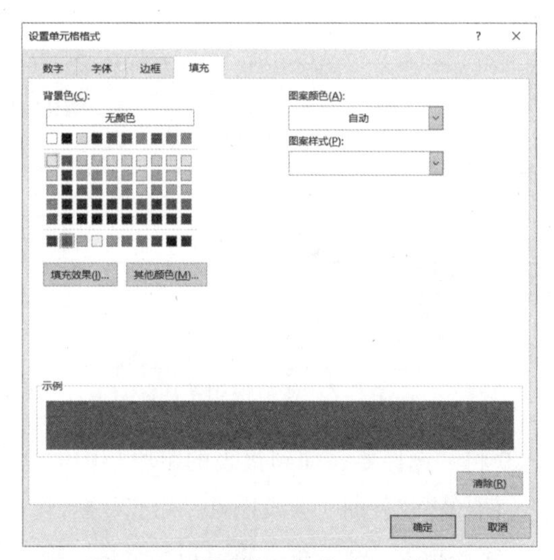

图 5-5　“设置单元格格式”对话框

G3　=LEFT(D3,FIND("报",D3)-1)

	A	B	C	D	E	F	G	H	I	J	K	L	M
1	某公司报销记录							按部门自动分类					
2	日期	凭证号	部门	摘要	科目名称	报销金额	经手人	项目1部	项目2部	项目3部	项目4部	办公费	差旅
3	2019/1/5	706	项目1部	刘马明报路由器	办公费	114.00	刘马明	114				114	
4	2019/1/10	713	项目1部	尚小雨报厦门旅	差旅费	1,790.00	尚小雨	1790					17
5	2019/1/15	708	项目2部	吴新报餐费	招待费	5,357.00	吴新		5357				
6	2019/1/20	711	项目3部	吴新报邯郸旅费	差旅费	90.72	吴新			90.72			90.
7	2019/1/25	711	项目3部	吴新报邯郸旅费	差旅费	66.67	吴新			66.67			66.
8	2019/1/30	708	项目3部	吴新报材料费	材料费	11,523.00	吴新			11523			
9	2019/2/4	708	项目3部	吴新报汽油费	燃料费	1,456.00	吴新			1456			
10	2019/2/9	716	项目3部	孙颖新报维修费	办公费	2,567.00	孙颖新			2567		2567	
11	2019/2/14	707	项目3部	孙颖新报电话费	办公费	879.00	孙颖新			879		879	
12	2019/2/19	707	项目3部	孙颖新报交通费	交通费	54.00	孙颖新			54			
13	2019/2/24	707	项目3部	孙颖新报邮费	办公费	29.00	孙颖新			29		29	
14	2019/3/5	688	项目4部	邢庆辉报电话费	办公费	700.00	邢庆辉				700	700	
15	2019/3/10	691	项目4部	邢庆辉报厦门等	差旅费	13,234.00	邢庆辉				13234		13

费用报销表　数据透视表　2019年度各类报销费用统计表　费用报销单

图 5-6　设置条件格式后的效果

5. 求2019年度各类报销费用合计

求各类报销费用合计是一个条件求和的问题，用SUMIF函数实现。在2019年度各类报销费用统计表中的B3单元格中输入公式“=SUMIF(费用报销表!$E$3:$E$70,'2019年度各类报销费用统计表'!A3,费用报销表!$F$3:$F$70)”，按【Enter】键后拖动填充柄完成填充。

各类报销费用排名可以用RANK.EQ函数实现。在C3单元格输入公式“=RANK.EQ(B3,$B$3:$B$8)”，按【Enter】键后拖动填充柄完成填充。计算结果如图5-7所示。

6. 创建不同日期各部门费用报销的数据透视表

创建数据透视表的操作步骤如下：

① 单击费用报销表数据表中的任意单元格。

② 单击“插入”选项卡下“表格”组中的“数据透视表”按钮，打开如图5-8所示的“创建数据透视表”对话框。在“创建数据透视表”对话框中，设定数据区域和选择放置的位置。

C3 =RANK.EQ(B3,$B$3:$B$8)

2019年度各类报销费用统计表

报销名称	合计	排名
办公费	16928	4
差旅费	55959.39	2
招待费	45917	3
材料费	106515	1
燃料费	3890	6
交通费	5631	5

费用报销表 | 数据透视表 | 2019年度各类报销费用统... 就绪 100%

图5-7 各类报销费用统计表

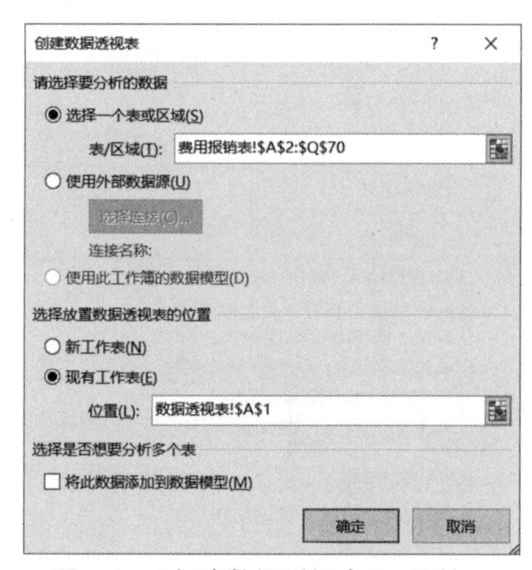

图5-8 “创建数据透视表”对话框

③ 将“选择要添加到报表的字段”中的字段分别拖动到对应的“筛选”“列”“行”和“值”框中（例如将“日期”字段拖入“筛选”框,将“科目名称”字段拖入“列”框,将“部门”和“经手人”字段拖入“行”框，将“报销金额”拖入“值”框），便能得到不同日期各部门费用报销的数据透视表，如图5-9所示。

④ 右击H6单元格，在弹出的快捷菜单中选择“排序”下的“降序”命令，排序结果如图5-10所示。

7. 制作费用报销单

扫一扫

第7题

① 在费用报销单工作表中，报销日期由系统日期自动填入，格式为****年**月**日。

在费用报销单工作表的C2单元格输入以下公式“=YEAR(TODAY())&“年”&MONTH(TODAY())&“月”&DAY(TODAY())&“日””

② 报销部门设置为下拉列表选择填入（下拉列表选项为“项目1部”“项目2部”“项目3部”“项目4部”）。

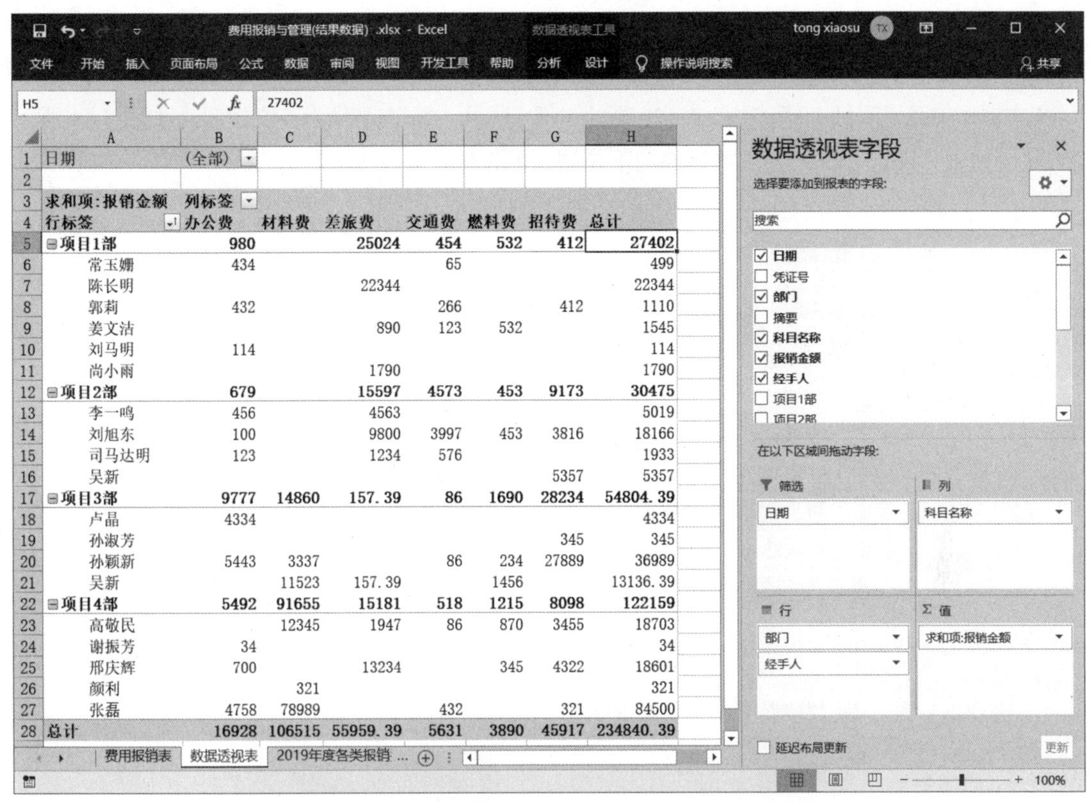

日期	(全部)						
求和项:报销金额	列标签						
行标签	办公费	材料费	差旅费	交通费	燃料费	招待费	总计
项目1部	980		25024	454	532	412	27402
常玉姗	434			65			499
陈长明			22344				22344
郭莉	432			266		412	1110
姜文洁			890	123	532		1545
刘马明	114						114
尚小雨			1790				1790
项目2部	679		15597	4573	453	9173	30475
李一鸣	456		4563				5019
刘旭东	100		9800	3997	453	3816	18166
司马达明	123		1234	576			1933
吴新						5357	5357
项目3部	9777	14860	157.39	86	1690	28234	54804.39
卢晶	4334						4334
孙淑芳						345	345
孙颖新	5443	3337		86	234	27889	36989
吴新		11523	157.39		1456		13136.39
项目4部	5492	91655	15181	518	1215	8098	122159
高敏民		12345	1947	86	870	3455	18703
谢振芳	34						34
邢庆辉	700		13234		345	4322	18601
颜利		321					321
张磊	4758	78989		432		321	84500
总计	16928	106515	55959.39	5631	3890	45917	234840.39

图 5-9　不同日期各部门费用报销的数据透视表

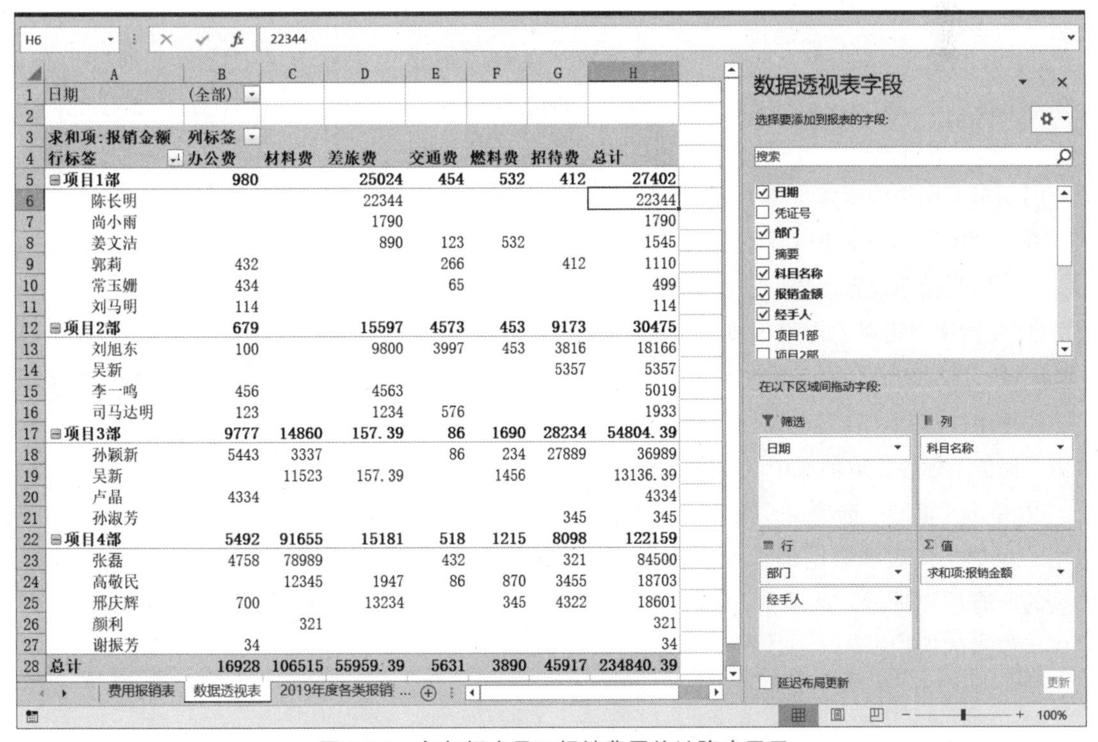

日期	(全部)						
求和项:报销金额	列标签						
行标签	办公费	材料费	差旅费	交通费	燃料费	招待费	总计
项目1部	980		25024	454	532	412	27402
陈长明			22344				22344
尚小雨			1790				1790
姜文洁			890	123	532		1545
郭莉	432			266		412	1110
常玉姗	434			65			499
刘马明	114						114
项目2部	679		15597	4573	453	9173	30475
刘旭东	100		9800	3997	453	3816	18166
吴新						5357	5357
李一鸣	456		4563				5019
司马达明	123		1234	576			1933
项目3部	9777	14860	157.39	86	1690	28234	54804.39
孙颖新	5443	3337		86	234	27889	36989
吴新		11523	157.39		1456		13136.39
卢晶	4334						4334
孙淑芳						345	345
项目4部	5492	91655	15181	518	1215	8098	122159
张磊	4758	78989		432		321	84500
高敏民		12345	1947	86	870	3455	18703
邢庆辉	700		13234		345	4322	18601
颜利		321					321
谢振芳	34						34
总计	16928	106515	55959.39	5631	3890	45917	234840.39

图 5-10　各部门内员工报销费用总计降序显示

首先在费用报销单工作表中选择 I2 单元格，在“数据”选项卡下“数据工具”组中单击“数据验证”按钮，打开“数据验证”对话框，在“允许”下拉列表框中选择“序列”选项，在“来源”文本框中输入“项目 1 部 , 项目 2 部 , 项目 3 部 , 项目 4 部”(逗号为英文逗号), 如图 5-11 所示。输入完后单击“确定”按钮完成报销部门下拉列表的设置。

图 5-11　设置有效性条件（序列）

③ 求报销单中的总计金额和大写金额。在费用报销单工作表的 G11 单元格输入公式“=SUM(G3:G9,I3:I9)”。在费用报销单工作表的 G12 单元格输入公式“=TEXT(G11,“[dbnum2]”)”。

8. 取消网格线以及对报销单设置保护，并设定保护密码

（1）取消网格线操作步骤如下：

在“视图”选项卡下“显示”组中取消选中“网格线”复选框。

（2）对报销单设置保护，并设定保护密码的操作步骤如下：

① 在费用报销单工作表中按住【Ctrl】键加鼠标选择，选定不需要保护的单元格区域（G3：G10 区域、I3：I9 区域、I2 单元格、C13 单元格、E13 单元格和 G13 单元格），右击选定的区域，在快捷菜单中选择“设置单元格格式”命令，弹出如图 5-12 所示的“设置单元格格式”对话框，单击“保护”标签，取消选中“锁定”复选框。

② 单击“审阅”选项卡“更改”组中的“保护工作表”按钮，弹出如图 5-13 所示的对话框，选中“保护工作表和锁定的单元格内容”复选框，在密码框里输入保护密码，在“允许此工作表的所有用户进行”选项中，取消选中“选定锁定单元格”复选框，最后单击“确定”按钮，完成工作表的保护。

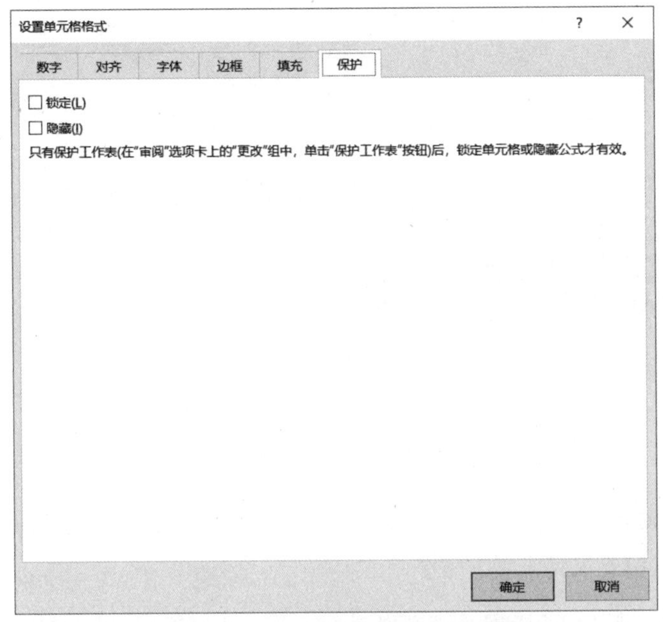

图 5-12 “设置单元格格式”对话框

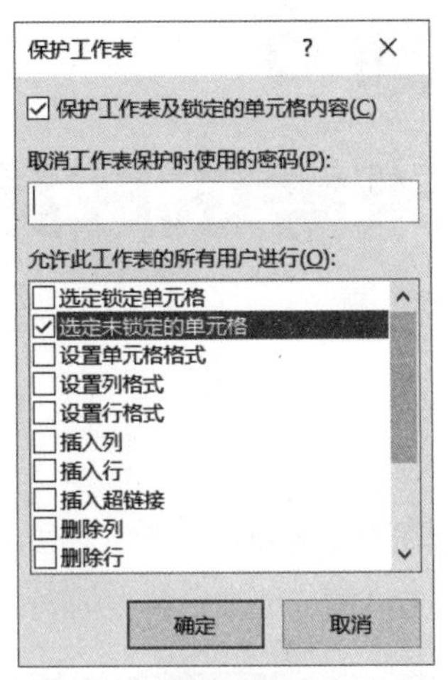

图 5-13 “保护工作表”对话框

5.4 提 高 操 作

（1）插入一新工作表，工作表命名为“2019 年各部门报销费用汇总表”，工作表标签颜色设为“红色”，用以统计 2019 年度各部门报销费用的总和及排名，统计表格式如表 5-2 所示。

表 5-2　2019 年各部门报销费用汇总表

部　门	报销费用合计	排　名
项目 1 部		
项目 2 部		
项目 3 部		
项目 4 部		

（2）筛选出报销费用表中招待费超过 5 000 或差旅费超过 10 000 的记录，将筛选结果放置于表中 A73 开始的区域。

（3）对报销费用表按照科目名称对报销费用进行分类求和。

案例 6 期末考试成绩统计与分析

6.1 问题描述

学期期末考试结束后，需要对考试成绩进行统计、分析。如图 6-1 所示是“大学计算机”课程期末考试的成绩表，请根据表内的信息按要求完成以下操作。

	A	B	C	D	E	F	G	H	I	J	K
1	考号	姓名	所在班级	选择题分数	WIN操作题分数	打字题分数	WORD题分数	EXCEL题分数	POWERPOINT题分数	网页题分数	总分
2	201952135102	蔡群英		21	5	5	12	20	9	5	
3	201952135101	陈萍萍		19	6	5	17	12	10	1	
4	201952135203	陈昕婷		13	4	4	5	20	5	0	
5	201952135201	陈瑶		18	3	5	20	16	13	2	
6	201952415141	陈逸天		16	5	5	20	20	13	7	
7	201952415233	丁治莹		19	7	5	19	20	15	2	
8	201952415106	方莉		21	7	4	20	20	15	7	
9	201952135224	冯子书		12	5	5	18	14	11	6	
10	201952095229	葛梦旭		6	6	5	17	0	10	8	
11	201952135140	韩前程		20	5	5	18	8	15	2	
12	201952135245	杭程		14	6	4	18	16	12	6	
13	201952415124	何锦		22	7	5	18	14	8	8	
14	201952095103	黄丹霞		22	6	5	20	0	7	8	
15	201952095132	纪萌		18	6	5	13	20	5	8	
16	201952415210	蒋婧婍		19	6	5	17	12	15	6	
17	201952095112	金明慧		18	5	5	20	12	10	6	
18	201952135146	李景龙		17	2	5	20	20	12	0	
19	201952415127	李萌		23	6	5	18	12	10	4	
20	201952095141	李梦凡		19	5	5	16	8	14	8	

图 6-1 “大学计算机”期末考试成绩表

（1）对期末考试成绩表套用合适的表格样式，要求至少四周有边框，偶数行有底纹，并求出每个学生的总分。

（2）在期末考试成绩表中根据每个学生的学号确定学生所在的班级。其中学号的前 4 位表示入学年份，7 和 8 两位表示专业（13 表示营销专业、41 表示会计专业、09 表示国经专业），第 10 位表示班号（1 表示 1 班，2 表示 2 班等），学生所在班级为入学年份的后两位加班号。例如，学号 201952135102 所对应的班级为营销 191 班，201952415201 所对应的班级为会计 192 班等。

（3）在期末考试成绩表中的“总分”列后增加一列“总评”，总评采用五级制，划分的依据如表 6-1 所示，在期末考试成绩表中的 P1:Q6 区域输入表 6-1 的内容，将区域 P1:Q6 定义名称为“五级制划分表”。利用查找函数实现总评的填入，并在公式中引用所定义的名称“五级制划分表”。

表 6-1　总评五级制划分标准

分　　数	总　　评
0	E
60	D
70	C
80	B
90	A

（4）利用函数完成成绩分布表的计算，如表 6-2 所示，并将计算结果填入期末考试成绩表中 A80 开始的统计区域中。

表 6-2　统计各分数段的人数

分数区间	人　　数
90 以上	
80~89	
70~79	
60~69	
60 以下	

（5）利用函数求总成绩标准差，填入期末考试成绩表中相应的单元格。

（6）利用公式和函数完成表 6-3 的计算，其中班级平均分保留一位小数，并将计算结果填入各班级考试成绩统计表中。

表 6-3　各班级考试成绩统计表

班　　级	最 高 分	最 低 分	班级平均分	不合格人数	优秀人数（≥ 90）
会计 191 班					
会计 192 班					
国经 191 班					
国经 192 班					
营销 191 班					
营销 192 班					

（7）根据表 6-4 题型及分数分配表，利用函数完成表 6-5 学生考试情况分析表的计算，并将计算结果填入考试情况分析表中。

表 6-4　题型及分数分配表

题　　型	选择题	Windows 操作	汉字输入	Word 操作	Excel 操作	PPT 操作	网页操作
分数	25	7	5	20	20	15	8

表 6-5　考试情况分析表

题　　型	选 择 题	Windows 操作	汉字输入	Word 操作	Excel 操作	PPT 操作	网页操作
平均分							
失分率							

（8）根据期末考试成绩表筛选出单项题分数至少有一项为 0 的学生记录，放置于期末考试成

绩表 A99 开始的区域。

（9）根据表 6-2 的统计数据制作一个显示百分比的成绩分布饼图。

6.2 知识要点

（1）套用表格格式。

（2）MID 函数、IF 函数和字符连接符“&”。

（3）查找函数 VLOOKUP 和名称。

（4）单条件统计 COUNTIF 函数，多条件统计 COUNTIFS 函数。

（5）标准偏差函数 STDEVA。

（6）数组公式、MAX 函数、IF 函数、AVERAGEIF 函数、ROUND 函数和 COUNTIFS 函数。

（7）AVERAGE 函数、公式、单元格格式设置。

（8）高级筛选。

（9）图表。

6.3 操作步骤

1. 套用表格样式以及求每个学生的总分

（1）在期末考试成绩表中选择 A1 : K76 数据区域，单击“开始”选项卡下“样式”组中“套用表格格式”按钮，在弹出的下拉列表中选择一种四周有边框，偶数行有底纹的样式即可。

（2）在期末考试成绩表中选择 K2 单元格，在公式编辑栏中输入公式“=SUM([@[选择题分数]:[网页题分数]])”，按【Enter】键完成总分的自动填充。

2. 根据每个学生的学号确定学生所在的班级

在期末考试成绩表 C2 单元格输入公式“=IF(MID(A2,7,2)=“13”,“ 营销 ”, IF(MID(A2,7,2)=“41”,“ 会计 ”,“ 国经 ”))&MID(A2,3,2)&MID(A2,10,1)&“ 班 ””，按【Enter】键完成班级的自动填充，如图 6-2 所示。

学生期末考试成绩统计与分析(结果数据）.xlsx - Excel

C2 =IF(MID(A2,7,2)="13","营销",IF(MID(A2,7,2)="41","会计","国经"))&MID(A2,3,2)&MID(A2,10,1)&"班"

考号	姓名	所在班级	选择题分	WIN操作题分	打字题分数	WORD题分数	EXCEL题分数	POWE
201952135102	蔡群英	营销191班	21	5	5	12	20	
201952135101	陈萍萍	营销191班	19	6	5	17	12	
201952135203	陈昕婷	营销192班	13	4	4	5	20	
201952135201	陈瑶	营销192班	18	3	5	20	16	
201952415141	陈逸天	会计191班	16	5	5	20	20	
201952415233	丁治莹	会计192班	19	7	5	19	20	
201952415106	方莉	会计191班	21	7	4	20	20	
201952135224	冯子书	营销192班	12	5	5	18	14	
201952095229	葛梦旭	国经192班	6	6	5	17	0	
201952135140	韩前程	营销191班	20	5	5	18	8	
201952135245	杭程	营销192班	14	6	4	18	16	
201952415124	何锦	会计191班	22	7	5	18	14	
201952095103	黄丹霞	国经191班	22	6	5	20	0	
201952095132	纪萌	国经191班	18	6	5	13	20	

期末考试成绩表 | 各班级考试成绩统计表 | 考试情况分析表

图 6-2 班级填充结果

3. 求总评

① 在期末考试成绩表的 L1 单元格输入“总评”。

② 在期末考试成绩表的 P1：Q6 区域建立如表 6-1 所示的五级制划分表。

③ 选中 P1:Q6 区域，右击，在弹出的快捷菜单中单击“定义名称”命令，在弹出的“新建名称”对话框中输入名称“五级制划分表”。

④ 在期末考试成绩表的 L2 单元格输入公式“=VLOOKUP(K2, 五级制划分表 ,2,TRUE)”或“=VLOOKUP([@ 总分], 五级制划分表 ,2,TRUE)”，按【Enter】键完成总评的填充。操作结果如图 6-3 所示。

L2　=VLOOKUP([@总分],五级制划分表,2,TRUE)

	G	H	I	J	K	L	M	N	O	P	Q
1	WORD题分数	EXCEL题分数	POWERPOIN	网页题分	总分	总评				分数	总评
2	12	20	9	5	77	C				0	E
3	17	12	10	1	70	C				60	D
4	5	20	5	0	51	E				70	C
5	20	16	13	2	77	C				80	B
6	20	20	13	7	86	B				90	A
7	19	20	15	2	87	B					
8	20	20	15	7	94	A					
9	18	14	11	6	71	C					
10	17	0	10	8	52	E					
11	18	8	15	2	73	C					
12	18	16	12	6	76	C					
13	18	14	8	8	82	B					
14	20	0	7	8	68	D					
15	13	20	5	8	75	C					

期末考试成绩表　各班级考试成绩统计表　考试情况分析表

图 6-3　总评的填充结果

4. 利用函数完成成绩分布表的计算

① 在期末考试成绩表中的 B82 单元格中输入公式“=COUNTIF(K2:K76,“>=90”)”。

② 在期末考试成绩表中的 B83 单元格中输入公式“=COUNTIFS(K2:K76,“>=80”,K2:K76,“<90”)”。

③ 在期末考试成绩表中的 B84 单元格中输入公式“=COUNTIFS(K2:K76,“>=70”,K2:K76,“<80”)”。

④ 在期末考试成绩表中的 B85 单元格中输入公式“=COUNTIFS(K2:K76,“>=60”,K2:K76, “<70”)”。

⑤ 在期末考试成绩表中的 B86 单元格中输入公式“=COUNTIF(K2:K76,“<60”)”。

⑥ 计算完成后的效果如图 6-4 所示。

5. 求总成绩标准差

在期末考试成绩表中 K77 单元格输入公式“=STDEVA(K2:K76)”。

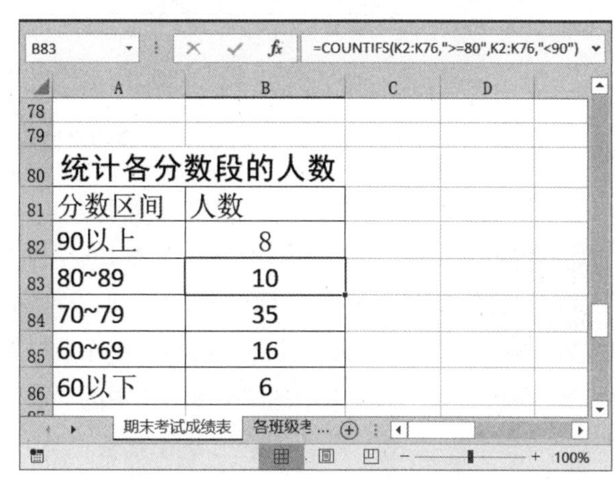

B83　=COUNTIFS(K2:K76,">=80",K2:K76,"<90")

	A	B	C	D
78				
79				
80	统计各分数段的人数			
81	分数区间	人数		
82	90以上	8		
83	80~89	10		
84	70~79	35		
85	60~69	16		
86	60以下	6		

期末考试成绩表　各班级考...

图 6-4　统计各分数段的人数

6. 填写各班级考试成绩统计表

① 求每个班级的最高分。在各班级考试成绩统计表的 B3 单元格中输入公式 “=MAXIFS(期末考试成绩表 !$K$2:$K$76, 期末考试成绩表 !$C$2:$C$76,A3)”，按【Enter】键完成最高分的计算，拖动填充柄完成其他班级最高分的填充。

② 求每个班级的最低分。在各班级考试成绩统计表的 C3 单元格中输入公式 “=MINIFS(期末考试成绩表 !$K$2:$K$76, 期末考试成绩表 !$C$2:$C$76,A3)”，按【Enter】键完成最低分的计算，拖动填充柄完成其他班级最低分的填充。

③ 求每个班级的平均分，并保留一位小数。在各班级考试成绩统计表的 D3 单元格中输入公式 “=ROUND(AVERAGEIF(期末考试成绩表 !$C$2:$C$76, 各班级考试成绩统计表 !A3, 期末考试成绩表 !$K$2:$K$76),1)”，按【Enter】键完成班级平均分的计算，拖动填充柄完成其他班级平均分的填充。

④ 求每个班级的不及格人数。在各班级考试成绩统计表的E3单元格中输入公式“=COUNTIFS(期末考试成绩表 !$C$2:$C$76, 各班级考试成绩统计表 !A3, 期末考试成绩表 !$K$2:$K$76,"<60")”，按【Enter】键完成不及格人数的统计，拖动填充柄完成其他班级不及格人数的填充。

⑤ 求每个班级的优秀人数。在各班级考试成绩统计表的 F3 单元格中输入公式 “=COUNTIFS(期末考试成绩表 !$C$2:$C$76, 各班级考试成绩统计表 !A3, 期末考试成绩表 !$K$2:$K$76,">=90")”，按【Enter】键完成优秀人数的统计，拖动填充柄完成其他班级优秀人数的填充。

各班级考试成绩统计表操作结果如图 6-5 所示。

B3 {=MAX(IF(期末考试成绩表!$C$2:$C$76=A3,期末考试成绩表!$K$2:$K$76,0))}

各班级考试成绩统计表

班级	最高分	最低分	班级平均分	不及格人数	优秀人数（≥90）
会计191班	99	78	89.3	0	5
会计192班	91	60	81.0	0	3
国经191班	76	65	72.3	0	0
国经192班	75	52	66.8	3	0
营销191班	77	53	69.6	1	0
营销192班	77	48	68.3	2	0

期末考试成绩表 | 各班级考试成绩统计表 | 考试情况分 ...

图 6-5 各班级考试成绩统计表操作结果

扫一扫

第7~9题

7. 填写考试情况分析表

在考试情况分析表的 B6 单元格输入公式 “=AVERAGE(期末考试成绩表 ! D2:D76)”，按【Enter】键后向右拖动填充柄完成平均分的填充。

在考试情况分析表的 B7 单元格输入公式“=(B3–B6)/B3”，按【Enter】键，单击“开始”选项卡中的“数字”组中的“百分比”按钮，向右拖动填充柄完成失分率的填充。

8. 筛选出单项题分数至少有一项为 0 的学生记录

① 在期末考试成绩表中 A88：G95 单元格区域设置如图 6-6 所示的条件区域。

② 单击“数据”选项卡下“排序和筛选”组中的“高级”按钮，在打开的“高级筛选”对话框中进行筛选设置，如图 6-7 所示。并将筛选结果置于 A99 开始的区域，操作结果如图 6-8 所示。

选择题分数	WIN操作题	打字题分数	WORD题分数	EXCEL题分数	POWERPOINT题	网页题分数
0						
	0					
		0				
			0			
				0		
					0	
						0

图 6-6　条件区域

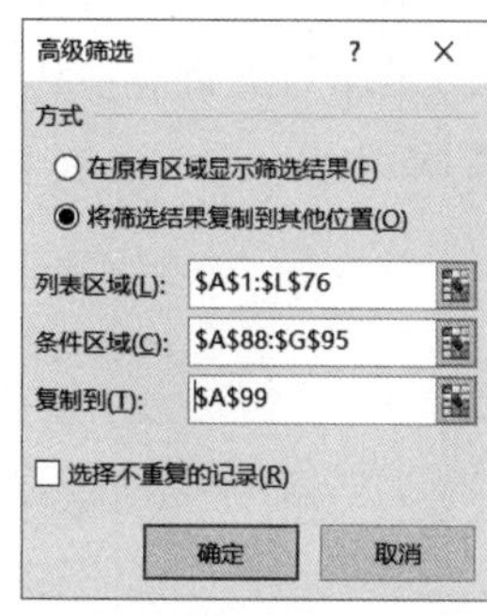

图 6-7 “高级筛选”对话框

考号	姓名	所在班级	选择题分数	WIN操作题分数	打字题分数	Word题分数	Excel题分数	PowerPoint题	网页题分数	总分	总评
201952135203	陈昕婷	营销192班	13	4	4	5	20	5	0	51	E
201952095229	葛梦旭	国经192班	6	6	5	17	0	10	8	52	E
201952095103	黄丹霞	国经191班	22	6	5	20	0	7	8	68	D
201952135146	李景龙	营销191班	17	2	5	20	20	12	0	76	C
201952135124	刘霞	营销191班	23	6	5	8	8	13	0	63	D
201952135236	楼经纬	营销192班	10	6	5	14	20	15	0	70	C
201952095126	徐银	国经191班	10	4	5	14	20	12	0	65	D
201952135125	杨锦娟	营销191班	18	7	5	20	12	6	0	68	D
201952095207	杨鑫月	国经192班	14	4	5	20	16	15	0	74	C
201952095226	姚雨娇	国经192班	17	0	5	20	0	10	0	52	E
201952135123	张博	营销191班	14	3	5	15	10	0	6	53	E
201952135109	张静静	营销191班	21	5	5	16	0	13	8	68	D
201952135115	张晓宁	营销191班	19	7	5	12	20	10	0	73	C
201952095230	张轩	国经192班	25	7	5	20	0	10	6	73	C

图 6-8　高级筛选结果

9. 根据表 6-2 的统计数据做一个显示百分比的成绩分布饼图

① 在期末考试成绩表中选择 A81：B86 单元格区域，然后单击“插入”选项卡下“图表”组中的“饼图”按钮，弹出下拉菜单，选择二维饼图的第一种样式，在工作表中就插入了一个饼图。

② 选中饼图，再单击“图表设计”选项卡，在“图表布局”组中的“快速布局”里选择“布局 2”，操作结果如图 6-9 所示。

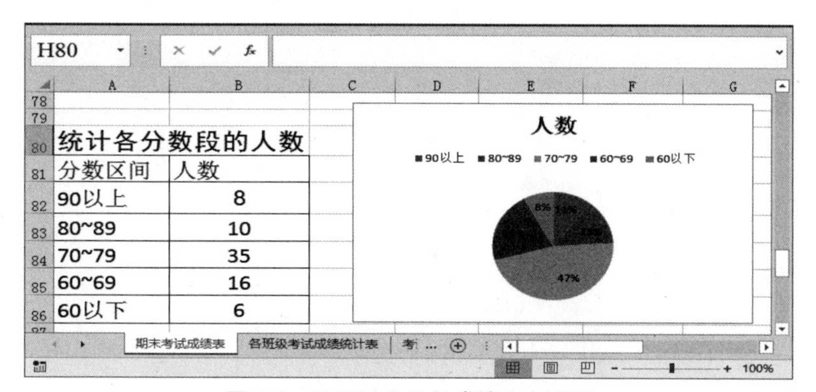

图 6-9　显示百分比的成绩分布饼图

6.4 提高操作

（1）在期末考试成绩表中用红色将总分最高的记录标示出来。

（2）在成绩查询表中利用查找函数，根据学生的学号查询学生的成绩，如图 6-10 所示，即在学号框 D2 中输入学号，在 D3 单元格中自动显示期末总成绩。

图 6-10　成绩查询

（3）在期末考试成绩表中总评旁增加一列“名次”，为学生的考试成绩排名。

（4）根据期末考试成绩表中的数据建立一个如图 6-11 所示的数据透视表，并以此数据透视表的结果为基础，创建一个簇状柱形图，对各班级的平均分进行比较，将此图表放置于一个名为“柱形分析图”的新工作表中。

行标签	平均值项:总分	最大值项:总分	最小值项:总分
营销191班	69.57	77	53
营销192班	68.33	77	48
会计191班	89.30	99	78
会计192班	81.00	91	60
国经192班	66.75	75	52
国经191班	72.33	76	65
总计	**73.77**	**99**	**48**

图 6-11　数据透视表

案例 7 家电销售统计与分析

7.1 问题描述

每年年底，家电销售公司都要对本公司各销售点和销售人员的销售情况进行统计与分析。要求根据如图 7-1 所示的 2019 年家电销售统计表中列出的项目完成以下工作。

日期	销售地点	销售人员	商品名称	销售量（台）	单价（元）	金额
20190109	天津	刘玉龙	彩电	32	2349	
20190117	天津	赵颖	空调	27	1335	
20190209	北京	李新	彩电	27	2380	
20190209	长春	杨颖	空调	20	1478	
20190209	上海	周平	冰箱	4	1893	
20190219	北京	杨旭	电脑	28	4698	
20190229	南京	程小飞	洗衣机	27	1652	
20190304	长春	许文翔	彩电	19	2488	
20190304	武汉	张丹阳	空调	26	1356	
20190309	南京	高博	电脑	16	4463	
20190312	上海	刘松林	彩电	8	2347	
20190313	沈阳	袁宏伟	冰箱	24	1814	
20190314	武汉	张力	电脑	30	4683	
20190315	上海	刘松林	彩电	10	2255	
20190316	上海	刘松林	洗衣机	19	1776	
20190317	太原	戴云辉	洗衣机	23	1771	
20190418	长春	许文翔	电脑	20	4662	
20190429	南京	程小飞	洗衣机	3	1778	

图 7-1　家电销售统计表

（1）整理数据，将 2019 年家电销售统计表中文本日期转换为日期型数据，并填入原“日期”列中。

（2）在“销售人员”列后增加一列，名称为“性别”，其值（男或女）在下拉列表中选择输入。

（3）根据销售量和单价求销售金额，并添加人民币的货币符号。

（4）将日销售量大于等于 30 的销售记录用红色标示出来。

（5）制作如表 7-1 所示的各销售地销售业绩统计表，要求计算各个销售地的销售总额及销售排名，将结果填入各销售地销售业绩统计表中。

（6）制作如表 7-2 所示的个人销售业绩统计表。根据家电销售统计表，计算每个销售员的年销售总额及销售排名，并根据销售总额计算每个销售员的销售提成，将计算结果填入个人销售业绩统计表中。提成的计算方法为：每人的年销售定额为50 000元，超出定额部分给予1%的提成奖励，未超过定额，则提成奖励为0。

表7-1 各销售地销售业绩统计表

销 售 地	销 售 总 额	销 售 排 名
北京		
天津		
上海		
南京		
沈阳		
太原		
武汉		
长春		

表7-2 个人销售业绩统计表

姓 名	销 售 总 额	销 售 排 名	销 售 提 成
程小飞			
戴云辉			
高博			
贺建华			
李新			
刘松林			
刘玉龙			
王鹏			
许文翔			
杨旭			
杨颖			
袁宏伟			
张丹阳			
张力			
赵颖			
周平			

（7）制作商品月销售业绩统计表。根据家电销售统计表，计算各种商品月销售额业绩，填入商品月销售业绩统计表中。

（8）筛选记录。根据2019年家电销售统计表，筛选出销售地为北京，商品名称为彩电或计算机的记录，将筛选结果放置于2019年家电销售统计表中J1开始的区域。

（9）制作一个显示每个销售员每个季度所销售的不同商品的销售量及销售金额的数据透视表，并将数据透视表放置于名为“数据透视表”的工作表中。

（10）将“2019年家电销售统计表”生成一个副本“2019年家电销售统计表(2)”放置于“数据透视表”工作表后，在“2019年家电销售统计表(2)”中按照商品名称进行分类汇总，求出各类商品的金额总和，并以分类汇总结果为基础，创建一个簇状柱形图，对每类商品的销售金额总和进行比较，并将该图表放置在一个名为“柱状分析图”的新工作表中。

7.2 知 识 要 点

（1）LEFT 函数、MID 函数和 DATE 函数。

（2）数据验证设置。

（3）公式运算及单元格格式设置。

（4）条件格式。

（5）SUMIF 函数、RANK.EQ 函数和 IF 函数。

（6）数组公式、MONTH 函数、COLUMN 函数。

（7）高级筛选。

（8）数据透视表。

（9）分类汇总、图表。

7.3 操 作 步 骤

1. 将表中文本日期转换为日期型数据

在 2019 年家电销售统计表中的 H2 单元格输入以下公式“=DATE(LEFT(A2,4),MID(A2,5,2),MID(A2,7,2))”，按【Enter】键后拖动填充柄完成所有文本日期的转换。右击 H2：H37 单元格区域，在弹出的快捷菜单中选择“复制”命令，右击 A2 单元格，在弹出的快捷菜单中选择“粘贴选项”中的“值”，而后右击，在弹出的快捷菜单中选择“设置单元格格式”命令，在“分类”列表框中选择“日期”，单击“确定”按钮。最后，将 H2：H37 单元格区域中的数据删除。

2. 增加“性别”列，值从下拉列表中选择输入

在 2019 年家电销售统计表中右击“商品名称”列，在快捷菜单中选择“插入”命令，插入一列，在 D1 单元格中输入“性别”。选择 D2:D37 区域，单击“数据”选项卡下“数据工具”组中的“数据验证”按钮，弹出如图 7-2 所示的“数据验证”对话框，在“设置”选项卡下，在“允许”下拉列表框中选择“序列”，在“来源”框中输入“男，女”，单击“确定”按钮，完成下拉列表的生成。

3. 根据销售量和单价求销售金额，并添加人民币的货币符号

在 2019 年家电销售统计表中 H2 单元格输入公式“=F2*G2”，按【Enter】键并拖动填充柄完成填充。接着右击该单元格，在弹出的快捷菜单中，选择“设置单元格格式”命令，弹出如图 7-3 所示的“设置单元格格式”的对话框，在“数字”选项卡下“分类”列表框中选择“货币”，在“货币符号”下拉列表框中选择“¥中文（中国）”。

4. 将日销售量大于等于 30 的销售记录用红色标示出来

① 选择 A2：H 37 单元格区域。

② 单击“开始”选项卡下“样式”组中的“条件格式”下拉按钮，在下拉列表中选择“新建规则”命令，弹出如图 7-4 所示的“新建规则”对话框，选择“使用公式确定要设置格式的单元格”，在“为符合此公式的值设置格式”的文本框中输入公式“=$F2>30”，单击“格式”按钮，在弹出的“设

置单元格格式”对话框中单击“填充”选项卡，选择“红色”，单击“确定”按钮，再单击“确定”按钮，则得到如图 7-5 所示的结果。

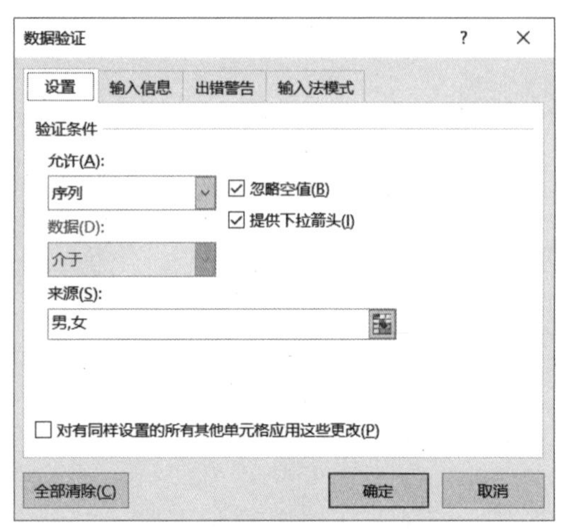

图 7-2 “数据验证”对话框

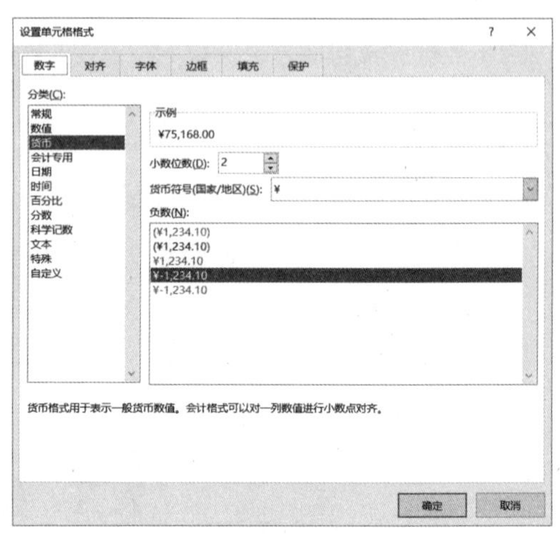

图 7-3 “设置单元格格式”对话框

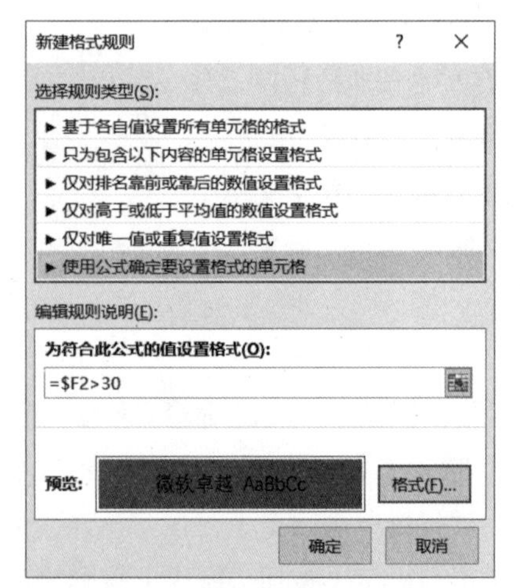

图 7-4 “新建格式规则”对话框

H2　=F2*G2

	A	B	C	D	E	F	G	H
1	日期	销售地点	销售人员	性别	商品名称	销售量（台）	单价（元）	金额
2	2019/1/9	天津	刘玉龙	男	彩电	32	2349	¥75,168.00
3	2019/1/17	天津	赵颖	女	空调	27	1335	¥36,045.00
4	2019/2/9	北京	李新	女	彩电	27	2380	¥64,260.00
5	2019/2/9	长春	杨颖	女	空调	20	1478	¥29,560.00
6	2019/2/9	上海	周平	男	冰箱	4	1893	¥7,572.00
7	2019/2/19	北京	杨旭	女	电脑	28	4698	¥131,544.00
8	2019/3/1	南京	程小飞	男	洗衣机	27	1652	¥44,604.00
9	2019/3/4	长春	许文翔	男	彩电	19	2488	¥47,272.00
10	2019/3/4	武汉	张丹阳	男	空调	26	1356	¥35,256.00
11	2019/3/9	南京	高博	男	电脑	16	4463	¥71,408.00
12	2019/3/12	上海	刘松林	男	彩电	8	2347	¥18,776.00
13	2019/3/13	沈阳	袁宏伟	男	冰箱	24	1814	¥43,536.00
14	2019/3/14	武汉	张力	男	电脑	30	4683	¥140,490.00
15	2019/3/15	上海	刘松林	男	彩电	10	2255	¥22,550.00
16	2019/3/16	上海	刘松林	男	洗衣机	19	1776	¥33,744.00
17	2019/3/17	太原	戴云辉	男	洗衣机	23	1771	¥40,733.00
18	2019/4/18	长春	许文翔	男	电脑	20	4662	¥93,240.00
19	2019/4/29	南京	程小飞	男	洗衣机	3	1778	¥5,334.00
20	[illegible]	沈阳	王鹏	男	电脑	32	4729	¥151,328.00
21	2019/5/21	太原	贺建华	男	彩电	24	2216	¥53,184.00
22	[illegible]	沈阳	王鹏	男	洗衣机	[illegible]	1665	[illegible]
23	2019/6/23	天津	刘玉龙	男	电脑	7	4746	¥33,222.00
24	2019/6/24	北京	李新	女	冰箱	21	1903	¥39,963.00

图 7-5 前 4 题操作的结果

扫一扫

第5~6题

5. 制作各销售地销售业绩统计表

求各销售地销售业绩是一个条件求和的问题，用 SUMIF 函数实现。在各销售地销售业绩统计表中的 B3 单元格输入公式“=SUMIF(‘2019 年家电销售统计表 ’!$B$2:$B$37, 各销售地销售业绩统计表 !A3,‘2019 年家电销售统计表 ’!$H$2:$H$37)”，按【Enter】键后拖动填充柄完成填充。

销售排名可以用 RANK.EQ 函数实现。在 C3 单元格输入公式“=RANK.EQ(B3,$B$3:$B$10)”，按【Enter】键后拖动填充柄完成填充。计算结果如图 7-6 所示。

6. 制作个人销售业绩统计表

求销售员的销售总额是一个条件求和的问题，用 SUMIF 函数实现。在个人销售业绩统计表中的 B3 单元格输入公式“=SUMIF(‘2019 年家电销售统计表 ’!$C$2:$C$37,‘ 个人销售业绩统计表 ’

!A3,'2019 年家电销售统计表 '!$H$2:$H$37)"，按【Enter】键后拖动填充柄完成填充。

求销售排名可以用 RANK.EQ 函数实现。在 C3 单元格输入公式"=RANK.EQ (B3,$B$3:$B$18)"，按【Enter】键后拖动填充柄完成填充。

求销售提成可以用 IF 函数实现。在 D3 单元格输入公式"=IF(B3>50000,(B3-50000)*0.01,0)"，按【Enter】键后拖动填充柄完成填充。操作结果如图 7-7 所示。

各销售地销售业绩统计表

销售地	销售总额	销售排名
北京	274374	2
天津	257358	3
上海	183214	6
南京	164021	8
沈阳	312599	1
太原	183925	5
武汉	175746	7
长春	206862	4

图 7-6　各销售地销售业绩统计表

个人销售业绩统计表

姓名	销售总额	销售排名	销售提成
程小飞	49938	15	0
戴云辉	101621	9	516.21
高博	114083	7	640.83
贺建华	82304	12	323.04
李新	142830	4	928.3
刘松林	75070	13	250.7
刘玉龙	163710	2	1137.1
王鹏	221943	1	1719.43
许文翔	152027	3	1020.27
杨旭	131544	6	815.44
杨颖	54835	14	48.35
袁宏伟	90656	11	406.56
张丹阳	35256	16	0
张力	140490	5	904.9
赵颖	93648	10	436.48
周平	108144	8	581.44

图 7-7　个人销售业绩统计表

7. 制作商品月销售业绩统计表

扫一扫
第7~8题

求各商品月销售业绩是条件求和的问题，但此题条件复杂，很难用条件求和函数计算得到，故采用数组公式计算。首先是求和条件的描述，表示商品的类别，比较简单，只需在 2019 年家电销售统计表的"商品名称"列（E 列）挑出指定类别就可以；表示统计的月份，因 2019 年家电销售统计表的"日期"列（A 列）是一个完整的日期格式，要表示月必须用 MONTH 函数提取月份，同时为了能够用拖动方式填充，所以月份的值用 COLUMN 函数来表示。第 2 列表示 1 月，所以具体表示的时候，COLUMN 函数要减 1，故在月销售业绩统计表中的 B2 单元格输入数组公式"=SUM((('2019 年家电销售统计表 '!$E$2:$E$37= 月销售业绩统计表 !$A2)*(MONTH('2019 年家电销售统计表 '!$A$2:$A$37)=COLUMN()-1)*'2019 年家电销售统计表 '!$H$2:$H$37)"，按【Shift+Ctrl+Enter】组合键完成 1 月冰箱的销售总额的计算，向右拖动填充柄完成各个月份的冰箱销售总额的填充，向下填充完成所有家电的销售业绩填充，操作结果如图 7-8 所示。

商品名称	1月	2月	3月	4月	5月	6月	7月	8月	9月	10月	11月	12月
冰箱	0	7572	43536	0	0	39963	0	0	5304	0	55320	0
彩电	75168	64260	88598	0	53184	0	38607	0	0	0	0	69832
电脑	0	131544	211898	93240	151328	33222	47120	0	0	55584	0	57603
空调	36045	29560	35256	0	0	0	0	0	29120	0	0	17745
洗衣机	0	0	119081	5334	52870	30740	0	25275	11515	0	42675	0

图 7-8　月销售业绩统计表

8. 筛选记录

① 在2019年家电销售统计表中B39:C41区域做如图7-9所示的条件区域。

② 单击“数据”选项卡下“排序和筛选”组中的“高级”按钮，在打开的“高级筛选”对话框中进行筛选设置，如图7-10所示。筛选结果置于J1开始的区域，操作结果如图7-11所示。

销售地点	商品名称
北京	彩电
北京	电脑

图7-9 条件区域

高级筛选 ? ×
方式
○ 在原有区域显示筛选结果(F)
◉ 将筛选结果复制到其他位置(O)
列表区域(L): $A$1:$H$37
条件区域(C): $B$39:$C$41
复制到(T): $J$1
☐ 选择不重复的记录(R)
确定 取消

图7-10 “高级筛选”对话框

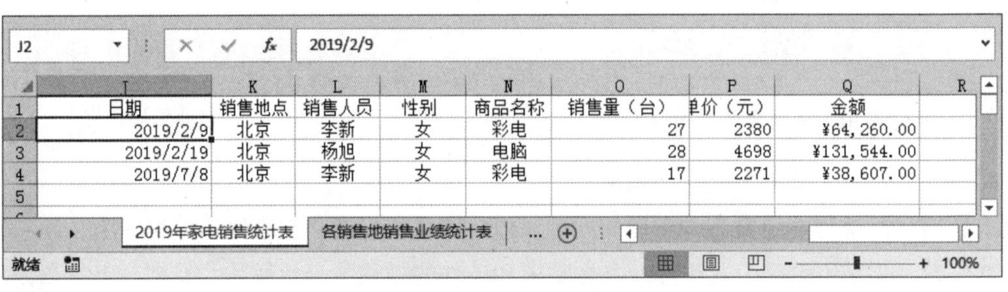

	J	K	L	M	N	O	P	Q
1	日期	销售地点	销售人员	性别	商品名称	销售量（台）	单价（元）	金额
2	2019/2/9	北京	李新	女	彩电	27	2380	¥64,260.00
3	2019/2/19	北京	杨旭	女	电脑	28	4698	¥131,544.00
4	2019/7/8	北京	李新	女	彩电	17	2271	¥38,607.00

图7-11 高级筛选结果

9. 制作数据透视表

创建数据透视表的操作步骤为：

扫一扫

第9~10题

① 单击“2019年家电销售统计表”数据表中的任意单元格。

② 单击“插入”选项卡下“表格”组中的“数据透视表”按钮，打开如图7-12所示的“创建数据透视表”对话框。在“创建数据透视表”对话框中，设定数据区域和选择放置的位置。

③ 将“选择要添加到报表的字段”中的字段分别拖动到对应的“行”“列”和“值”框中，（例如将“销售人员”和“日期”拖入“行”，“商品名称”拖入“列”，“销售量”和“金额”拖入“值”框中，汇总方式为求和），便能得到不同日期每个销售员

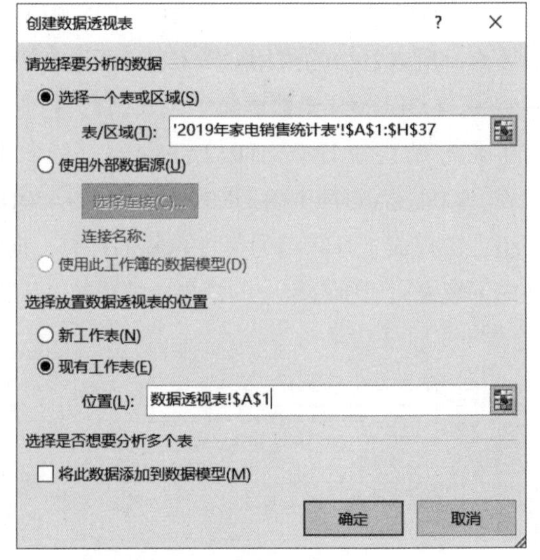

图7-12 创建数据透视表对话框

所销售的不同商品的销售量及销售金额的数据透视表，如图 7-13 所示。

④ 单击数据透视表 A 列任意日期单元格（如 A5），选择“数据透视表分析”选项卡下“组合”组中的“分组字段”按钮，弹出如图 7-14 所示的“组合”对话框，在“步长”列表框中取消选择步长“日”和“月”，只选中“季度”，单击“确定”按钮，完成对日期按季度分组，效果如图 7-15 所示。

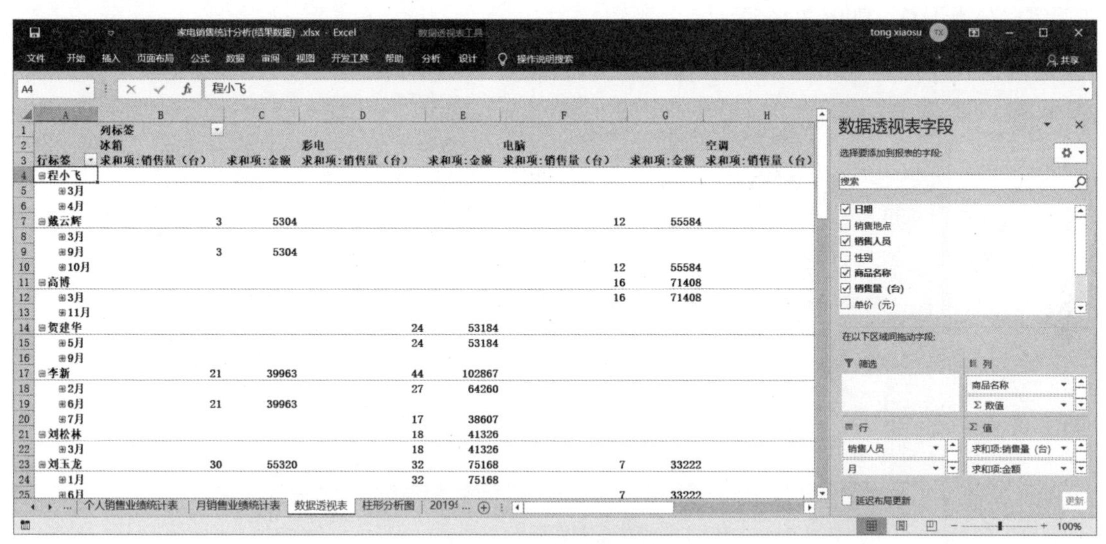

图 7-13　数据透视表

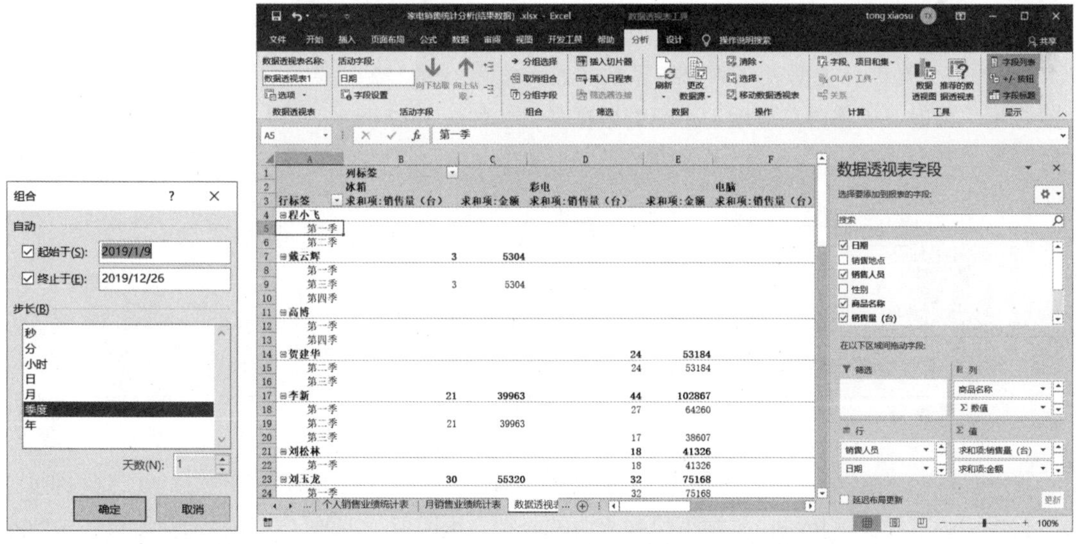

图 7-14　“组合”对话框　　　　图 7-15　按日期以季度分组后的数据透视表

10. 分类汇总及创建簇状柱形图

（1）创建分类汇总。

① 右击“2019 年家电销售统计表”工作表标签，在弹出的快捷菜单中选择“移动或复制工作表”命令，在弹出的移动或复制工作表的对话框中，选择“移至最后”，勾选“建立副本”复选框，并

单击“确定”按钮，则自动生成一个名为“2019年家电销售统计表(2)”的工作表。

② 在“2019年家电销售统计表(2)”工作表中先单击E1单元格,然后单击“开始”选项卡“编辑”组中的“排序和筛选”下的“升序”命令，将数据表按商品名称排序。

③ 单击“数据”选项卡下“分级显示”组中的“分类汇总”按钮,弹出的“分类汇总”对话框，在此对话框中分类字段选“商品名称”，汇总方式选“求和”，汇总项选“金额”，单击“确定”按钮后完成分类汇总，如图7-16所示。

	A	B	C	D	E	F	G	H
1	日期	销售地点	销售人员	性别	商品名称	销售量（台）	单价（元）	金额
2	2019/2/9	上海	周平	男	冰箱	4	1893	¥7,572.00
3	2019/3/13	沈阳	袁宏伟	男	冰箱	24	1814	¥43,536.00
4	2019/6/24	北京	李新	女	冰箱	21	1903	¥39,963.00
5	2019/9/23	太原	戴云辉	男	冰箱	3	1768	¥5,304.00
6	2019/11/1	天津	刘玉龙	男	冰箱	30	1844	¥55,320.00
7					冰箱 汇总			¥151,695.00
8	[illegible]	天津	刘玉龙	男	彩电	[illegible]	[illegible]	[illegible]
9	2019/2/9	北京	李新	女	彩电	27	2380	¥64,260.00
10	2019/3/4	长春	许文翔	男	彩电	19	2488	¥47,272.00
11	2019/3/12	上海	刘松林	男	彩电	8	2347	¥18,776.00
12	2019/3/15	上海	刘松林	男	彩电	10	2255	¥22,550.00
13	2019/5/21	太原	贺建华	男	彩电	24	2216	¥53,184.00
14	2019/7/8	北京	李新	女	彩电	17	2271	¥38,607.00
15	2019/12/8	上海	周平	男	彩电	29	2408	¥69,832.00
16					彩电 汇总			¥389,649.00
17	2019/2/19	北京	杨旭	女	电脑	28	4698	¥131,544.00
18	2019/3/9	南京	高博	男	电脑	16	4463	¥71,408.00
19	2019/3/14	武汉	张力	男	电脑	30	4683	¥140,490.00
20	2019/4/18	长春	许文翔	男	电脑	20	4662	¥93,240.00
21	[illegible]	沈阳	[illegible]	男	电脑	[illegible]	[illegible]	[illegible]
22	2019/6/23	天津	刘玉龙	男	电脑	7	4746	¥33,222.00
23	2019/7/5	沈阳	袁宏伟	男	电脑	10	4712	¥47,120.00

图7-16 分类汇总的结果

（2）以分类汇总结果创建簇状柱形图。

① 单击分类汇总数据表左侧分级显示按钮 1 2 3 中的“2”，隐藏明细数据，只显示一级和二级数据。此时，表格中只显示汇总后的数据条目，如图7-17所示。

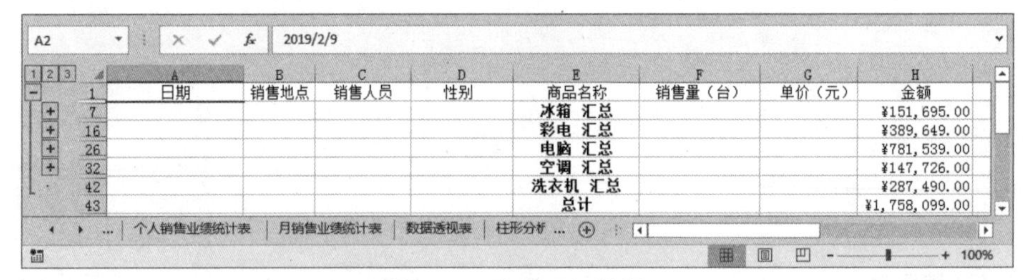

	A	B	C	D	E	F	G	H
1	日期	销售地点	销售人员	性别	商品名称	销售量（台）	单价（元）	金额
7					冰箱 汇总			¥151,695.00
16					彩电 汇总			¥389,649.00
26					电脑 汇总			¥781,539.00
32					空调 汇总			¥147,726.00
42					洗衣机 汇总			¥287,490.00
43					总计			¥1,758,099.00

图7-17 隐藏明细数据

② 先选中E1：E42，然后按住【Ctrl】键选中H1：H42数据，接着单击“插入”选项卡“图表”组中“柱形图”下拉按钮，在下拉列表中选择“二维图形”下的“簇状柱形图”样式，此时，就生成一个图表。

③ 选中新生成的图表,在“图表设计”选项卡“位置”组中单击“移动图表”按钮,打开“移动图表”对话框，选择“新工作表”单选按钮，在右侧的文本框中输入“柱状分析图”，单击“确定”按钮即可新建一个工作表且将此图表放置于其中，如图7-18所示。

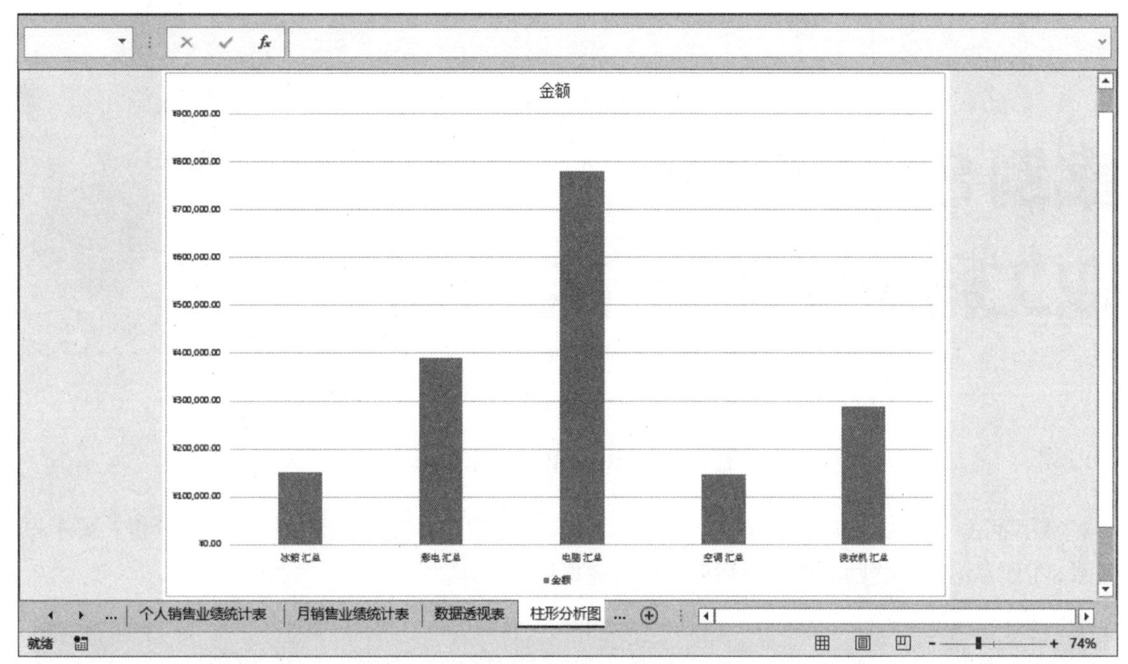

图 7-18　柱形分析图

7.4 提高操作

（1）根据 2019 年家电销售统计表中的数据利用数据库函数完成如表 7-3 所示的统计计算。

表 7-3　各类统计计算

冰箱销售量的最大值	
计算机销售量的最小值	
男销售员的人数	
男销售员的平均销售量	
女销售员的销售量的总和	
1 季度北京的销售额总和	

（2）筛选出销售量大于等于 30 的记录，放置于新工作表中，并将工作表取名为“销售量大于等于 30 的记录清单”，工作表标签的颜色设置为红色。

（3）将 2019 年家电销售统计表按照性别分类汇总，求出男女销售员销售金额的平均值和最大值。

案例 8 职工科研奖励统计与分析

8.1 问题描述

每年年底，某大学的每个学院都要对本学院教职工的科研奖励情况进行统计与分析。要求根据图 8-1 所示的科研奖励汇总表中列出的项目完成以下工作。

***学院科研奖励汇总表

行	性别	出生日期	技术职称	论文、著作		项目		获奖		专利		完成分值			聘任岗位	岗位级别	应完成分值	科研奖励
				计奖分	不计奖分	计奖分	不计奖分	计奖分	不计奖分	计奖分	不计奖分	计奖分	不计奖分	合计				
10	女	1960/3/15	副研究员	0	0	0	0	0	0	0	0				实验技术	六级		
11	男	1969/1/26	教授	15	0	37.5	0	0	0	0	0				教学科研型	三级		
12	女	1956/12/30	实验师	0	0	0	6	0	0	0	0				实验技术	七级		
13	女	1970/4/28	副教授	0	0	20.3	0	0	0	0	0				教学为主型	五级		
14	男	1977/1/18	教授	0	0	584	60	0	0	0	0				教学科研型	三级		
15	女	1963/10/2	讲师	20	0	9.3	0	0	0	0	0				教学科研型	六级		
16	女	1948/10/6	讲师	0	0	0	0	0	0	0	0				教学科研型	七级		
17	女	1969/3/30	副教授	13.9	30	68	0	0	0	0	0				教学科研型	五级		
18	女	1979/3/1	副教授	37.1	0	15	0	0	0	60	0				教学科研型	五级		
19	男	1960/4/10	讲师	420	0	14	0	0	0	0	0				教学科研型	七级		
20	女	1970/7/1	讲师	0	0	0	0	0	0	0	0				教学为主型	七级		
21	女	1974/1/18	讲师	0	0	42	0	0	0	0	0				教学科研型	七级		
22	女	1982/5/21	讲师	75	0	4.5	60	0	0	30	0				教学科研型	八级		

图 8-1 科研奖励汇总表

（1）在科研奖励汇总表中“职工号”后增加一列，名称为新职工号，新职工号填入的具体要求为：根据其聘任岗位的性质决定在原有职工号前增加字母 A 或 B 或 C。如果岗位类型为教学为主型则添加 A；如果岗位类型为教学科研型则添加 B；否则添加 C。

（2）在科研奖励汇总表中利用数组公式完成记奖分、不记奖分和合计列的计算。

（3）根据科研奖励汇总表中 X3:Z20 的条件区域，完成“应完成分值”列的填充。

（4）计算科研奖励汇总表中“科研奖励”列的计算。科研奖励的计算规则为：如果不记奖分大于等于应完成分值，则科研奖励 = 记奖分 ×45 计算；如果不记奖分小于应完成分值，则科研奖励 =（记奖分 –（应完成分值 – 不记奖分））×45 计算。

（5）计算科研奖励汇总表中第 129 行的合计。

（6）将科研奖励汇总表中未完成科研任务（科研奖励 <0）的职工用红色的小红旗标注出来。

（7）制作如表 8-1 所示的不同职称科研统计表。要求计算各类职称的科研分合计、科研分平均值、科研分最低值、科研分最高值，将结果填入不同职称科研统计表中。

表 8-1　不同职称科研统计表

技术职称	科研分合计	科研分平均值	科研分最低值	科研分最高值
助教				
讲师				
副教授				
副研究员				
教授				
实验师				
高级实验师				

（8）制作如表 8-2 所示的不同科研分数段的人数统计表。要求计算不同科研分数段的人数，将结果填入不同科研分数段的人数统计表中。

表 8-2　不同科研分数段的人数统计表

科研分	人数
0	
<50	
≥ 50 和 <100	
≥ 100 和 <500	
≥ 500 和 <1000	
≥ 1000	

（9）制作如表 8-3 所示的不同聘任岗位的职工科研分构成统计表。要求计算不同岗位类别的论文和著作、项目、获奖、专利的科研总分，将结果填入不同聘任岗位的职工科研分构成统计表中。

表 8-3　不同聘任岗位的职工科研分构成统计表

聘任岗位	论文、著作	项目	获奖	专利
教学为主型				
教学科研型				
实验技术				

（10）根据不同聘任岗位的职工科研分构成统计表制作一个动态饼图，具体要求为：根据用户选择的聘任岗位类型，动态显示该类型的科研分构成的饼图。

8.2　知识要点

（1）IF 函数、REPLACE 函数。

（2）数组公式。

（3）VLOOKUP 函数。

（4）公式计算。

（5）SUM 函数。

（6）条件格式。

（7）SUMIF 函数、AVERAGEIF 函数、数组公式、MAX 函数、MIN 函数。

（8）COUNTIF 函数和 COUNTIFS 函数。

（9）数据验证的设置和动态图表。

8.3　操 作 步 骤

1. 新职工号的填入

在科研奖励汇总表中选中“教师姓名”列，接着右击“教师姓名”列，在弹出的快捷菜单中选择“插入”命令，在“教师姓名”前插入了一列，然后将 C2 和 C3 单元格合并，在合并后的单元格中输入列名为“新职工号”，在 C4 单元格输入公式“=IF(S4=$S$4,REPLACE (B4,1,0,"A"),IF(S4=$S$9,REPLACE(B4,1,0,"B"),REPLACE (B4,1,0,"C")))”，或者输入公式“=IFS(S4= $S$4,REPLACE(B4,1,0,"A"),S4=$S$11, REPLACE(B4,1,0,"B"),TRUE,REPLACE (B4,1,0,"C"))”，按【Enter】键，双击填充柄，完成整列的填充。

2.“记奖分”“不记奖分”和“合计”列的计算

① 记奖分的计算。选择 P4:P128 区域，在编辑栏输入公式“=H4:H128+J4:J128+L4:L128+N4:N128”，然后按【Shift+Ctrl+Enter】组合键完成计算。

② 不记奖分的计算。选择 Q4 : Q128 区域，在编辑栏输入公式“=I4:I128+K4:K128+M4:M128 +O4:O128”，然后按【Shift+Ctrl+Enter】组合键完成计算。

③ 合计列的计算。选择 R4 : R128 区域，在编辑栏输入公式“=P4:P128+Q4:Q128”，然后按【Shift+Ctrl+Enter】组合键完成计算。

第 1 题和第 2 题操作后的结果如图 8-2 所示。

C4　=IF(S4=$S$4,REPLACE(B4,1,0,"A"),IF(S4=$S$9,REPLACE(B4,1,0,"B"),REPLACE(B4,1,0,"C")))

***学院科研奖励汇总表

职工号	新职工号	教师姓名	性别	出生日期	技术职称	论文、著作		项目		获奖		专利		完成分值			聘任岗位	岗位级别
						计奖分	不计奖分	计奖分	不计奖分	计奖分	不计奖分	计奖分	不计奖分	计奖分	不计奖分	合计		
1	A1	尹勇现	男	1956/8/1	讲师	0	20	0	0	0	0	0	0	0	20	20	教学为主型	七级
2	A2	周正立	男	1978/2/1	讲师	120	0	0	0	0	0	0	0	120	0	120	教学为主型	七级
3	A3	刘志涵	男	1963/11/18	副教授	50.6	0	0	0	0	0	0	0	50.6	0	50.6	教学为主型	三级
4	A4	梅福丹	女	1976/7/16	副教授	0	0	0	0	0	0	0	0	0	0	0	教学为主型	三级
5	A5	罗漫菲	女	1963/12/11	副教授	20	0	0	0	0	0	0	0	20	0	20	教学为主型	五级
6	B6	张正均	男	1982/10/14	讲师	217.5	0	0	0	0	0	0	0	217.5	0	217.5	教学科研型	七级
7	C7	刘霞	女	1960/3/15	副研究员	0	0	0	0	0	0	0	0	0	0	0	实验技术	六级
8	B8	邹帅	男	1969/1/26	教授	15	0	37.5	0	0	0	0	0	52.5	0	52.5	教学科研型	三级
9	C9	徐银	女	1956/12/30	实验师	0	0	0	6	0	0	0	0	0	6	6	实验技术	七级
10	A10	张欣	女	1970/4/28	副教授	0	0	20.3	0	0	0	0	0	20.3	0	20.3	教学为主型	五级
11	B11	邱顶峰	男	1977/1/18	教授	0	0	584	60	0	0	0	0	584	60	644	教学科研型	三级
12	B12	张静静	女	1963/10/2	讲师	20	0	9.3	0	0	0	0	0	29.3	0	29.3	教学科研型	六级
13	B13	谭亚	女	1948/10/6	讲师	0	0	0	0	0	0	0	0	0	0	0	教学科研型	七级
14	B14	黄丹霞	女	1969/3/30	副教授	13.9	30	68	0	0	0	0	0	81.9	30	111.9	教学科研型	五级
15	B15	杨锦娟	女	1979/3/1	副教授	37.1	0	15	0	0	0	60	0	112.1	0	112.1	教学科研型	五级
16	B16	张博	男	1960/4/10	讲师	420	0	14	0	0	0	0	0	434	0	434	教学科研型	七级
17	A17	刘林梦	女	1970/7/1	讲师	0	0	0	0	0	0	0	0	0	0	0	教学为主型	七级
18	B18	姚雨娇	女	1974/1/18	讲师	0	0	42	0	0	0	0	0	42	0	42	教学科研型	七级
19	B19	陈萍萍	女	1982/5/21	讲师	75	0	4.5	60	0	0	30	0	109.5	60	169.5	教学科研型	八级
20	A20	张琼	女	1983/9/18	讲师	0	0	1.6	19.2	0	0	0	0	1.6	19.2	20.8	教学为主型	六级
21	B21	[illegible]	男	1957/1/5	讲师	480	0	41.5	0	0	0	0	0	521.5	0	521.5	教学科研型	六级

科研奖励汇总表　不同职称科研统计表　不同科研分数段的人数统计表　不同聘任岗位的职工科研分构成 …

图 8-2　第 1 题和第 2 题操作后的结果

3. 完成“应完成分值”列的填充

在科研奖励汇总表中 U4 单元格输入公式“=IF(S4=$X$4,VLOOKUP(T4,$Y$4: $Z$8,2,FALSE), IF(S4= $X$9,VLOOKUP(T4,$Y$9:$Z$15,2,FALSE),VLOOKUP(T4,$Y$16:$Z$20, 2,FALSE)))”，或输入公式“=IFS (S4=$X$4,VLOOKUP(T4,$Y$4:$Z$8, 2,FALSE),S4=$X$9,VLOOKUP(T4,$Y$9:$Z$15,2,FALSE),

TRUE,VLOOKUP (T4,$Y$16:$Z$20,2,FALSE))”，按【Enter】键，然后双击填充柄完成整列的计算。

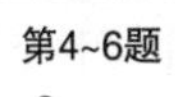

4. 计算科研奖励汇总表中科研奖励

在科研奖励汇总表中 V4 单元格输入公式“=IF(Q4>U4,P4*45,(P4-(U4-Q4))*45)”，按【Enter】键，然后双击填充柄完成整列的计算。

第 3 题和第 4 题操作后的结果如图 8-3 所示。

5. 计算科研奖励汇总表中第 129 行的合计

在科研奖励汇总表中 H129 单元格输入公式“=SUM(H4:H128)”，按【Enter】键，然后向右拖动填充柄完成其他合计的计算，操作结果如图 8-4 所示。

U4　=IF(S4=$X$4,VLOOKUP(T4,$Y$4:$Z$8,2,FALSE),IF(S4=$X$9,VLOOKUP(T4,$Y$9:$Z$15,2,FALSE),VLOOKUP(T4,$Y$16:$Z$20,2,FALSE)))

***学院科研奖励汇总表

行	教师姓名	性别	出生日期	技术职称	论文、著作		项目		获奖		专利		完成分值			聘任岗位	岗位级别	应完成分值	科研奖励
					计奖分	不计奖分	计奖分	不计奖分	计奖分	不计奖分	计奖分	不计奖分	计奖分	不计奖分	合计				
4	尹勇现	男	1956/8/1	讲师	0	20	0	0	0	0	0	0	0	20	20	教学为主型	七级	5	0
5	周正立	男	1978/2/1	讲师	120	0	0	0	0	0	0	0	120	0	120	教学为主型	七级	5	5175
6	刘志涵	男	1963/11/18	副教授	50.6	0	0	0	0	0	0	0	50.6	0	50.6	教学为主型	三级	40	477
7	梅福丹	女	1976/7/16	副教授	0	0	0	0	0	0	0	0	0	0	0	教学为主型	三级	40	-1800
8	罗漫菲	女	1963/12/11	副教授	20	0	0	0	0	0	0	0	20	0	20	教学为主型	五级	20	0
9	张正均	男	1982/10/14	讲师	217.5	0	0	0	0	0	0	0	217.5	0	217.5	教学科研型	七级	40	7987.5
10	刘霞	女	1960/3/15	副研究员	0	0	0	0	0	0	0	0	0	0	0	实验技术	六级	10	-450
11	邹帅	男	1969/1/26	教授	15	0	37.5	0	0	0	0	0	52.5	0	52.5	教学科研型	三级	120	-3037.5
12	徐银	女	1956/12/30	实验师	0	0	0	6	0	0	0	0	0	6	6	实验技术	七级	5	0
13	张欣	女	1970/4/28	副教授	0	0	20.3	0	0	0	0	0	20.3	0	20.3	教学为主型	五级	20	13.5
14	邱顶峰	男	1977/1/18	教授	0	0	584	60	0	0	0	0	584	60	644	教学科研型	三级	120	23580
15	张静静	女	1963/10/2	讲师	20	0	9.3	0	0	0	0	0	29.3	0	29.3	教学科研型	六级	50	-931.5
16	谭亚	女	1948/10/6	讲师	0	0	0	0	0	0	0	0	0	0	0	教学科研型	七级	40	-1800
17	黄丹霞	女	1969/3/30	副教授	13.9	30	68	0	0	0	0	0	81.9	30	111.9	教学科研型	五级	70	1885.5
18	杨锦娟	女	1979/3/1	副教授	37.1	0	15	0	0	0	60	0	112.1	0	112.1	教学科研型	五级	70	1894.5
19	张博	男	1960/4/10	讲师	420	0	14	0	0	0	0	0	434	0	434	教学科研型	七级	40	17730
20	刘林梦	女	1970/7/1	讲师	0	0	0	0	0	0	0	0	0	0	0	教学为主型	七级	5	-225
21	姚雨娇	女	1974/1/18	讲师	0	0	42	0	0	0	0	0	42	0	42	教学科研型	七级	40	90
22	陈萍萍	女	1982/5/21	讲师	75	0	4.5	60	0	0	30	0	109.5	60	169.5	教学科研型	八级	30	4927.5
23	张琼	女	1983/9/18	讲师	0	0	1.6	19.2	0	0	0	0	1.6	19.2	20.8	教学为主型	六级	10	72
24	[illegible]	男	1957/1/5	讲师	480	0	41.5	0	0	0	0	0	521.5	0	521.5	教学科研型	六级	50	21217.5

科研奖励汇总表　不同职称科研统计表　不同科研分数段的人数统计表　不同聘任岗位的职工科研分… 100%

图 8-3　第 3 题和第 4 题操作后的结果

H129　=SUM(H4:H128)

***学院科研奖励汇总表

行	职工号	新职工号	教师姓名	性别	出生日期	技术职称	论文、著作		项目		获奖		专利		完成分值			聘任岗位	岗位级别
							计奖分	不计奖分	计奖分	不计奖分	计奖分	不计奖分	计奖分	不计奖分	计奖分	不计奖分	合计		
110	107	B107	付盼盼	女	1983/9/18	讲师	109	0	0	0	0	0	0	0	109	0	109	教学科研型	八级
111	108	B108	王思佳	女	1957/1/5	讲师	0	0	13.5	6.3	0	0	51	32	64.5	38.3	102.8	教学科研型	六级
112	109	A109	贾媛媛	女	1970/7/1	讲师	29.1	0	0	0	0	0	0	0	29.1	0	29.1	教学为主型	七级
113	110	A110	徐根倩	女	1974/1/18	讲师	124	4	26.8	7.2	0	0	45	22	195.8	33.2	229	教学为主型	七级
114	111	B111	张梦非	女	1982/5/21	副教授	150	0	0	0	0	0	0	0	150	0	150	教学科研型	五级
115	112	B112	邱文秀	女	1983/9/18	讲师	205	0	11.6	0	0	0	0	0	216.6	0	216.6	教学科研型	六级
116	113	B113	陈宇峰	男	1957/1/5	讲师	210	0	0	0	0	0	0	0	210	0	210	教学科研型	六级
117	114	B114	薛凯	男	1975/3/9	副教授	0	0	2	0	0	0	0	0	2	0	2	教学科研型	五级
118	115	B115	苏轶文	男	1963/9/3	讲师	0	0	0	0	0	0	0	0	0	0	0	教学科研型	六级
119	116	A116	章秋萍	女	1961/12/5	副教授	0	0	0	25	0	0	0	0	0	25	25	教学为主型	五级
120	117	B117	陈扬颖	女	1969/1/1	讲师	1020	0	305.4	0	0	0	0	0	1325.4	0	1325.4	教学科研型	六级
121	118	B118	冯苏凤	女	1961/7/22	副教授	12	0	0	15	10	0	0	10	22	25	47	教学科研型	五级
122	119	A119	王帅军	男	1963/2/23	助教	60	0	0	0	0	0	0	0	60	0	60	教学为主型	七级
123	120	B120	刘俊哲	男	1983/3/1	讲师	166	0	20	0	0	0	0	0	186	0	186	教学科研型	五级
124	121	B121	周若玲	男	1965/11/12	讲师	0	0	21	0	0	0	0	0	21	0	21	教学科研型	七级
125	122	B122	李恺颖	男	1973/1/31	讲师	0	0	3.8	0	0	0	33	25	36.8	25	61.8	教学科研型	七级
126	123	B123	吴长罡	男	1962/5/21	讲师	0	0	0	0	0	0	0	0	0	0	0	教学科研型	七级
127	124	C124	吴雁珂	男	1960/6/26	高级实验师	0	0	0	0	0	0	30	0	30	0	30	实验技术	五级
128	125	B125	江丰莉	女	1970/6/27	讲师	30	0	192	6	0	0	0	0	222	6	228	教学科研型	七级
129	126		合计				18474.5	149	5993.7	3347.7	60	0	390	203	24918.2	3699.7	28617.9		

科研奖励汇总表　不同职称科研统计表　不同科研分数段的人数统计表　不同聘任岗位的职工科研分… 100%

图 8-4　第 5 题操作后的结果

6. 将科研奖励汇总表中未完成科研任务（科研奖励<0）的职工用红色的小红旗标注出来

① 在 A4 单元格输入公式“=IF(V4<0,1,0)”，按【Enter】键，然后向下拖动填充柄，完成计算。

② 选择 A4:A128 单元格区域。

③ 单击“开始”选项卡下“样式”组中的“条件格式”下拉按钮，从下拉列表中选择“新建规则”选项，弹出如图 8-5 所示的“新建格式规则”对话框。

④ 在“新建格式规则”对话框中，“选择规则类型”下拉列表选择“基于各自值设置所有单元格的格式”；“编辑规则说明”中的“格式样式”选择“图标集”，选中“仅显示图标”复选框；单击“图标”下的第一个下拉按钮，选择“一面小红旗”，“当值是”设置为“>=1”；单击“图标”下的第二个下拉按钮，选择“无单元格图标”，“当 <1 且”设置为“>=0”，单击“确定”按钮，则得到如图 8-6 所示的结果。

图 8-5　新建“格式”规则对话框

A7　=IF(V7<0,1,0)

***学院科研奖励汇总表

职工号	新职工号	教师姓名	性别	出生日期	技术职称	论文、著作		项目		获奖		专利		完成分值			聘任岗位	岗位级别	应完成分值	科研奖励
						计奖分	不计奖分	计奖分	不计奖分	计奖分	不计奖分	计奖分	不计奖分	计奖分	不计奖分	合计				
1	A1	尹勇观	男	1956/8/1	讲师	0	20	0	0	0	0	0	0	0	20	20	教学为主型	七级	5	0
2	A2	周正立	男	1978/2/1	讲师	120	0	0	0	0	0	0	0	120	0	120	教学为主型	七级	5	5175
3	A3	刘志涵	男	1963/11/18	副教授	50.6	0	0	0	0	0	0	0	50.6	0	50.6	教学为主型	三级	40	477
4	A4	梅福丹	女	1976/7/16	副教授	0	0	0	0	0	0	0	0	0	0	0	教学为主型	三级	40	-1800
5	A5	罗漫菲	女	1963/12/11	副教授	20	0	0	0	0	0	0	0	20	0	20	教学为主型	五级	20	0
6	B6	张正均	男	1982/10/14	讲师	217.5	0	0	0	0	0	0	0	217.5	0	217.5	教学科研型	七级	40	7987.5
7	C7	刘霞	女	1960/3/15	副研究员	0	0	0	0	0	0	0	0	0	0	0	实验技术	六级	10	-450
8	B8	邹帅	男	1969/1/26	教授	15	0	37.5	0	0	0	0	0	52.5	0	52.5	教学科研型	三级	120	-3037.5
9	C9	徐银	女	1956/12/30	实验师	0	0	0	6	0	0	0	0	0	6	6	实验技术	七级	5	0
10	A10	张欣	女	1970/4/28	副教授	0	0	20.3	0	0	0	0	0	20.3	0	20.3	教学为主型	五级	20	13.5
11	B11	邱顶峰	男	1977/1/18	教授	0	0	584	60	0	0	0	0	584	60	644	教学科研型	三级	120	23580
12	B12	张静静	女	1963/10/2	讲师	20	0	9.3	0	0	0	0	0	29.3	0	29.3	教学科研型	六级	50	-931.5
13	B13	谭亚	女	1948/10/6	讲师	0	0	0	0	0	0	0	0	0	0	0	教学科研型	七级	40	-1800
14	B14	黄丹霞	女	1969/3/30	副教授	13.9	30	68	0	0	0	0	0	81.9	30	111.9	教学科研型	五级	70	1885.5
15	B15	杨锦娟	女	1979/3/1	副教授	37.1	0	15	0	0	0	60	0	112.1	0	112.1	教学科研型	五级	70	1894.5
16	B16	张博	男	1960/4/10	讲师	420	0	14	0	0	0	0	0	434	0	434	教学科研型	七级	40	17730
17	A17	刘林梦	女	1970/7/1	讲师	0	0	0	0	0	0	0	0	0	0	0	教学为主型	七级	5	-225
18	B18	姚雨娇	女	1974/1/18	讲师	0	0	42	0	0	0	0	0	42	0	42	教学科研型	七级	40	90
19	B19	陈萍萍	女	1982/5/21	讲师	75	0	4.5	60	0	0	30	0	109.5	60	169.5	教学科研型	八级	30	4927.5
20	A20	张琼	女	1983/9/18	讲师	0	0	1.6	19.2	0	0	0	0	1.6	19.2	20.8	教学为主型	六级	10	72
21	B21	楼经纬	男	1957/1/5	讲师	480	0	41.5	0	0	0	0	0	521.5	0	521.5	教学科研型	六级	50	21217.5
22	B22	王中华	男	1975/3/9	讲师	22.5	0	96.8	2.3	0	0	0	0	119.3	2.3	121.6	教学科研型	七级	40	3672

科研奖励汇总表　不同职称科研统计表　不同科研分数段的人数统计表　不同聘任岗位的职工科研分构成统计表

就绪　100%

图 8-6　未完成科研任务的职工用红色小红旗标注的效果图

扫一扫

第7~8题

7. 制作不同职称科研统计表

① 科研分合计的计算。在不同职称科研统计表中 B2 单元格输入公式“=SUMIF(科研奖励汇总表!$G$4:$G$128,不同职称科研统计表!A2,科研奖励汇总表!$R$4:$R$128)”，按【Enter】键，然后向下拖动填充柄，完成科研分合计的计算。

② 科研分平均值的计算。在不同职称科研统计表中 C2 单元格输入公式

“=AVERAGEIF(科研奖励汇总表 !$G$4:$G$128, 不同职称科研统计表 !A2, 科研奖励汇总表 !$R$4:$R$128)”，按【Enter】键，然后向下拖动填充柄，完成科研分平均值的计算。

③ 科研分最低值的计算。在不同职称科研统计表中 D2 单元格输入公式 “=MINIFS(科研奖励汇总表 !$R$4:$R$128, 科研奖励汇总表 !$G$4:$G$128, 不同职称科研统计表 !A2)”，然后按【Enter】键完成计算，并向下拖动填充柄，完成所有科研分最低值的计算。

④ 科研分最高值的计算。在不同职称科研统计表中 E2 单元格输入公式 “=MAXIFS(科研奖励汇总表 !$R$4:$R$128, 科研奖励汇总表 !$G$4:$G$128, 不同职称科研统计表 !A2)”，然后按【Enter】键完成计算，并向下拖动填充柄，完成所有科研分最高值的计算。

不同职称科研统计表最终计算结果如图 8-7 所示。

8. 不同科研分数段的人数统计

在不同科研分数段的人数统计表中 B2 单元格输入公式 “=COUNTIF(科研奖励汇总表 !R4:R128,0)”，然后按【Enter】键完成计算。

在不同科研分数段的人数统计表中 B3 单元格输入公式 “=COUNTIFS(科研奖励汇总表 !R4:R128,“>0”, 科研奖励汇总表 !R4:R128,“<50”)”，然后按【Enter】键完成计算。

在不同科研分数段的人数统计表中 B4 单元格输入公式 “=COUNTIFS(科研奖励汇总表 !R4:R128,“>=50”, 科研奖励汇总表 !R4:R128,“<100”)”，然后按【Enter】键完成计算。

在不同科研分数段的人数统计表中 B5 单元格输入公式 “=COUNTIFS(科研奖励汇总表 !R4:R128,“>=100”, 科研奖励汇总表 !R4:R128,“<500”)”，然后按【Enter】键完成计算。

在不同科研分数段的人数统计表中 B6 单元格输入公式 “=COUNTIFS(科研奖励汇总表 !R4:R128,“>=500”, 科研奖励汇总表 !R4:R128,“<1000”)”，然后按【Enter】键完成计算。

在不同科研分数段的人数统计表中 B7 单元格输入公式 “=COUNTIF(科研奖励汇总表 !R4:R128,“>=1000”)”，然后按【Enter】键完成计算。

不同科研分数段的人数统计表的计算结果如图 8-8 所示。。

B2　=SUMIF(科研奖励汇总表!$G$4:$G$128,不同职称科研统计表!A2,科研奖励汇总表!

技术职称	科研分合计	科研分平均值	科研分最低值	科研分最高值
助教	192.5	38.50	0	105
讲师	14170.3	211.50	0	1505.1
副教授	5569.3	192.04	0	2293
副研究员	15	7.50	0	15
教授	6946.5	578.88	52.5	1797.5
实验师	1222.7	244.54	6	624
高级实验师	487.8	121.95	29.7	235

科研奖励汇总表　不同职称科研统计表　不同科研…

图 8-7　不同职称科研统计表

B2　=COUNTIF(科研奖励汇总表!R4:R128,0)

科研分	人数
0	15
<50	35
>=50和<100	17
>=100和<500	41
>=500和<1000	10
>=1000	7

不同科研分数段的人数统计表

图 8-8　不同科研分数段的人数统计表

9. 不同聘任岗位的职工科研分构成的统计计算

① 论文、著作的科研分的计算。在不同聘任岗位的职工科研分构成统计表中的 B2 单元格输入数组公式 “=SUM((科研奖励汇总表 !$H$4:$H$128+ 科研奖励汇总表 !$I$4:$I$128)*(科研奖励汇总表 !$S$4:$S$128= 不同聘任岗位的职工科研分构成统计表 !A2))”，然后按【Shift+Ctrl+Enter】组合键完成计算，并向下拖动填充柄，完成

扫一扫

第9~10题

所有聘任岗位论文论著科研分的计算。

② 项目的科研分的计算。在不同聘任岗位的职工科研分构成统计表中的 C2 单元格输入数组公式“=SUM((科研奖励汇总表 !$J$4:$J$128+ 科研奖励汇总表 !$K$4:$K$128)*(科研奖励汇总表 !$S$4:$S$128= 不同聘任岗位的职工科研分构成统计表 !A2))”，然后按【Shift+Ctrl+Enter】组合键完成计算，并向下拖动填充柄，完成所有聘任岗位项目科研分的计算。

③ 获奖的科研分的计算。在不同聘任岗位的职工科研分构成统计表中的 D2 单元格输入数组公式“=SUM((科研奖励汇总表 !$L$4:$L$128+ 科研奖励汇总表 !$M$4:$M$128)*(科研奖励汇总表 !$S$4:$S$128= 不同聘任岗位的职工科研分构成统计表 !A2))”，然后按【Shift+Ctrl+Enter】组合键完成计算，并向下拖动填充柄，完成所有聘任岗位获奖科研分的计算。

④ 专利科研分的计算。在不同聘任岗位的职工科研分构成统计表中的 E2 单元格输入数组公式“=SUM((科研奖励汇总表 !$N$4:$N$128+ 科研奖励汇总表 !$O$4:$O$128)*(科研奖励汇总表 !$S$4:$S$128= 不同聘任岗位的职工科研分构成统计表 !A2))”，然后按【Shift+Ctrl+Enter】组合键完成计算，并向下拖动填充柄，完成所有聘任岗位专利科研分的计算。

不同聘任岗位的职工科研分构成的统计计算结果如图 8-9 所示。

B2　{=SUM((科研奖励汇总表!$H$4:$H$128+科研奖励汇总表!$I$4:$I$128)*(科研奖励汇总表!$S$4:$S$128=不同聘任岗位的职工科研分构成统计表!A2))}

聘任岗位	论文、著作	项目	获奖	专利
教学为主型	898.2	300	0	67
教学科研型	16837.4	8219.3	60	438
实验技术	887.9	822.1	0	88

不同科研分数段的人数统计表　不同聘任岗位的职工科研分构成统计表

图 8-9　不同聘任岗位的职工科研分构成统计表

10. 动态饼图的制作

① 在不同聘任岗位的职工科研分构成统计表 A7 单元格中输入“请选择聘任岗位：”。

② 选择 A8 单元格，单击“数据”选项卡下“数据工具”组中的“数据验证”按钮，弹出如图 8-10 所示的“数据验证”对话框，在“设置”标签下“允许”框中选择“序列”，“来源”选择 A2：A4 区域。

③ 选择 A8 单元格，单击单元格右侧的下拉按钮，在下拉列表中选择“教学为主型”。选择 B8 单元格，输入公式“=VLOOKUP($A$8,$A$2:$E$4,COLUMN(),FALSE)”并按【Enter】键确认，向右拖动填充柄到 E8 单元格。

④ 选择 A8:E8 区域，再按住【Ctrl】键选择 A1:E1 区域，单击“插入”选项卡下“图表”组中的“饼图”下拉按钮，在下拉列表中选择“二维饼图”里的“饼图”，在工作表中就插入了一个饼图。选中饼图，再单击“图表设计”选项卡下的“图表布局”组中的“快速布局”下拉按钮，在弹出的下拉菜单中选择“布局 2”选项。在 A8 单元格的下拉列表中选择不同的岗位类别，即可以得到随岗位类别变化的饼图，如图 8-11 所示。

图 8-10　设置数据验证

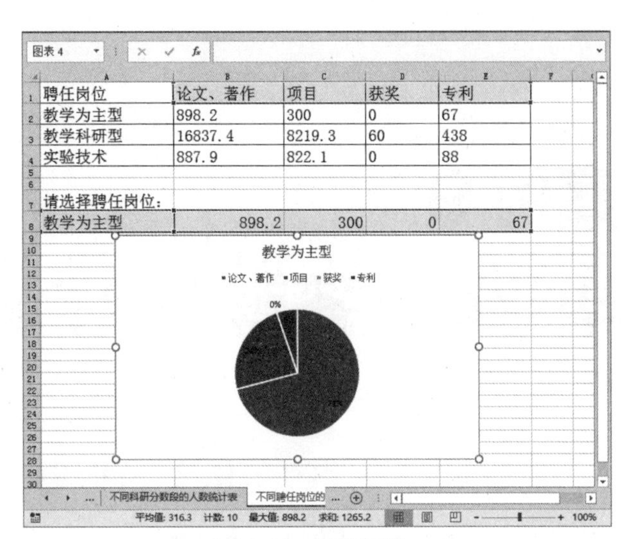

图 8-11　动态饼图

8.4　提 高 操 作

（1）在科研奖励汇总表中“出生日期”列后增加一列“年龄”，请根据出生日期求出每位职工的年龄。

（2）制作如表 8-4 所示的不同年龄段的职工科研分统计表。

表 8-4　不同年龄段的职工科研分统计表

年 龄 段	科研分合计
<35	
35~45	
≥ 45	

（3）将科研奖励汇总表中没有完成科研任务的教职工记录以红色标示出来。

（4）在科研奖励汇总表中，分别统计出男、女职工未完成科研任务的人数，填入表 8-5 所示的未完成科研任务人数统计表。

表 8-5　未完成科研任务人数统计表

性　　别	未完成科研任务人数
男	
女	

案例 9 毕业论文答辩 PPT 制作

9.1 问题描述

小吕同学要制作一个毕业论文答辩演示文稿，他已经整理好了相关的资料和素材并存放在Word 文档“毕业论文答辩大纲 .docx”中，现在需要根据毕业论文答辩大纲完成演示文稿的制作。

通过本案例的学习，读者可以掌握从头到尾制作一个完整的演示文稿的方法，幻灯片母版与版式的设置，SmartArt 图形的应用，动画和幻灯片切换效果的应用以及幻灯片的分节等知识。

1. 根据毕业论文答辩大纲生成演示文稿

① 创建一个名为“毕业论文答辩 .pptx”的演示文稿，该演示文稿需要包含 Word 文档“毕业论文答辩大纲 .docx”中的所有内容，其中 Word 文档中应用了“标题 1”“标题 2”“标题 3”样式的文本内容分别对应演示文稿中每页幻灯片的标题文字、第一级文本内容和第二级文本内容。

② 将 Word 文档中的图片和表格复制到演示文稿相应的幻灯片中。

2. 设置幻灯片母版与版式

① 将第 1 张和第 13 张幻灯片的版式设为“标题幻灯片”，将第 4 张和第 5 张幻灯片的版式设为“两栏内容”。

② 对于所有幻灯片所应用的幻灯片母版，将其中的标题字体设为“华文新魏，对齐方式为“左对齐”，其他文本字体设为“微软雅黑”，并设置背景为艺术字“畸变图像的自动校正”。

③ 对于第 1 张和第 13 张幻灯片所应用的标题幻灯片母版，删除副标题占位符、日期区、页脚区和页码区，插入图片“校园风光 .jpg”，将标题占位符的背景填充色设为“蓝色”，将标题文字设为“华文新魏，48 号，白色”。

④ 对于其他幻灯片母版，在标题文本和其他文本之间增加一条渐变的分隔线。

3. SmartArt 图形的应用

① 将第 3 张幻灯片中除标题外的文本转换为 SmartArt 图形“基本矩阵”，并设置进入动画效果为“逐个轮子”。

② 将第 4 张幻灯片中左侧文本转换为 SmartArt 图形“水平项目符号列表”，右侧文本转换为SmartArt 图形“齿轮”，并设置进入动画效果为“以对象为中心逐个缩放”。

③ 将第 5 张幻灯片中的左侧文本转换为 SmartArt 图形“射线循环”，并设置进入动画效果

为“整体翻转式由远及近”。右侧的第二级文本采用阿拉伯数字编号，并依次设置进入动画效果为“浮入”。

④ 将第 8 张幻灯片中除标题外的文本转换为 SmartArt 图形“环状蛇形流程”，并设置进入动画效果为“逐个弹跳”。

4. 设置幻灯片的动画效果

① 在第 10 张幻灯片中，先将 2 个图片的样式设为“柔化边缘矩形”，然后设置同时进入，动画效果为“延迟 1s 以方框形状缩小”。

② 在第 11 张幻灯片中，将图片的进入动画效果设为“上一动画之后延迟 1s 中央向左右展开劈裂”。

③ 在第 7 张幻灯片中，依次设置以下动画效果：

- 将标题内容“(1) 整体流程图”的强调动画效果设置为“跷跷板”，并且在幻灯片放映 1 s 后自动开始，而不需要单击鼠标。
- 将流程图的进入动画效果设为“上一动画之后自顶部擦除”。

④ 对第 2 张、第 9 张和第 12 张幻灯片中的第一级文本内容，分别依次按以下顺序设置动画效果：首先设置进入动画效果为“向上浮入”，然后设置强调动画效果为“红色画笔颜色”，强调动画完成后恢复原来的黑色。

⑤ 在第 6 张幻灯片中，对表格设置以下动画效果：先是表格以“淡出”动画效果进入，然后单击表格可以使表格全屏显示，再单击回到表格原来的大小。

5. 分节并设置幻灯片切换方式

将演示文稿按下列要求分节，并为每节设置不同的幻灯片切换方式，所有幻灯片要求单击鼠标进行手动切换。

节　　名	包含的幻灯片	幻灯片切换方式
封面页	1	自右侧涡流
相关技术介绍	2~5	自右侧立方体
基于 OpenCV 的畸变图像校正	6~12	垂直窗口
结束页	13	闪耀

6. 对演示文稿进行发布

① 为第 1 张幻灯片添加备注信息“这是小吕的毕业论文答辩演示文稿。”

② 将幻灯片的编号设置为：标题幻灯片中不显示，其余幻灯片显示，并且编号起始值从 0 开始。

③ 将演示文稿以 PowerPoint 放映（*.ppsx）类型保存到指定路径（D:\）下。

9.2　知识要点

（1）演示文稿的生成。

（2）图片与表格的处理。

（3）幻灯片版式的设置。

（4）幻灯片母版的设置。

（5）设置艺术字为母版背景。

（6）SmartArt 图形的应用。

（7）幻灯片动画的设置。

（8）幻灯片分节的设置。

（9）幻灯片切换方式的设置。

（10）幻灯片编号的设置。

（11）备注信息的处理。

（12）幻灯片的发布。

9.3　操 作 步 骤

1. 根据毕业论文答辩大纲生成演示文稿

扫一扫

第1题

（1）创建一个名为“毕业论文答辩 .pptx”的演示文稿，该演示文稿需要包含 Word 文档“毕业论文答辩大纲 .docx”中的所有内容，其中 Word 文档中应用了“标题 1”“标题 2”“标题 3”样式的文本内容分别对应演示文稿中每页幻灯片的标题文字、第一级文本内容和第二级文本内容，操作步骤如下：

打开 PowerPoint，在“文件”选项卡中选择“打开”命令，再选择“浏览”命令，在“打开”对话框的“文件类型”下拉列表中选择“所有文件 (*.*)”，然后选择“毕业论文答辩大纲 .docx”，如图 9-1 所示。单击“打开”按钮之后，会生成一个新的演示文稿，该演示文稿已经包含“毕业论文答辩大纲 .docx”中除了图片和表格之外的所有内容，其中 Word 文档中应用了“标题 1”“标题 2”“标题 3”样式的文本内容分别自动对应演示文稿中每页幻灯片的标题文字、第一级文本内容和第二级文本内容，把该演示文稿保存为“毕业论文答辩 .pptx”。

图 9-1　打开“毕业论文答辩大纲 .docx”对话框

（2）将 Word 文档中的图片和表格复制到演示文稿相应的幻灯片中，操作步骤如下：

① 打开 Word 文档“毕业论文答辩大纲 .docx”，将第 3 页中的表格复制到“毕业论文答辩 .pptx”演示文稿中的第 6 张幻灯片。选中幻灯片中的表格，单击“表格工具 / 设计”选项卡中的“表格样式”组中的“其他”按钮，在下拉列表中可以选择合适的表格样式，然后调整表格的大小和位置。

② 将 Word 文档第 4 页中的“整体流程图”复制到演示文稿中的第 7 张幻灯片，将 Word 文档第 5 页中的两个图“不同角度的图片找角点”复制到演示文稿中的第 10 张幻灯片，将 Word 文档第 6 页中的“图像校正结果”图复制到演示文稿的第 11 张幻灯片，然后调整各张幻灯片中图片的大小和位置。

③ 完成以后，演示文稿一共有 13 张幻灯片，其中第 6、7、10、11 张幻灯片分别如图 9-2 所示。

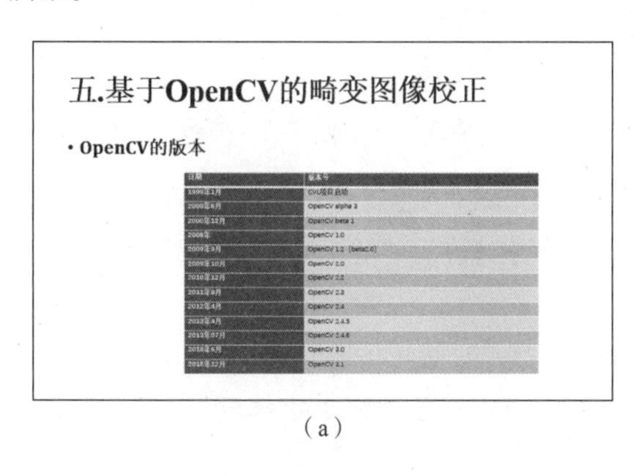

（a）

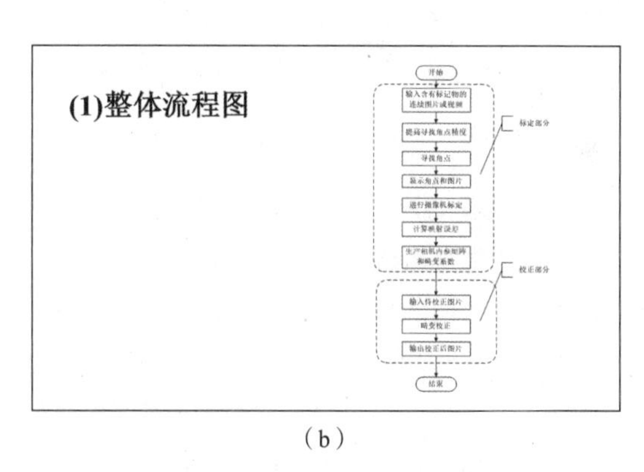

（b）

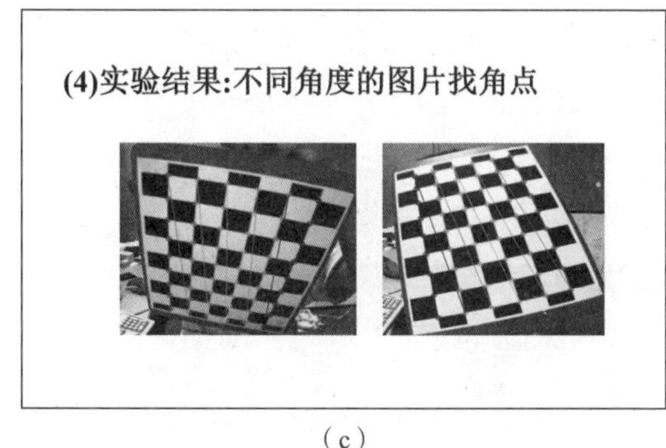

（c）

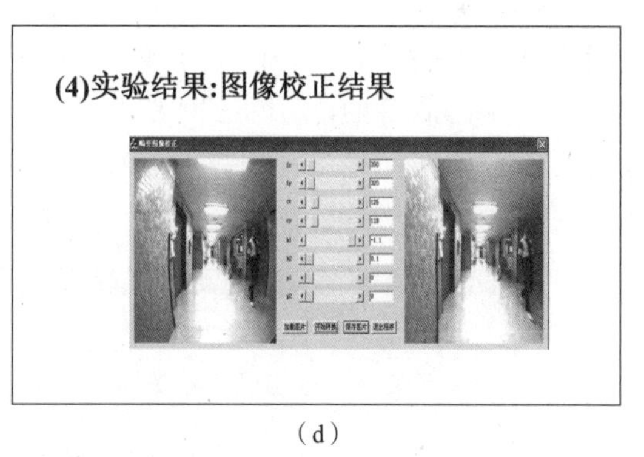

（d）

图 9-2　调整大小和位置后的各张幻灯片

2. 幻灯片母版与版式的设置

（1）设置幻灯片版式。将第 1 张和第 13 张幻灯片的版式设为“标题幻灯片”，将第 4 张和第 5 张幻灯片的版式设为“两栏内容”，操作步骤如下：

① 选中第 1 张幻灯片，单击“开始”选项卡中的“幻灯片”组中的“版式”下拉按钮，在下拉列表中选择“标题幻灯片”版式，如图 9-3 所示。

② 用同样的方法将第 4 张和第 5 张幻灯片的版式设为“两栏内容”，并调整其中文字的位置和级别，调整后的第 4 张幻灯片如图 9-4 所示。

③ 将第 13 张幻灯片的版式设为“标题幻灯片”，并将其中的文字“七 . 致谢”修改为“敬请

各位老师指正！”。

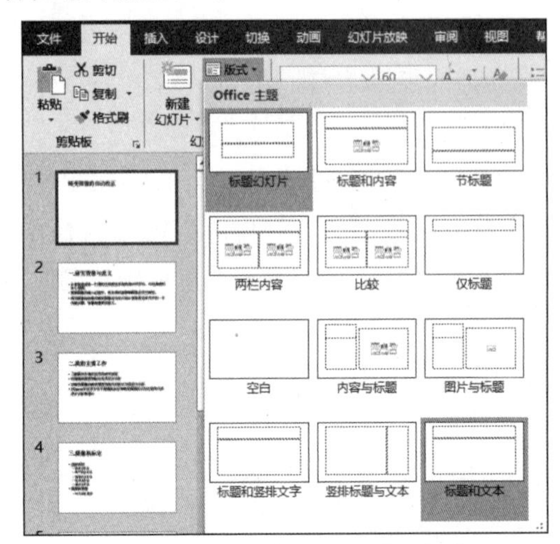

图 9-3　设置“标题幻灯片”版式

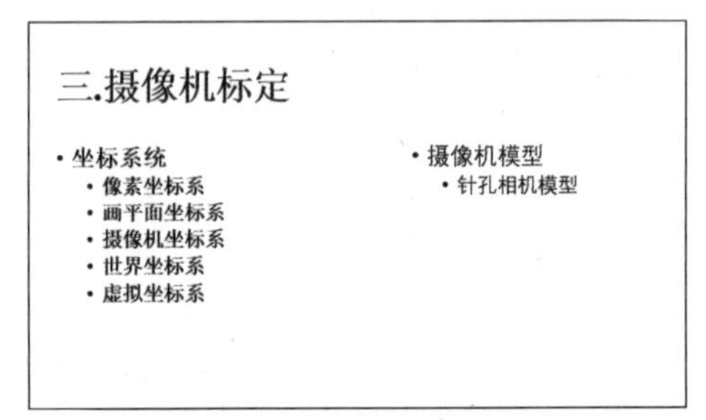

图 9-4　版式为“两栏内容”的第 4 张幻灯片

（2）设置幻灯片母版。对于所有幻灯片所应用的“Office 主题 幻灯片母版”，将其中的标题字体设为“华文新魏”，对齐方式为“左对齐”，其他文本字体设为“微软雅黑”，并设置背景为艺术字“畸变图像的自动校正”，操作步骤如下：

① 单击“视图”选项卡中“母版视图”组中的“幻灯片母版”按钮，打开幻灯片母版视图，选中第一张母版，也就是所有幻灯片所应用的幻灯片母版，选中标题文本，将字体设为“华文新魏”，对齐方式设为“左对齐”，选中其他文本，将字体设为“微软雅黑”。

② 单击“插入”选项卡中的“文本”组中的“艺术字”下拉按钮，在下拉列表中选择第一种样式，输入文字“畸变图像的自动校正”。在“绘图工具 / 格式”选项卡中，单击“艺术字样式”组中的“文本效果”下拉按钮，在下拉列表中选择“三维旋转”→“等角轴线：右上”效果，如图 9-5 所示。然后选中该艺术字对象，按【Ctrl+X】组合键剪切，把艺术字存放在剪贴板中。

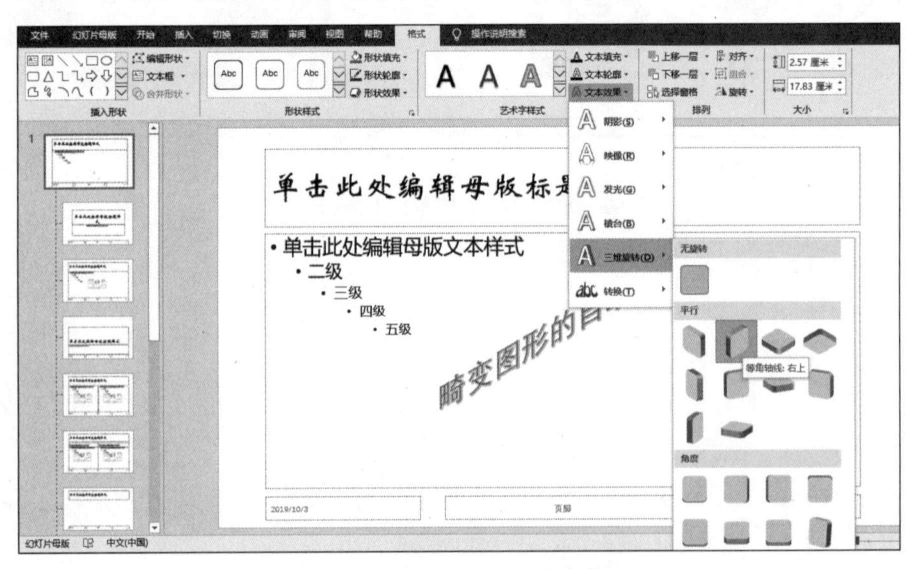

图 9-5　设置“艺术字”文本效果

③ 单击“幻灯片母版”选项卡中“背景”组中的“背景样式”下拉按钮，在下拉列表中选择“设置背景格式”命令，打开“设置背景格式”任务窗格，选择“图片或纹理填充”单选按钮，如图 9-6 所示。单击“剪贴板”按钮，存放于剪贴板中的艺术字就被填充到了背景中。

④ 为了使作为背景的艺术字颜色更淡，可以在“图片颜色”组中，“重新着色”预设效果选择“冲蚀”，如图 9-7 所示。

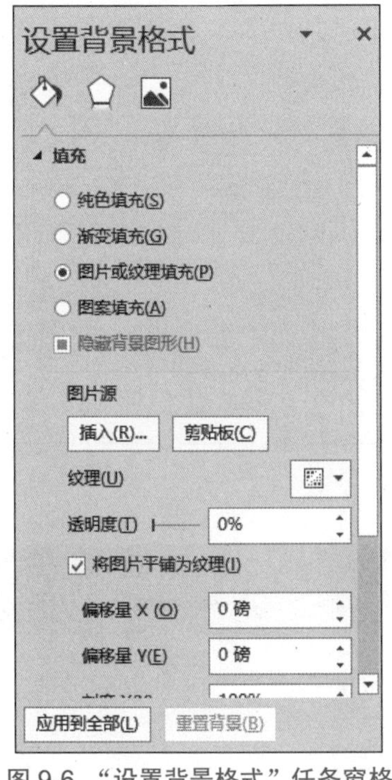

图 9-6　“设置背景格式”任务窗格

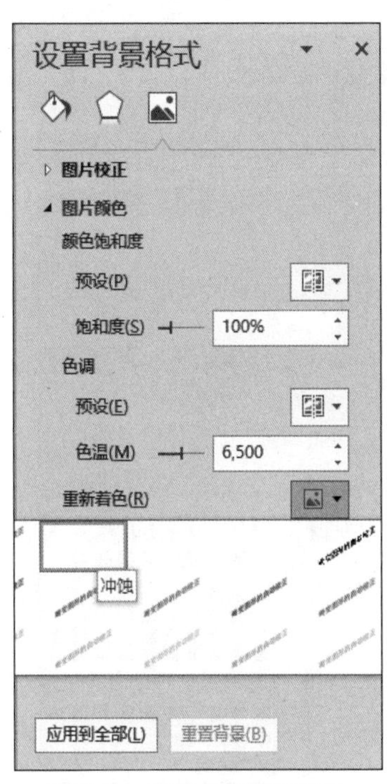

图 9-7　给艺术字重新着色

⑤ 单击“幻灯片母版”选项卡“关闭”组中的“关闭母版视图”按钮。

⑥ 如果幻灯片中的文字字体没有变成母版中设置的字体，可以选中所有幻灯片，单击“开始”选项卡中的“幻灯片”组中的“重置”按钮。

（3）设置标题幻灯片母版。对于第 1 张和第 13 张幻灯片所应用的标题幻灯片母版，删除副标题占位符、日期区、页脚区和页码区，插入图片“校园风光 .jpg”，将标题占位符的背景填充色设为“蓝色”，将标题文字设为“华文新魏，48 号，白色”，操作步骤如下：

① 选中第 1 张幻灯片，单击“视图”选项卡“母版视图”组中的“幻灯片母版”按钮，会自动选中第 1 张幻灯片所应用的标题幻灯片母版，删除副标题占位符，删除左下角的日期区、中间的页脚区和右下角的页码区。

② 单击“插入”选项卡中的“图像”组中的“图片”下拉按钮，选择“此设备”，在“插入图片”对话框中选择图片文件“校园风光 .jpg”，插入图片后分别调整图片和标题占位符的大小和位置。

③ 右击标题占位符，在弹出的快捷菜单中选择“设置形状格式”命令，在打开的“设置形状格式”任务窗格的“填充”选项卡中选择“纯色填充”单选按钮，颜色选择“蓝色”，如图 9-8 所示，

单击“关闭”按钮。

④ 选中标题文本，将字体设为“华文新魏”，字号设为“48”，字体颜色设为“白色”。设置完成的标题幻灯片母版如图 9-9 所示。

⑤ 单击“幻灯片母版”选项卡中的“关闭”组中的“关闭母版视图”按钮。

⑥ 选中所有幻灯片，单击“开始”选项卡中的“幻灯片”组中的“重设”按钮。

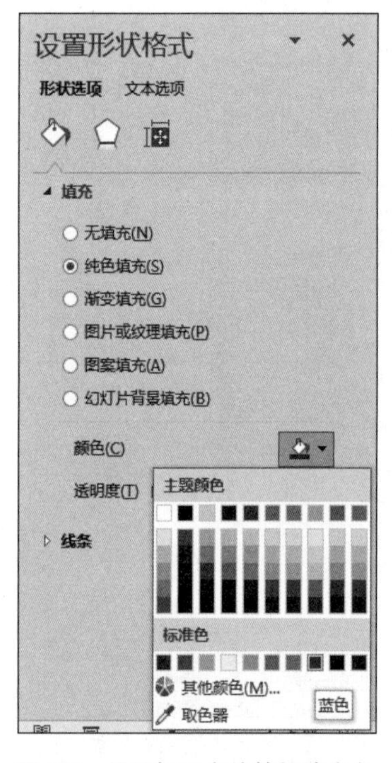

图 9-8 设置标题占位符的填充色

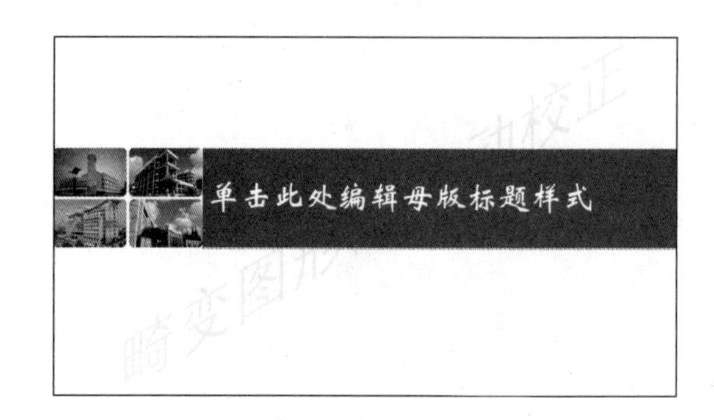

图 9-9 设置完成的标题幻灯片母版

（4）设置其他幻灯片母版。对于其他幻灯片母版，在标题文本和其他文本之间增加一条渐变的分隔线。操作步骤如下：

① 选中第 2 张幻灯片，单击“视图”选项卡中“母版视图”组中的“幻灯片母版”按钮，会自动选中第 2 张幻灯片所应用的标题和文本幻灯片母版，单击“插入”选项卡中的“插图”组中的“形状”按钮下拉，在下拉列表中选择“矩形”，在幻灯片中绘制出一个矩形。

② 选中该矩形，在“绘图工具 / 格式”选项卡中的“大小”组中，把矩形的高设为 0.3 厘米，长设为 25 厘米。调整矩形的位置，把该矩形放在标题文本和其他文本之间。

③ 单击“形状填充”下拉按钮，在下拉列表中选择“渐变”→“其他渐变”选项，打开“设置形状格式”任务窗格，在“填充”选项卡中选择“渐变填充”单选按钮，类型选择“线性”，方向选择“线性向右”渐变光圈第一个停止点的颜色设为“蓝色”，最后一个停止点的颜色设为“白色”，如图 9-10 所示。

④ 在“线条颜色”选项卡中，选中“无线条”单选按钮，单击“关闭”按钮。完成后的标题和文本幻灯片母版如图 9-11 所示。

⑤ 选中该矩形，按【Ctrl+C】组合键复制，选中两栏内容幻灯片母版，按【Ctrl+V】组合键粘贴。

⑥ 单击“幻灯片母版”选项卡中的“关闭”组中的“关闭母版视图”按钮。

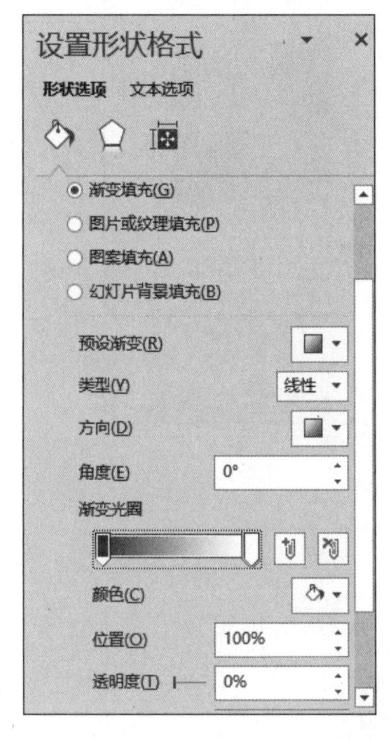

图 9-10 “设置形状格式”任务窗格

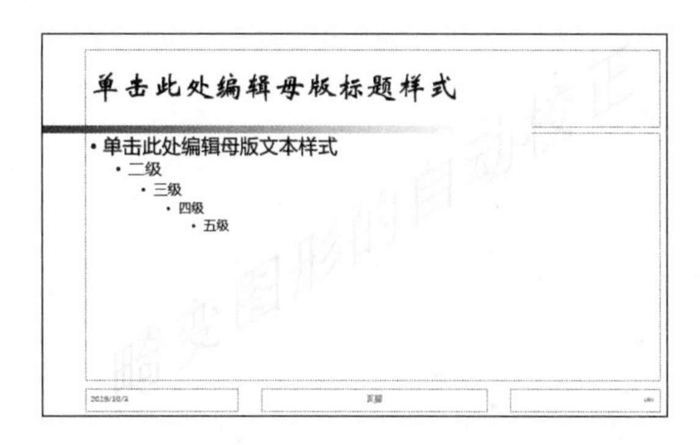

图 9-11 加了分隔线的标题和文本幻灯片母版

3. SmartArt 图形的应用

（1）SmartArt 图形“基本矩阵”。将第 3 张幻灯片中除标题外的文本转换为 SmartArt 图形“基本矩阵”，并设置进入动画效果为“逐个轮子”，操作步骤如下：

扫一扫

第3题

① 选中第 3 张幻灯片中除标题外的文本并右击，在弹出的快捷菜单中选择“转换为 SmartArt”→“其他 SmartArt 图形”命令，在“选择 SmartArt 图形”对话框的“矩阵”类别中选择“基本矩阵”，如图 9-12 所示，单击“确定”按钮。

② 单击“SmartArt 工具 / 设计”选项卡中的“SmartArt 样式”组中的“更改颜色”下拉按钮，在下拉列表中选择“彩色”组中的“彩色 - 个性色”。

③ 单击“SmartArt 工具 / 设计”选项卡中的“SmartArt 样式”组中的“其他”按钮，在下拉列表中选择“三维”组中的“嵌入”样式。

④ 由于各个矩形中的文字过密，最好对文字进行精简。单击“SmartArt 工具 / 设计”选项卡中的“创建图形”组中的“文本窗格”按钮，在打开的文本窗格中分别把文字编辑为“相关技术研究”、“摄像机标定”、“畸变图像校正”和“基于 OpenCV 的畸变图像校正”。设置完成后的 SmartArt 图形如图 9-13 所示。

⑤ 选中 SmartArt 图形，单击“动画”选项卡中的“动画”组中的“其他”下拉按钮，在下

拉列表中选择“进入”组中的动画效果“轮子”，单击“效果选项”下拉按钮，在下拉列表中选择“1 轮辐图案 (1)”和“逐个”，其他设置默认。

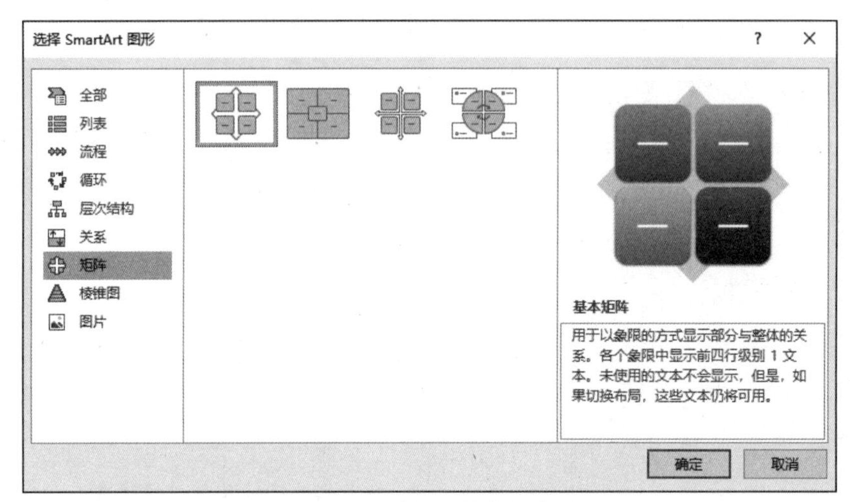

图 9-12　选择“基本矩阵”

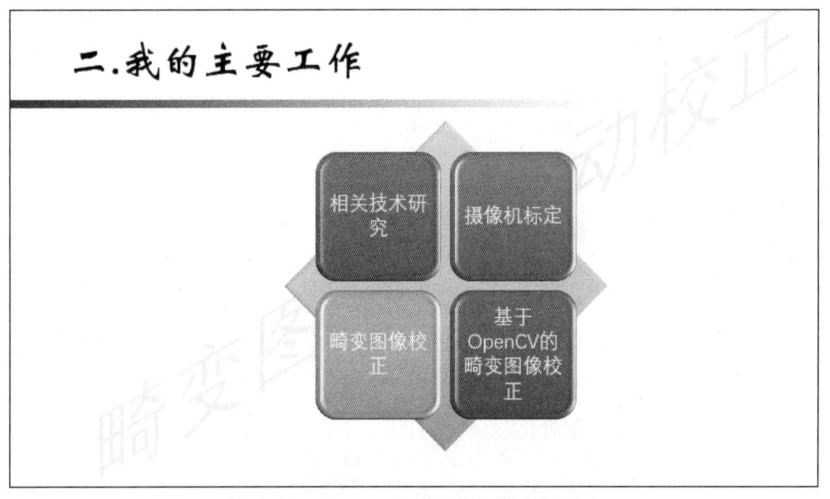

图 9-13　SmartArt 图形“基本矩阵”

（2）SmartArt 图形“水平项目符号列表”和“齿轮”。将第 4 张幻灯片中左侧文本转换为 SmartArt 图形“水平项目符号列表”，右侧文本转换为 SmartArt 图形“齿轮”，并设置进入动画效果为“以对象为中心逐个缩放”，操作步骤如下：

① 选中第 4 张幻灯片中左侧栏目的文本并右击，在弹出的快捷菜单中选择“转换为 SmartArt”→“其他 SmartArt 图形”命令，在“选择 SmartArt 图形”对话框的“列表”类别中选择“水平项目符号列表”，单击“确定”按钮。

② 选中右侧栏目的文本并右击，在弹出的快捷菜单中选择“转换为 SmartArt”→“其他 SmartArt 图形”命令，在“选择 SmartArt 图形”对话框的“关系”类别中选择“齿轮”，如图 9-14 所示，单击“确定”按钮。设置完成后的 SmartArt 图形如图 9-15 所示。

③ 选中左侧的 SmartArt 图形，单击“动画”选项卡中的“动画”组中的“其他”下拉按钮，在下拉列表中选择“进入”组中的动画效果“缩放”，单击“效果选项”下拉按钮，在下拉列表中选择“对象中心”和“逐个”，其他设置默认。对右侧的 SmartArt 图形也进行同样的设置。

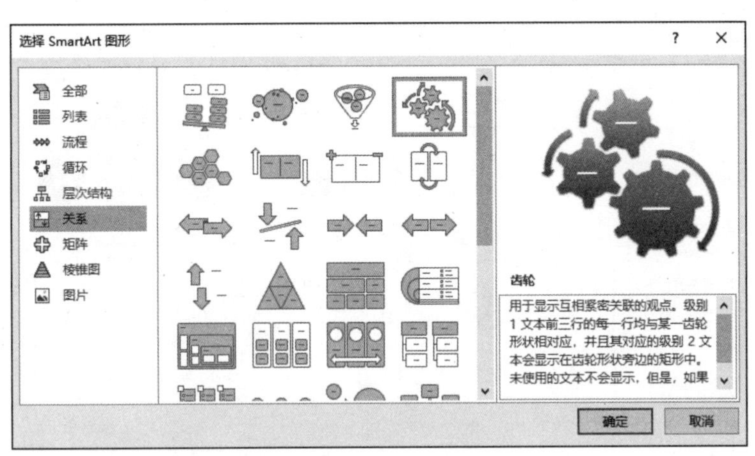

图 9-14　选择“齿轮”

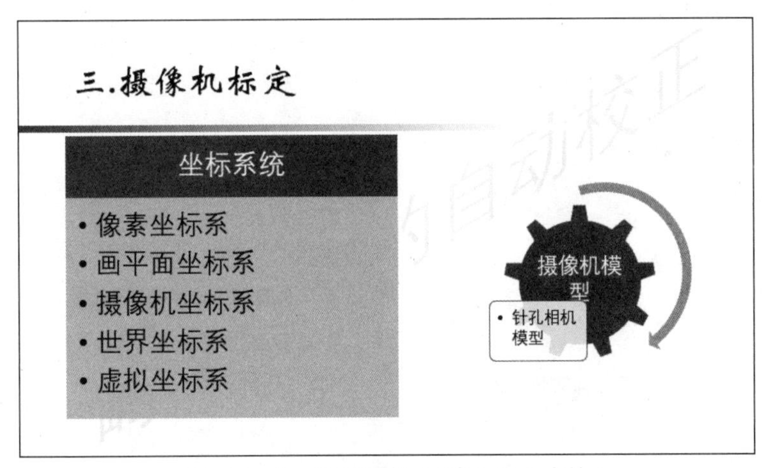

图 9-15　“水平项目符号列表”和“齿轮”

（3）SmartArt 图形“射线循环”。将第 5 张幻灯片中的左侧文本转换为 SmartArt 图形“射线循环”，并设置进入动画效果为“整体翻转式由远及近”。右侧的第二级文本采用阿拉伯数字编号，并依次设置进入动画效果为“浮入”，操作步骤如下：

① 选中第 5 张幻灯片中左侧栏目的文本并右击，在弹出的快捷菜单中选择“转换为 SmartArt”→“其他 SmartArt 图形”命令，在“选择 SmartArt 图形”对话框的“循环”类别中选择“射线循环”，如图 9-16 所示，单击“确定”按钮。

② 选中 SmartArt 图形，单击“动画”选项卡中的“动画”组中的“其他”下拉按钮，在下拉列表中选择“进入”组中的动画效果“翻转式由远及近”，单击“效果选项”下拉按钮，在下拉列表中选择“作为一个对象”，其他设置默认。

③ 选中右侧栏目的第二级文本，单击“开始”选项卡中的“段落”组中的“编号”下拉按钮，在下拉列表中选择“1.2.3.”。选中文字“校正方法”，在“动画”选项卡中，进入动画效果选择“浮入”，其他默认。依次把其余文字的进入动画效果设置成“浮入”。完成后的第5张幻灯片如图9-17所示。

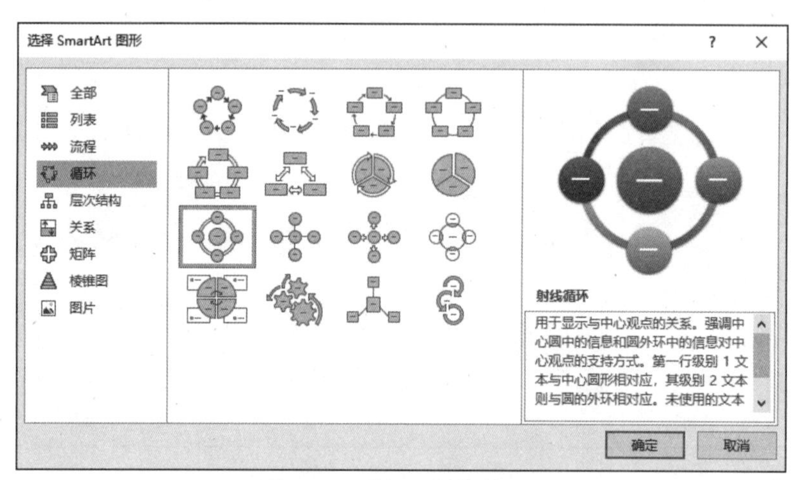

图9-16　选择“射线循环”

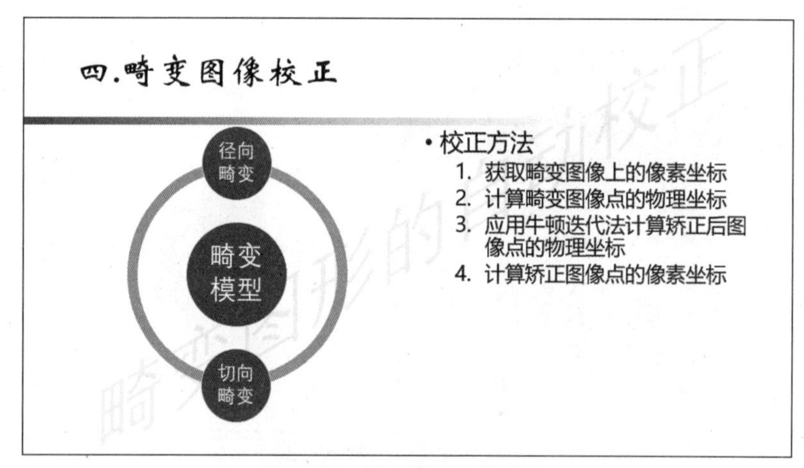

图9-17　第5张幻灯片效果

（4）SmartArt图形“环状蛇形流程”。将第8张幻灯片中除标题外的文本转换为SmartArt图形“环状蛇形流程”，并设置进入动画效果为“逐个弹跳”，操作步骤如下：

① 选中第8张幻灯片中除标题外的文本并右击，在弹出的快捷菜单中选择“转换为SmartArt”→“其他SmartArt图形”命令，在“选择SmartArt图形”对话框的“流程”类别中选择“环状蛇形流程”，如图9-18所示，单击“确定”按钮。

② 单击“SmartArt工具/设计”选项卡中的“SmartArt样式”组中的“更改颜色”下拉按钮，在下拉列表中选择“彩色”组中的“彩色-个性色”。

③ 单击“SmartArt工具/设计”选项卡中的“SmartArt样式”组中的“其他”按钮，在下拉列表中选择“三维”组中的“优雅”样式。设置完成后的SmartArt图形如图9-19所示。

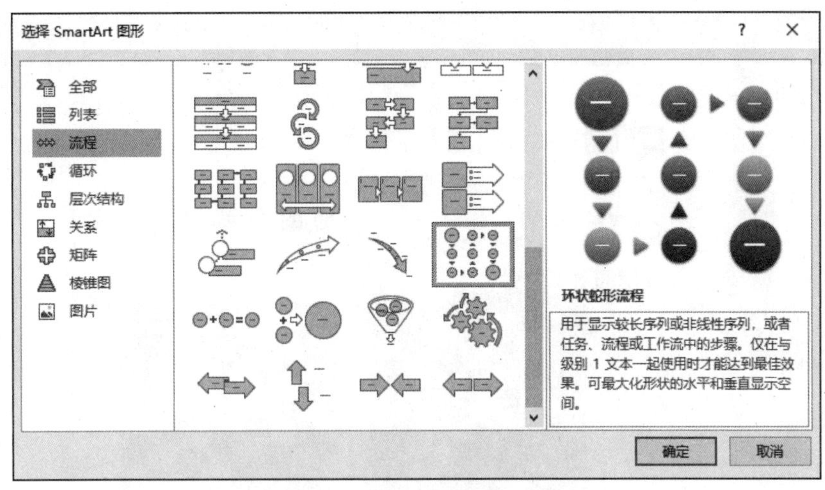

图 9-18　选择“环状蛇形流程”

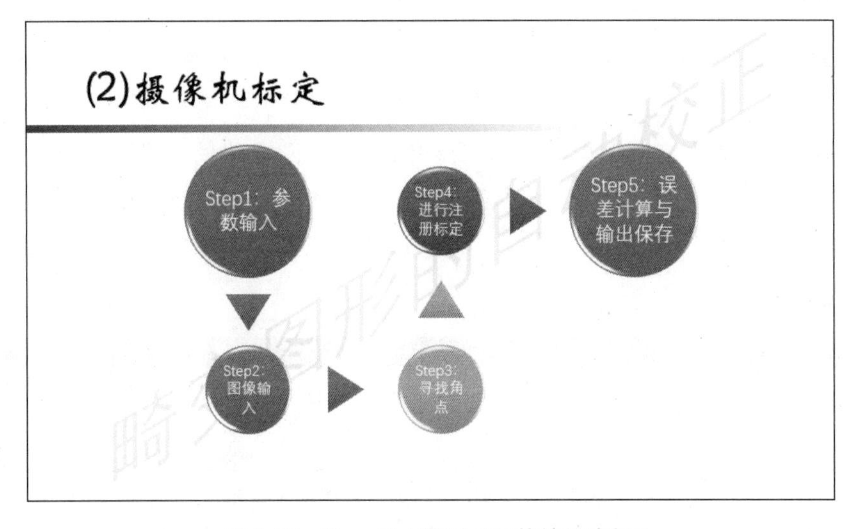

图 9-19　SmartArt 图形“环状蛇形流程”

④ 选中 SmartArt 图形，单击“动画”选项卡中的“动画”组中的“其他”下拉按钮，在下拉列表中选择“进入”组中的动画效果“弹跳”，单击“效果选项”下拉按钮，在下拉列表中选择“逐个”，其他设置默认。

扫一扫

第4题

4. 设置幻灯片的动画效果

（1）设置第 10 张幻灯片的动画。在第 10 张幻灯片中，先将 2 个图片的样式设为“柔化边缘矩形”，然后设置同时进入，动画效果为“延迟 1s 以方框形状缩小”，操作步骤如下：

① 第 10 张幻灯片中，选中第一个图片，单击“图片工具 / 格式”选项卡中“图片样式”组中的“其他”下拉按钮，在下拉列表中选择“柔化边缘矩形”样式，如图 9-20 所示。对第 2 个图片进行同样的设置。

图 9-20 设置图片样式

② 一起选中两个图片，单击“动画”选项卡中的“动画”组中的“其他”下拉按钮，在下拉列表中选择“进入”组中的动画效果“形状”,单击“效果选项”下拉按钮,在下拉列表中选择“缩小”和“方框”，在“计时”组中的“开始”下拉列表框中选择“与上一动画同时”，延迟设为 1 s，如图 9-21 所示。

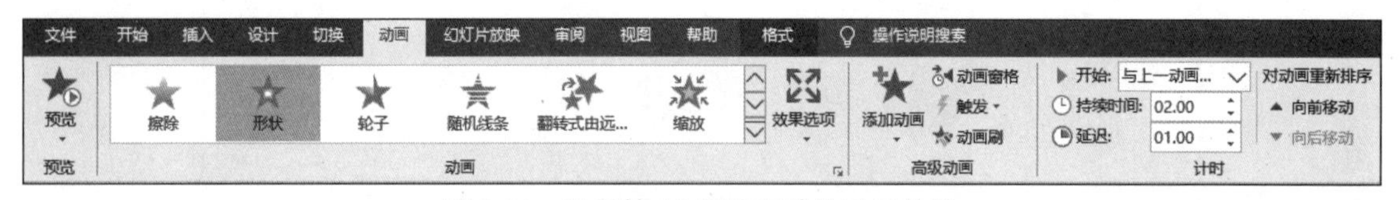

图 9-21 设置第 10 张幻灯片的动画效果

（2）设置第 11 张幻灯片的动画。在第 11 张幻灯片中，将图片的进入动画效果设为“上一动画之后延迟 1s 中央向左右展开劈裂”，操作步骤如下：

选中第 11 张幻灯片中的图片，单击“动画”选项卡中的“动画”组中的“其他”下拉按钮，在下拉列表中选择“进入”组中的动画效果“劈裂”，单击“效果选项”下拉按钮，在下拉列表中选择“中央向左右展开”，在“计时”组中的“开始”下拉列表框中选择“上一动画之后”，持续时间设为 2 s，延迟设为 1 s，如图 9-22 所示。

图 9-22 设置第 11 张幻灯片的动画效果

（3）设置第 7 张幻灯片的动画。在第 7 张幻灯片中，依次设置以下动画效果：

① 将标题内容“(1) 整体流程图”的强调动画效果设置为“跷跷板”，并且在幻灯片放映 1 s 后自动开始，而不需要单击鼠标。

② 将流程图的进入动画效果设为“上一动画之后自顶部擦除”。

操作步骤如下：

① 在第 7 张幻灯片，选中标题内容“(1) 整体流程图”，单击“动画”选项卡中的“动画”组中的“其他”下拉按钮，在下拉列表中选择“强调”组中的动画效果“跷跷板”，在“计时”组中的“开始”下拉列表框中选择“上一动画之后”，延迟设为 1 s。

② 选中流程图，单击“动画”选项卡中的“动画”组中的“其他”下拉按钮，在下拉列表中选择“进入”组中的动画效果“擦除”，单击“效果选项”下拉按钮，在下拉列表中选择“自顶部”，在“计时”组中的“开始”下拉列表框中选择“上一动画之后”。

设置完成后的第 7 张幻灯片如图 9-23 所示。

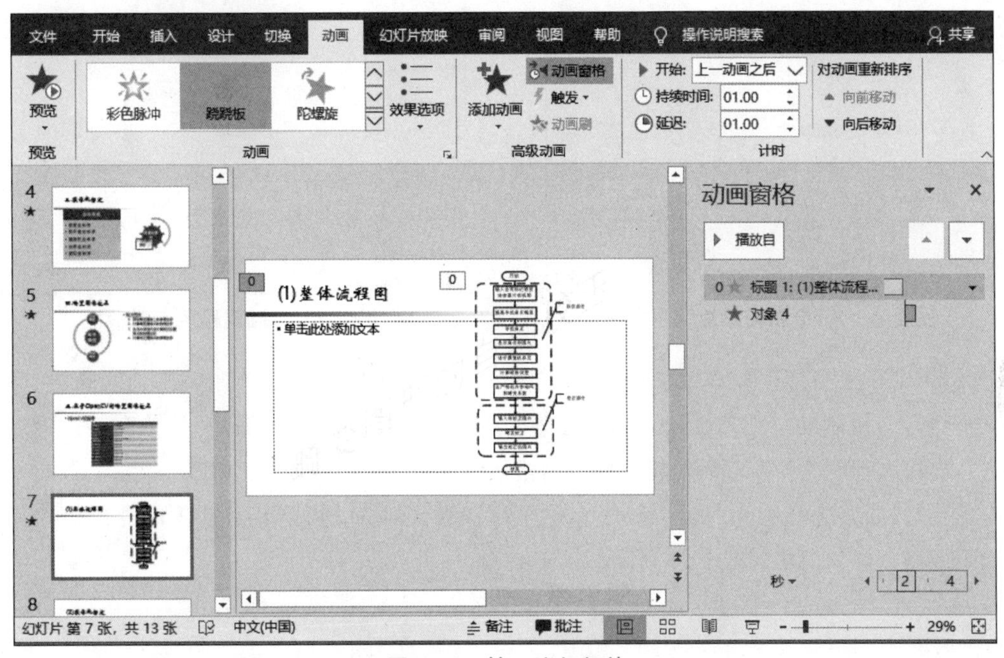

图 9-23　第 7 张幻灯片

（4）设置第 2 张、第 9 张和第 12 张幻灯片的动画。对第 2 张、第 9 张和第 12 张幻灯片中的第一级文本内容，分别依次按以下顺序设置动画效果：首先设置进入动画效果为“向上浮入”，然后设置强调动画效果为“红色画笔颜色”，强调动画完成后恢复原来的黑色，操作步骤如下：

① 选中第 2 张幻灯片中的文本占位符，单击“动画”选项卡中的“动画”组中的“其他”下拉按钮，在下拉列表中选择“进入”组中的动画效果“浮入”，单击“效果选项”下拉按钮，在下拉列表中选择“上浮”和“按段落”。

② 单击“高级动画”组中的“添加动画”下拉按钮，在下拉列表中选择“强调”组中的动画效果“画笔颜色”。单击“效果选项”下拉按钮，在下拉列表中选择“红色”和“按段落”，持续

时间设为3 s。

③ 单击“高级动画”组中的“动画窗格”按钮，在打开的“动画窗格”任务窗格中调整动画的次序，每段文本先进入动画然后强调动画，次序调整完毕的“动画窗格”任务窗格如图9-24所示。

④ 在“动画窗格”任务窗格中双击第2个强调动画对象，打开“画笔颜色”对话框，把动画播放后的颜色设为“黑色”，如图9-25所示，单击“确定”按钮。

⑤ 对第4个和第6个强调动画对象进行同样的设置。设置完成后关闭“动画窗格”任务窗格，第2张幻灯片的动画设置完成。

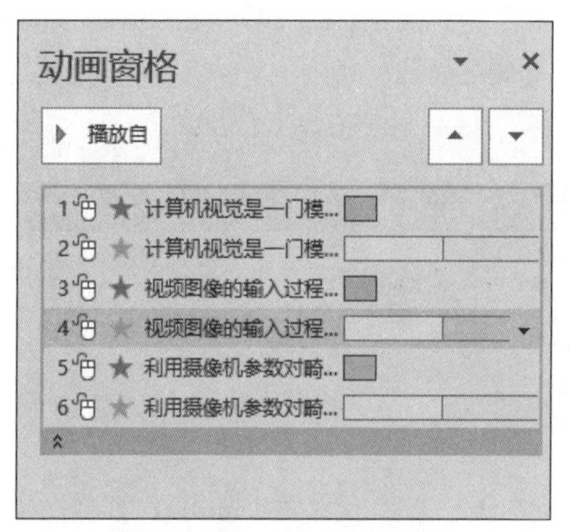

图9-24 第2张幻灯片动画窗格

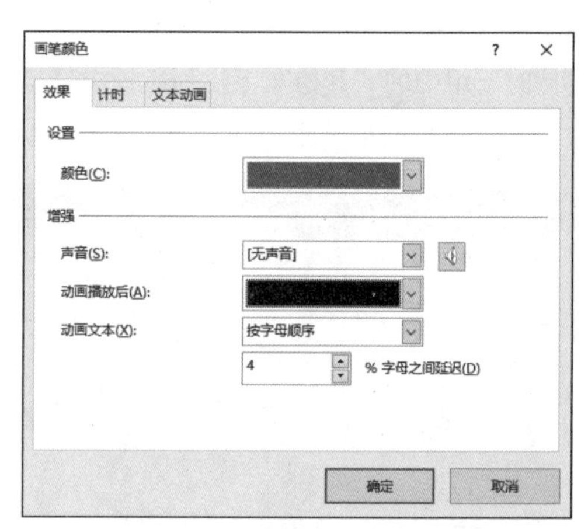

图9-25 “画笔颜色”对话框

⑥ 选中第2张幻灯片中的文本占位符，单击“高级动画”组中的“动画刷”按钮，然后选中第9张幻灯片，复制动画到第9张幻灯片的文本占位符，打开“动画窗格”任务窗格，调整动画的次序，次序调整完毕的“动画窗格”任务窗格如图9-26所示。

⑦ 用同样的方法将动画复制到第12张幻灯片，然后调整动画的次序，第12张幻灯片完成后的“动画窗格”任务窗格如图9-27所示。

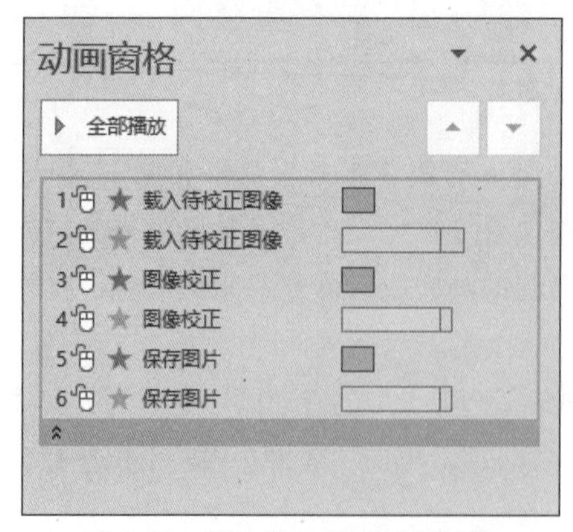

图9-26 第9张幻灯片动画窗格

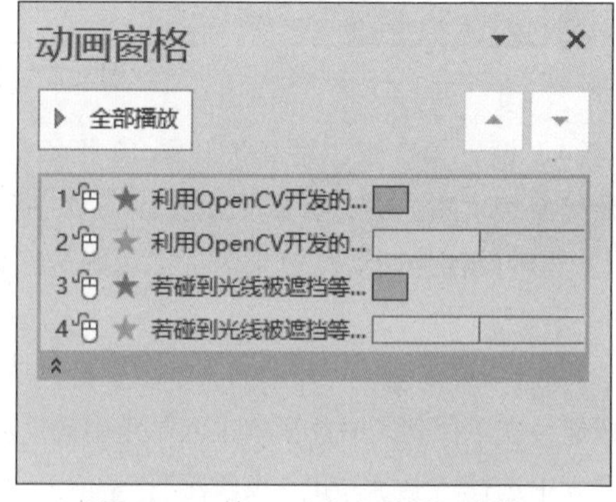

图9-27 第12张幻灯片动画窗格

（5）设置第6张幻灯片的动画。在第6张幻灯片中，对表格设置以下动画效果：先是表格以“淡化”动画效果进入，然后单击表格可以使表格全屏显示，再单击回到表格原来的大小，操作步骤如下：

① 选中第 6 张幻灯片中的表格，按【Ctrl+C】组合键复制，然后再按【Ctrl+V】组合键粘贴。调整新复制的表格大小和位置,使它的大小刚好布满整个幻灯片,把该表格内的文字字号设为“20”,加粗。

② 单击“开始”选项卡中的“编辑”组中的“选择”下拉按钮，在下拉列表中选择“选择窗格”命令，打开“选择”任务窗格，在此把相应的表格命名为“大表格”“小表格”。

③ 先设置大表格不可见，选中小表格，单击“动画”选项卡中的“动画”组中的“其他”下拉按钮，在下拉列表中选择“进入”组中的动画效果“淡化”。单击“高级动画”组中的“添加动画”下拉按钮，在下拉列表中选择“退出”组中的动画效果“消失”，在“高级动画”组中的“触发”下拉列表中选择“通过单击”→“小表格”命令，如图 9-28 所示。

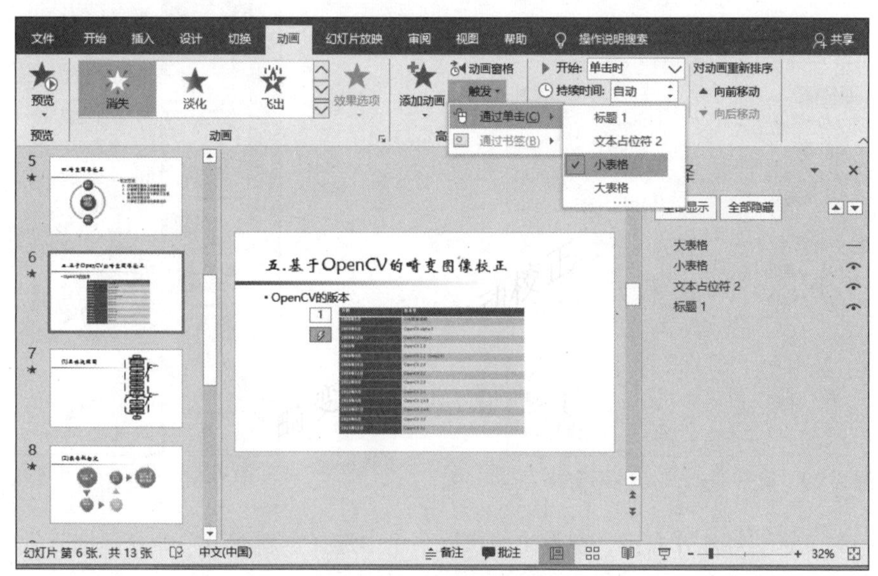

图 9-28　设置触发器

④ 接下来设置大表格可见，选中大表格，单击“动画”选项卡中的“动画”组中的“其他”下拉按钮，在下拉列表中选择“进入”组中的动画效果“缩放”。在“高级动画”组中的“触发”下拉列表中选择“通过单击”→“小表格”命令,在“计时”组中的“开始”下拉列表框中选择“与上一动画同时”，持续时间设为 1 s。

⑤ 单击“高级动画”组中的“添加动画”下拉按钮，在下拉列表中选择“退出”组中的动画效果“消失”，在“触发”下拉列表中选择“通过单击”→“大表格”命令。

⑥ 继续设置大表格不可见，选中小表格，单击“高级动画”组中的“添加动画”下拉按钮，在下拉列表中选择“进入”组中的动画效果“淡出”,在“触发”下拉列表中选择“通过单击”→“大表格”命令,在“计时”组中的“开始”下拉列表框中选择“与上一动画同时”,持续时间设置成 1 s。

⑦ 设置大表格可见,关闭“选择和可见性”任务窗格。单击“动画”选项卡中的“高级动画”组中的“动画窗格”按钮，可以看到如图 9-29 所示的动画序列。

扫一扫

第5题

5. 分节并设置幻灯片切换方式

将演示文稿按要求分节，并为每节设置不同的幻灯片切换方式，所有幻灯片要求单击进行手动切换，操作步骤如下：

① 在 PowerPoint 的缩略图窗格中，选中第一张幻灯片并右击，在弹出的快捷菜单中选择“新增节”命令，如图 9-30 所示。把节命名为“封面页”。

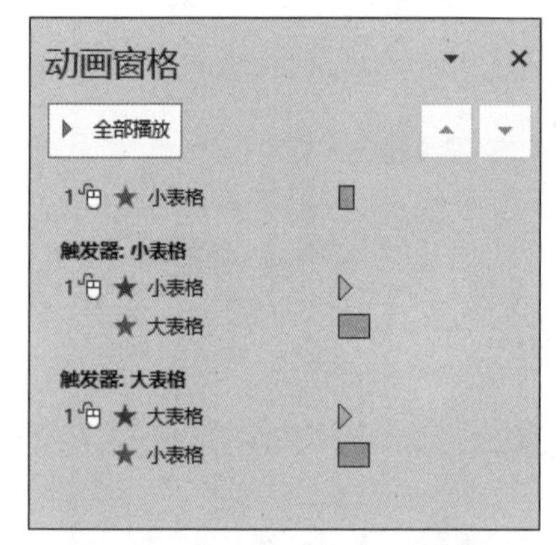

图 9-29 第 6 张幻灯片动画窗格

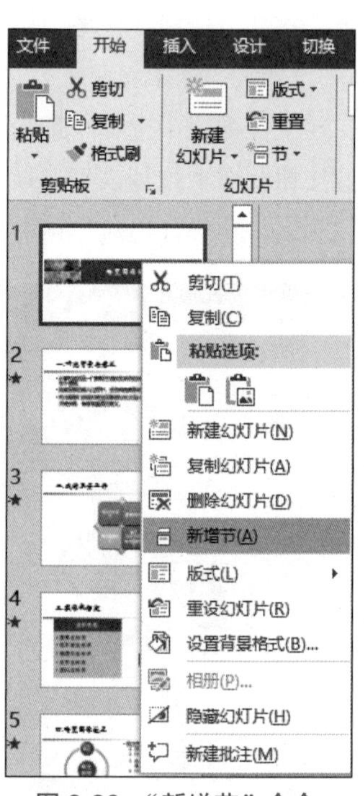

图 9-30 “新增节”命令

② 选中第 2 张幻灯片并右击，在弹出的快捷菜单中选择“新增节”命令，把节命名为“相关技术介绍”。

③ 选中第 6 张幻灯片并右击，在弹出的快捷菜单中选择“新增节”命令，把节命名为“基于 OpenCV 的畸变图像校正”。

④ 选中第 13 张幻灯片并右击，在弹出的快捷菜单中选择“新增节”命令，把节命名为“结束页”。

⑤ 在任意一个节标题上右击，在弹出的快捷菜单中选择“全部折叠”命令。

⑥ 选中第 1 节“封面页”,单击“切换”选项卡中的“切换到此幻灯片”组中的“其他”下拉按钮，在下拉列表中选择“华丽型”组中的切换效果“涡流”,效果选项选择“自右侧”,换片方式仅选中“单击鼠标时”，如图 9-31 所示。

⑦ 选中第 2 节“相关技术介绍”，在“切换”选项卡中，选择切换效果为“立方体”，效果选项选择“自右侧”，换片方式仅选中“单击鼠标时”。

⑧ 选中第 3 节“基于 OpenCV 的畸变图像校正”，在“切换”选项卡中，选择切换效果为“窗口”，效果选项选择“垂直”，换片方式仅选中“单击鼠标时”。

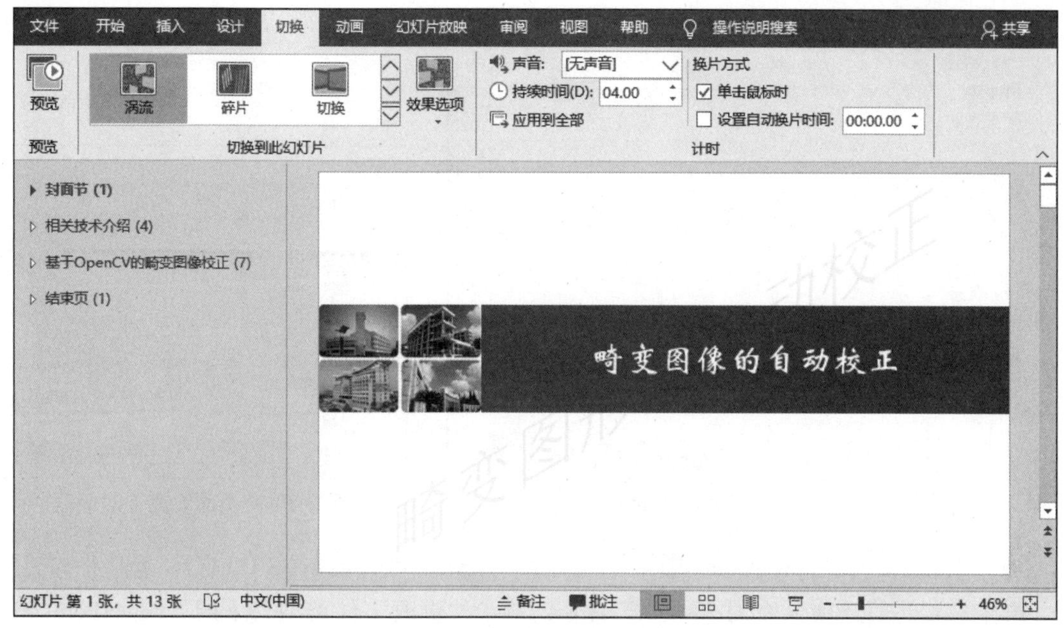

图 9-31　给一整节设置幻灯片切换方式

⑨ 选中第 4 节“结束页”，在“切换”选项卡中，选择切换效果为“闪耀”，效果选项默认，换片方式仅选中“单击鼠标时”。

分节及幻灯片切换方式设置完毕。

6. 对演示文稿进行发布

（1）为第 1 张幻灯片添加备注信息“这是小吕的毕业论文答辩演示文稿。”，操作步骤如下：

选中第 1 张幻灯片，在底部区域的备注窗格中输入文字“这是小吕的毕业论文答辩演示文稿。”。

注意：可以拖动备注窗格和幻灯片窗格之间的分隔线来调整窗格的大小，如果备注窗格看不到，可能是分隔线在底部。

（2）将幻灯片的编号设置为：标题幻灯片中不显示，其余幻灯片显示，并且编号起始值从 0 开始。操作步骤如下：

① 单击“插入”选项卡中的“文本”组中的“页眉和页脚”按钮，在打开的“页眉和页脚”对话框中，选中“幻灯片编号”和“标题幻灯片中不显示”复选框，如图 9-32 所示。单击“全部应用”按钮。

由于第 1 张和第 13 张幻灯片是标题幻灯片，因此不显示页码，而第 2 张到第 12 张幻灯片会显示页码 2~12。

② 单击“设计”选项卡中的“自定义”组中的“幻灯片大小”下拉按钮，选择“自定义幻灯片大小”命令，在打开的“幻灯片大小”对话框中，把幻灯片编号起始值设为“0”，如图 9-33 所示。这样第 2 张到第 12 张幻灯片显示的页码就变成了 1~11 了。

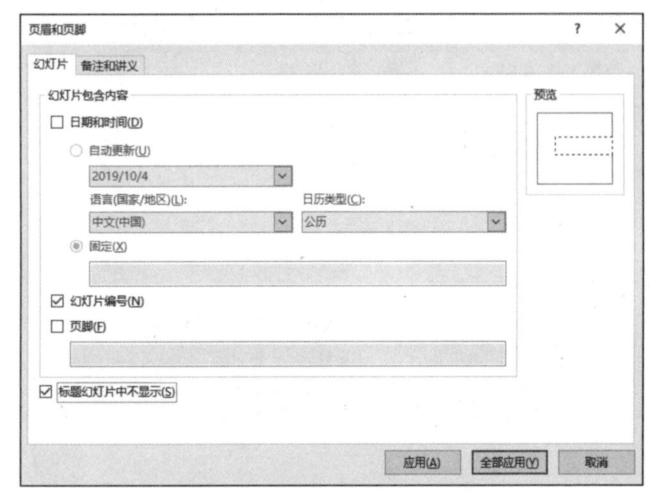

图 9-32 “页眉和页脚”对话框

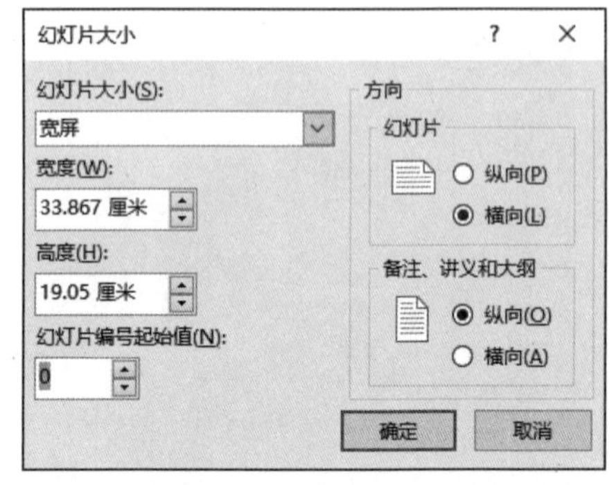

图 9-33 “页面设置”对话框

（3）将演示文稿以 PowerPoint 放映（*.ppsx）类型保存到指定路径（D:\）下，操作步骤如下：

选择“文件”选项卡中的“导出”命令，单击“更改文件类型”下的“PowerPoint 放映 (*.ppsx)”选项，如图 9-34 所示。再单击“另存为”按钮，在“另存为”对话框中，选择指定路径 (D:\)，文件名为“毕业论文答辩 .ppsx”，单击“保存”按钮。

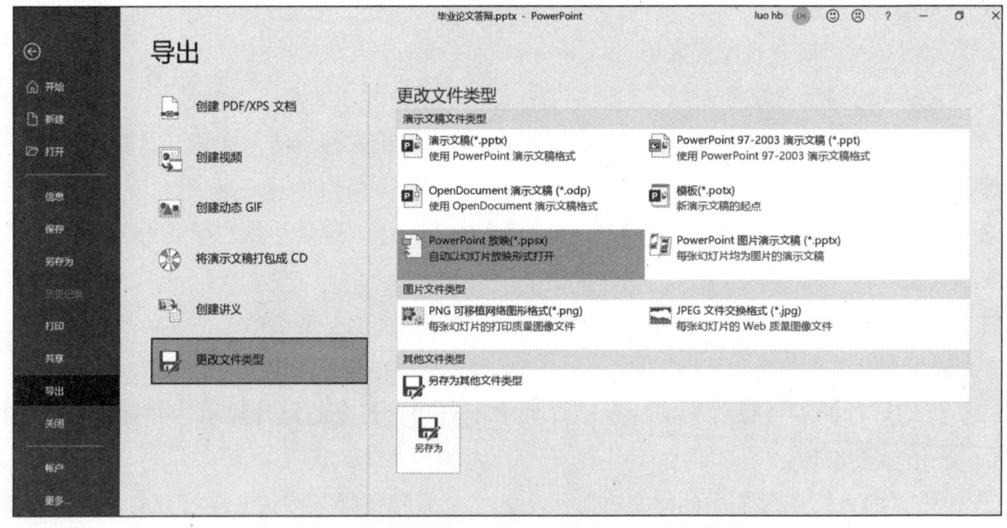

图 9-34 保存为 PowerPoint 放映 (*.ppsx) 类型

9.4 提高操作

对上述制作好的演示文稿文件，完成以下操作：

（1）给演示文稿的首页设计一个片头动画。

（2）修改幻灯片的母版，在合适位置插入学校的校徽图片，并设置合理的效果。

（3）在第 1 张幻灯片后面增加一张目录页幻灯片，目录使用 SmartArt 图形“垂直列表框列表”，并设置好超链接。

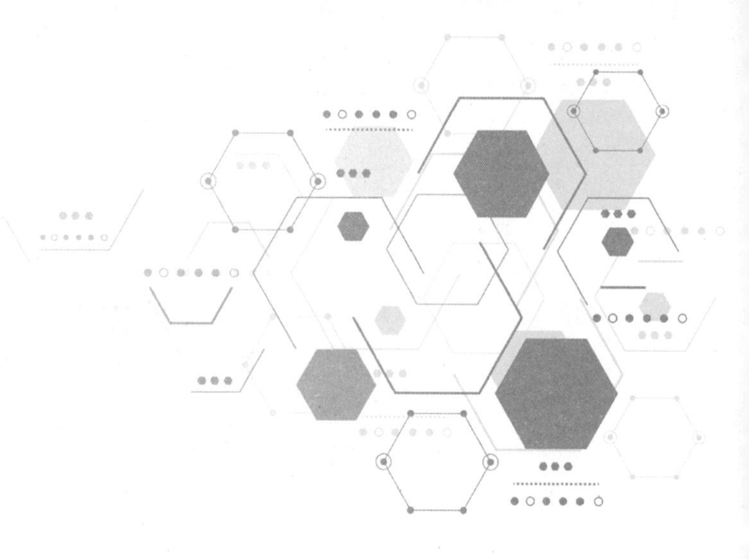

案例 10 教学课件优化

10.1 问题描述

小杨老师要制作一个关于“古诗鉴赏”的教学课件，课件的大纲和内容已经准备好，还收集了一些相关的素材，相关素材与演示文稿文件放在同一个文件夹中，如图 10-1 所示。现在需要给课件进行版面、配色、动画等方面的优化，最后发布输出。

图 10-1 相关素材

通过本案例的学习，读者可以掌握多个主题和自定义主题颜色的应用，以及幻灯片母版的合理修改，动画和幻灯片切换效果的巧妙应用，幻灯片的放映与打包发布等知识。具体要求如下。

1. 修改幻灯片的版式与背景

（1）将第 2 张幻灯片的版式设为“两栏内容”，并插入图片“夜书所见 .jpg”。

（2）将第 8 张幻灯片的版式设为“标题幻灯片”，并删除副标题占位符。

（3）将第 5 张幻灯片的背景设为“思乡 .jpg”。

2. 设置幻灯片的超链接

（1）在第 1 张幻灯片中，在文字“夜书所见”上建立链接到第 2 张幻灯片的超链接，在文字“九月九日忆山东兄弟”上建立链接到第 5 张幻灯片的超链接。

（2）在第 8 张幻灯片的右下角插入一个自定义动作按钮，按钮文本为“返回首页”，使得单击该按钮时，跳转到第 1 张幻灯片。

3. 多个主题和自定义主题颜色的应用

（1）将第 1 张和第 8 张幻灯片的主题设为“视差”，其余页面的主题设为“丝状”。

（2）在“视差”主题颜色的基础上新建一个自定义主题颜色，取名为“首页配色”，其中的主题颜色如下：

① 着色 1：红色。

② 超链接和已访问的超链接：红色 (R) 为 30，绿色 (G) 为 80，蓝色 (B) 为 210。

③ 其他颜色采用“视差”主题的默认配色。

（3）在“丝状”主题颜色的基础上新建一个自定义主题颜色，取名为“正文配色”，其中的主题颜色如下：

① 文字 / 背景 - 深色 1：紫色。

② 其他颜色采用“丝状”主题的默认配色。

（4）将自定义主题颜色“首页配色”应用到第 1 张和第 8 张幻灯片，将自定义主题颜色“正文配色”应用到其余页面。

4. 设置幻灯片的编号

将幻灯片的编号设置为：第 1 张和第 8 张标题幻灯片中不显示，其余幻灯片显示。

5. 幻灯片母版的修改与应用

（1）对于第 1 张和第 8 张幻灯片所应用的标题幻灯片母版，将其中的标题样式设为“微软雅黑，48 号字”。

（2）对于其他页面所应用的母版，删除页脚区和日期区，在页码区中把幻灯片编号 (页码) 的字体大小设为“28”。

6. 设置幻灯片的动画效果

（1）在第 2 张幻灯片中，按以下顺序设置动画效果。

① 将标题内容“夜书所见”的强调效果设置为“波浪形”，并且在幻灯片放映 1 s 后自动开始，而不需要单击。

② 按先后顺序依次将 4 行诗句内容的进入效果设置为“从左侧擦除”。

③ 将图片的进入效果设置为“以对象为中心缩放”。

（2）在第 8 张幻灯片中，首先在标题的下方插入两个横排文本框，内容分别为“设计：杨老师”“制作：杨老师”，然后按以下顺序设置动画效果。

① 将“设计：杨老师”文本框的进入效果设置为“上一动画之后向上浮入”，退出效果设置为“在上一动画之后向上浮出”。

② 对“制作：杨老师”文本框进行同样的动画效果设置。

③ 把两个文本框的位置重叠。

（3）在第 7 张和第 8 张幻灯片之间插入一张新幻灯片，版式为“标题和内容”。在新插入的幻灯片中进行以下操作。

① 在标题占位符中输入“课堂练习”，删除内容占位符。

② 插入 5 个横排文本框，内容分别为“《夜书所见》的作者是谁？”“A. 王维”“B. 叶绍翁”“回答正确”“回答错误”。

③ 设置动画效果，使得单击 B 选项时，出现“回答正确”提示，然后提示消失；单击 A 选项时，出现“回答错误”提示，然后提示消失。

7. 设置幻灯片的背景音乐

将第 1 张到第 4 张幻灯片的背景音乐设为“寒江残雪 .mp3”，第 5 张到第 7 张幻灯片的背景音乐设为“高山流水 .mp3”。

8. 设置幻灯片的切换效果

（1）所有幻灯片实现每隔 5 s 自动切换，也可以单击进行手动切换。

（2）将第 1 张到第 4 张幻灯片的切换效果设置为“居中涟漪”，第 5 张到第 9 张幻灯片的切换效果设置为“自右侧立方体”。

9. 设置幻灯片的放映方式

（1）隐藏第 8 张幻灯片，使得播放时直接跳过隐藏页。

（2）选择从第 5 张到第 7 张幻灯片进行循环放映。

10. 对演示文稿进行发布

（1）把演示文稿打包成 CD，将 CD 命名为“古诗鉴赏”。

（2）将其保存到指定路径（D:\）下，文件夹名与 CD 命名相同。

10.2 知识要点

（1）幻灯片版式与背景的设置。

（2）动作按钮和超链接的使用。

（3）多个主题和自定义主题颜色的应用。

（4）幻灯片编号的设置。

（5）幻灯片母版的应用。

（6）幻灯片动画的设置。

（7）幻灯片背景音乐的设置。

（8）幻灯片切换方式的设置。

（9）幻灯片的放映方法。

（10）幻灯片的打包发布。

10.3 操作步骤

1. 修改幻灯片的版式与背景

扫一扫

第1题

（1）将第 2 张幻灯片的版式设为“两栏内容”，并插入图片“夜书所见 .jpg”，操作步骤如下：

打开初始演示文稿，选中第 2 张幻灯片，单击“开始”选项卡中“幻灯片”组中的“版式”下拉按钮，在下拉列表中选择“两栏内容”版式，如图 10-2 所示。然后在幻灯片右侧的内容占位符中单击如图 10-3 所示的“图片”按钮，在打开的“插入图片”对话框中选择“夜书所见 .jpg”，单击“插入”按钮。

（2）将第 8 张幻灯片的版式设为“标题幻灯片”，并删除副标题占位符，操作步骤如下：

选中第 8 张幻灯片，在“开始”选项卡中的“幻灯片”组中的“版式”下拉列表中选择“标题幻灯片”版式，然后选中副标题占位符，按【Delete】键删除。

（3）将第 5 张幻灯片的背景设为“思乡 .jpg”，操作步骤如下：

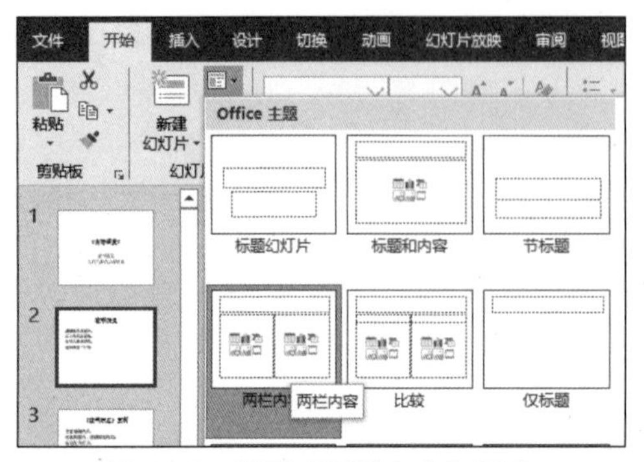

图 10-2 设置“两栏内容”版式

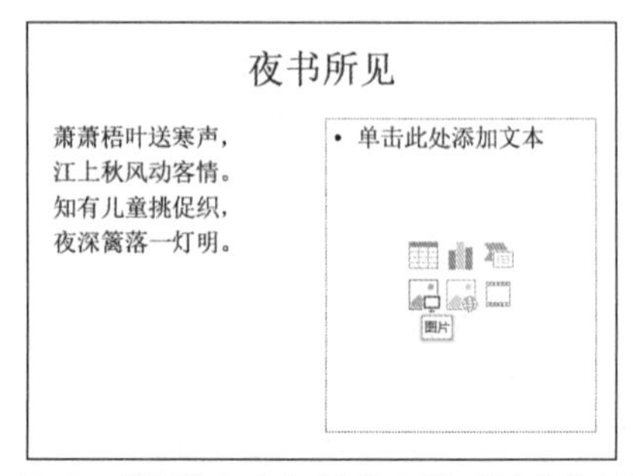

图 10-3 “两栏内容”版式中的“图片”按钮

选中第 5 张幻灯片，在“设计”选项卡中的“自定义”组中单击“设置背景格式”按钮，打开“设置背景格式”任务窗格,“填充”选项区域选择“图片或纹理填充”单选按钮，如图 10-4 所示。单击“插入”按钮，再选择“从文件”，在打开的“插入图片”对话框中选择“思乡 .jpg”, 单击“插入”按钮。第 5 张幻灯片的背景图片设置完成。

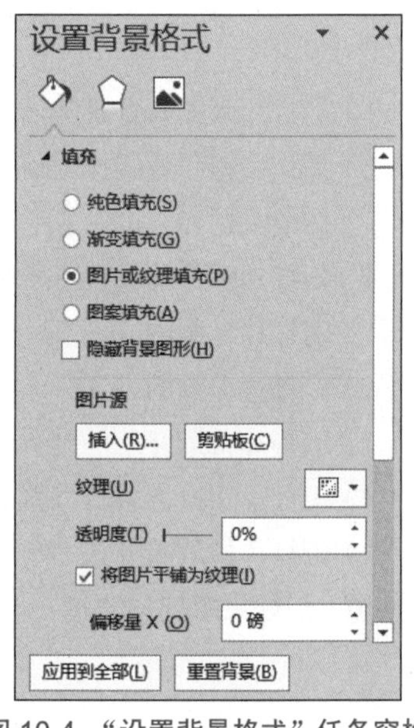

图 10-4 “设置背景格式”任务窗格

2. 设置幻灯片的超链接

（1）在第 1 张幻灯片中，在文字“夜书所见”上建立链接到第 2 张幻灯片的超链接，在文字“九月九日忆山东兄弟”上建立链接到第 5 张幻灯片的超链接,操作步骤如下：

在第 1 张幻灯片中，选中文字“夜书所见”，在“插入”选项卡中的“链接”组中单击“链接”按钮,在“插入超链接”对话框中选择“本文档中的位置”，然后选择第 2 张幻灯片，如图 10-5 所示，单击“确定”按钮，文字“夜书所见”上的超链接设置完成。用同样的方法在文字“九月九日忆山东兄弟”上建立链接到第 5 张幻灯片的超链接。

扫一扫

第2题

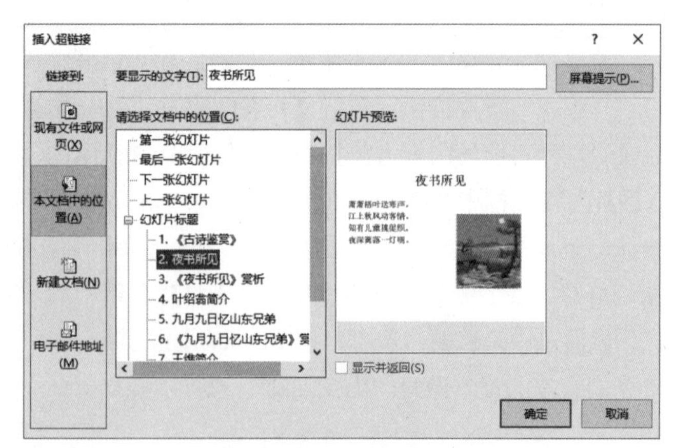

图 10-5 “插入超链接”对话框

（2）在第 8 张幻灯片的右下角插入一个自定义动作按钮，按钮文本为“返回首页”，使得单击该按钮时，跳转到第 1 张幻灯片，操作步骤如下：

选中第 8 张幻灯片，单击“插入”选项卡中的“插图”组中的“形状”下拉列表中的“动作按钮：空白”按钮，如图 10-6 所示。在幻灯片的右下角拉出一个大小合适的自定义动作按钮，弹出“操作设置”对话框，在“单击鼠标时的动作”栏中选择“超链接到”单选按钮，从下拉列表框中选择“第一张幻灯片”，如果 10-7 所示，单击“确定”按钮。右击该动作按钮，在弹出的快捷菜单中选择“编辑文字”命令，输入按钮文本“返回首页”，自定义动作按钮设置完成。

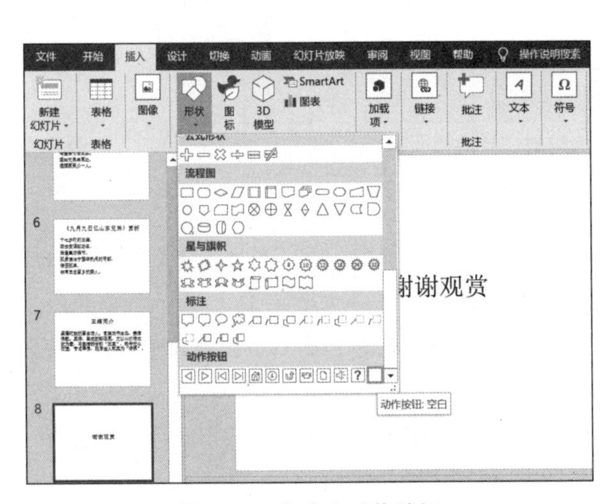

图 10-6　自定义动作按钮

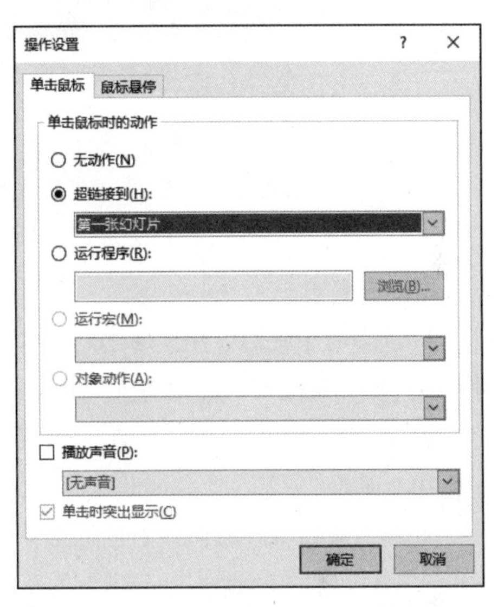

图 10-7　“操作设置”对话框

3. 多个主题和自定义主题颜色的应用

（1）应用多个主题。将第 1 张和第 8 张幻灯片的主题设为“视差”，其余页面的主题设为“丝状”，操作步骤如下：

扫一扫

第3题

① 选中第 1 张幻灯片，再按住【Ctrl】键，选中第 8 张幻灯片，这样就一起选中了第 1 张和第 8 张幻灯片。右击“设计”选项卡中的“主题”组中的“视差”主题，在弹出的快捷菜单中选择“应用于选定幻灯片”命令，如图 10-8 所示。

② 选中第 2 张幻灯片，再按住【Shift】键，选中第 7 张幻灯片，这样就选中了第 2 张到第 7 张幻灯片。右击“设计”选项卡中的“主题”组中的“丝状”主题，在弹出的快捷菜单中选择“应用于选定幻灯片”命令。

（2）新建主题颜色“首页配色”。在“视差”主题颜色的基础上新建一个自定义主题颜色，取名为“首页配色”，其中的主题颜色如下：

① 着色 1：红色。

② 超链接和已访问的超链接：红色 (R) 为 30，绿色 (G) 为 80，蓝色 (B) 为 210。

③ 其他颜色采用“视差”主题的默认配色。

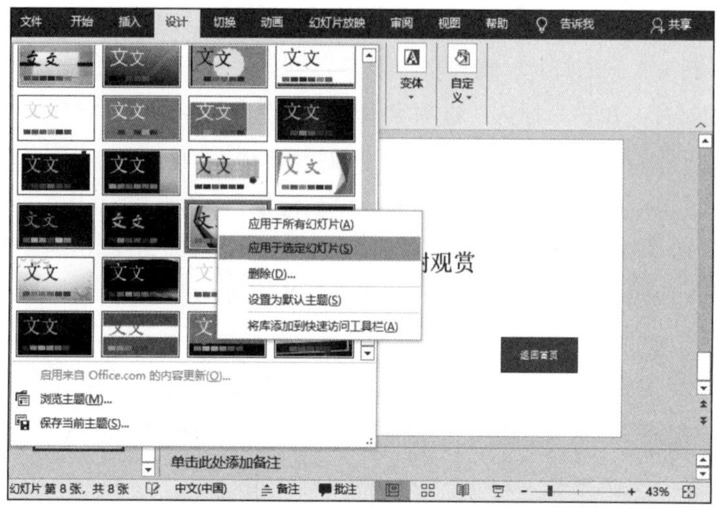

图 10-8　选定幻灯片应用主题

操作步骤如下：

① 选中第 1 张幻灯片，单击“设计”选项卡中的“变体”组中的“其他”下拉按钮，在下拉列表中选择“颜色→自定义颜色”命令，打开“新建主题颜色”对话框。

② 在“新建主题颜色”对话框中，单击“着色 1”下拉按钮，在弹出的下拉列表中选择“红色”，如图 10-9 所示。

③ 在“新建主题颜色”对话框中，单击“超链接”下拉按钮，在弹出的下拉列表中选择“其他颜色”命令，打开“颜色”对话框，在“自定义”选项卡中设置红色 (R) 为“30”，绿色 (G) 为“80”，蓝色 (B) 为“210”，如图 10-10 所示，单击“确定”按钮。用同样的方法把已访问的超链接颜色也设为：红色 (R) 为“30”，绿色 (G) 为“80”，蓝色 (B) 为“210”。

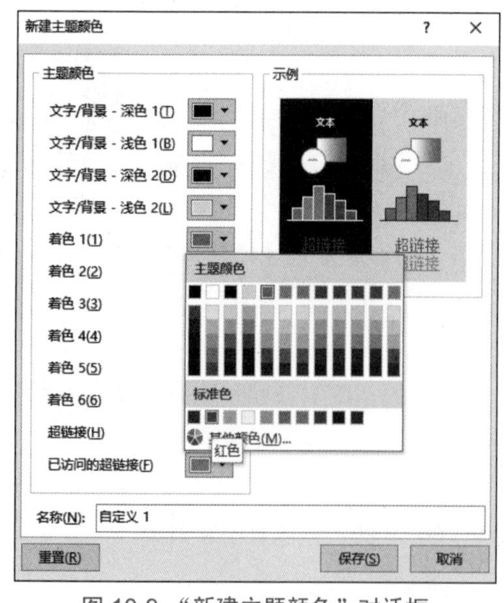

图 10-9 “新建主题颜色”对话框

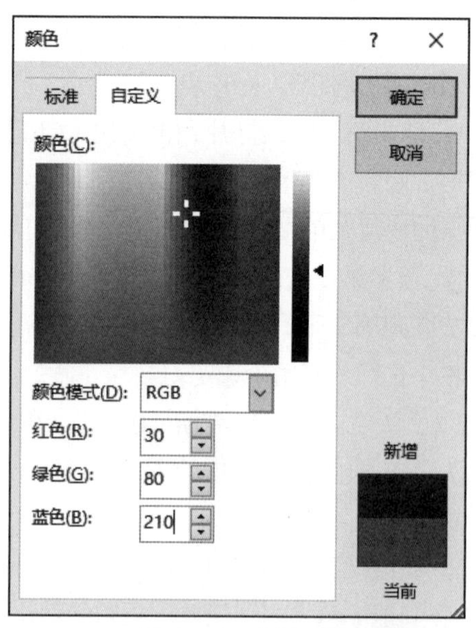

图 10-10 “颜色”对话框

④ 其他颜色采用默认值，在“名称”文本框中输入“首页配色”，单击“保存”按钮。这样就创建了一个自定义主题颜色“首页配色”。

（3）新建主题颜色“正文配色”。在“丝状”主题颜色的基础上新建一个自定义主题颜色，取名为“正文配色”，其中的主题颜色如下：

① 文字 / 背景 - 深色 1：紫色。

② 其他颜色采用“丝状”主题的默认配色。

该小题与上一小题的做法类似，为了使其他颜色采用“丝状”主题的默认配色，关键是要先选中应用了“丝状”主题的幻灯片。

操作步骤如下：

① 选中第 2 张幻灯片，单击“设计”选项卡中的“变体”组中的“其他”下拉按钮，在下拉列表中选择“颜色”→“自定义颜色”命令，打开“新建主题颜色”对话框。

② 在“新建主题颜色”对话框中，单击“文字 / 背景 - 深色 1”下拉按钮，在弹出的下拉列表中选择“紫色”。

③ 其他颜色采用默认，在“名称”文本框中输入“正文配色”，单击“保存”按钮。这样，自定义主题颜色“正文配色”创建完毕。

（4）应用自定义主题颜色。将自定义主题颜色“首页配色”应用到第 1 张和第 8 张幻灯片，将自定义主题颜色“正文配色”应用到其余页面，操作步骤如下：

① 选中第 1 张和第 8 张幻灯片，单击“设计”选项卡中的“变体”组中的“其他”下拉按钮，在下拉列表中选择“颜色”→“首页配色”命令。

② 选中第 2 张到第 7 张幻灯片，单击“设计”选项卡中的“变体”组中的“其他”下拉按钮，在下拉列表中选择“颜色”→“正文配色”命令。

4. 设置幻灯片的编号

要把幻灯片的编号设置为：第 1 张和第 8 张标题幻灯片中不显示，其余幻灯片显示，操作步骤如下：

扫一扫

第4题

单击“插入”选项卡中的“文本”组中的“页眉和页脚”按钮，在打开的“页眉和页脚”对话框中，选中“幻灯片编号”和“标题幻灯片中不显示”复选框，如图 10-11 所示。单击“全部应用”按钮。

由于第 1 张和第 8 张幻灯片是标题幻灯片，因此不显示页码，而第 2 张到第 7 张幻灯片会显示页码。

5. 幻灯片母版的修改与应用

（1）修改第 1 张和第 8 张幻灯片所应用的标题幻灯片母版。对于第 1 张和第 8 张幻灯片所应用的标题幻灯片母版，将其中的标题样式设为“微软雅黑，48 号字”，操作步骤如下：

扫一扫

第5题

① 选中第 1 张幻灯片，单击“视图”选项卡中的“母版视图”组中的“幻灯片母版”按钮，会自动选中第 1 张和第 8 张幻灯片所应用的“标题幻灯片”版式母版，如图 10-12 所示。

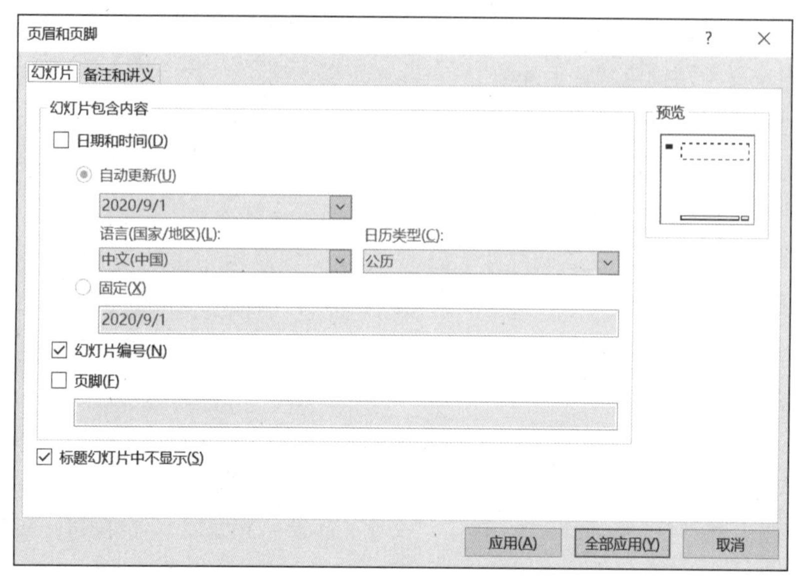

图 10-11 “页眉和页脚”对话框

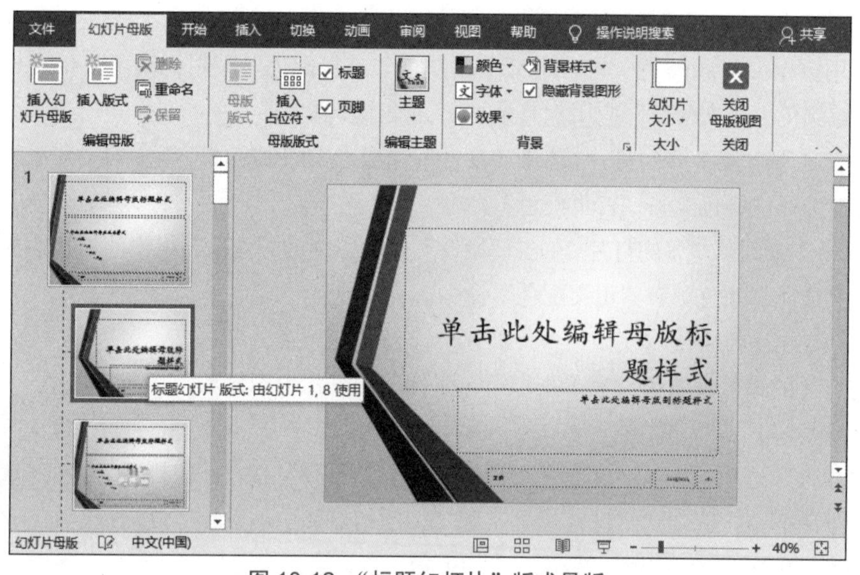

图 10-12 “标题幻灯片”版式母版

② 在“标题幻灯片”版式母版中选择“标题”，将字体设为“微软雅黑”，字号设为“48”。

③ 单击“关闭母版视图”按钮。

（2）修改其他页面母版。对于其他页面所应用的母版，删除页脚区和日期区，在页码区中把幻灯片编号(即页码)的字体大小设为“28”，操作步骤如下：

① 选中第 2 张幻灯片，单击“视图”选项卡中的“母版视图”组中的“幻灯片母版”按钮，会自动选中第 2 张幻灯片所应用的“两栏内容”版式母版，为了使母版中的修改影响到所有其他幻灯片，在此应该选中由第 2 张到第 7 张幻灯片共同使用的“丝状 幻灯片母版”，如图 10-13 所示。

② 删除下面的“日期区”和“页脚区”，在“页码区”中把页码的字体大小设为“28”。

③ 单击“关闭母版视图”按钮。

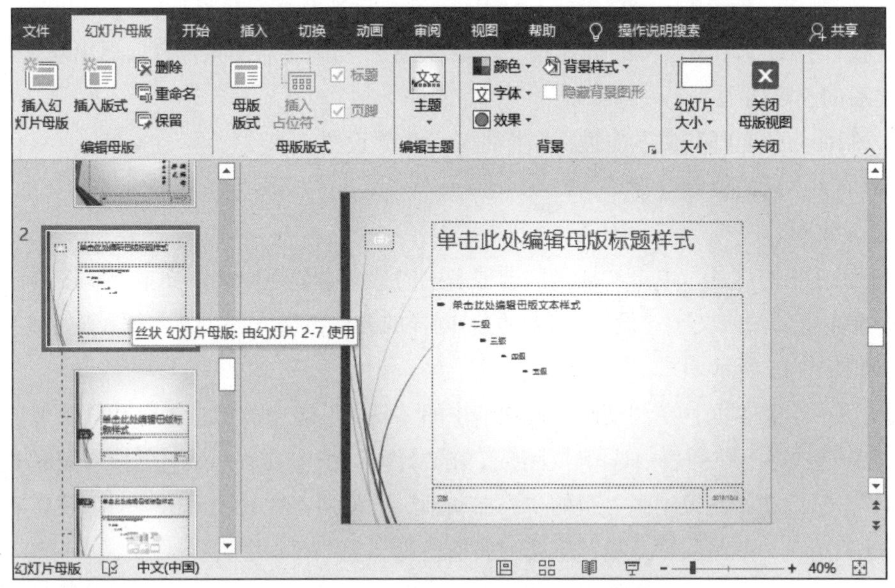

图 10-13　“丝状”主题的幻灯片母版

6. 设置幻灯片的动画效果

扫一扫

第6题

（1）动画效果设置。在第 2 张幻灯片中，按以下顺序设置动画效果。

① 将标题内容“夜书所见”的强调效果设置为“波浪形”，并且在幻灯片放映 1 s 后自动开始，而不需要单击。

② 按先后顺序依次将 4 行诗句内容的进入效果设置为“从左侧擦除”。

③ 将图片的进入效果设置为“以对象为中心缩放”。

操作步骤如下：

① 选中第 2 张幻灯片中的标题“夜书所见”，在“动画”选项卡中的“动画”组中的“强调”动画效果中选择“波浪形”，在“计时”组中的“开始”下拉列表框中选择“上一动画之后”，延迟时间设为 1 s，如图 10-14 所示。

图 10-14　设置了动画效果的“动画”选项卡

② 选中第 1 行诗句，在“动画”选项卡中的“动画”组中的“进入”动画效果中选择“擦除”，在“效果选项”下拉列表中选择“自左侧”。按照次序分别对第 2 行、第 3 行、第 4 行诗句进行同样的设置。

③ 选中图片对象，在“动画”选项卡中的“动画”组中的“进入”动画效果中选择“缩放”，

在“效果选项”下拉列表中选择“对象中心”。

（2）字幕制作。在第8张幻灯片中，首先在合适的位置插入两个横排文本框，内容分别为“设计：杨老师”“制作：杨老师”，然后按以下顺序设置动画效果。

① 将“设计:杨老师”文本框的进入效果设置为“上一动画之后向上浮入”,退出效果设置为“在上一动画之后向上浮出”。

② 对“制作：杨老师”文本框进行同样的动画效果设置。

③ 把两个文本框的位置重叠。

操作步骤如下：

① 选中第8张幻灯片，单击“插入”选项卡中的“文本”组中的“文本框”按钮，在标题下方拉出一个文本框，输入文字“设计:杨老师”。同样的方法再插入一个文本框，输入文字“制作:杨老师”，如图10-15所示。

② 选中第一个文本框，在“动画”选项卡中的“动画”组中的“进入”动画效果中选择“浮入”，在“效果选项”下拉列表中选择“上浮”，在“计时”组中的“开始”下拉列表框中选择“上一动画之后”。然后在“高级动画”组的“添加动画”下拉列表中的“退出”动画效果中选择“浮出”，效果选项选择“上浮”，“开始”下接列表框设为“上一动画之后”。

③ 由于第二个文本框的动画效果和第一个是一样的，因此可以使用动画刷来复制动画。先选中第一个文本框，单击“动画刷”按钮，再单击第二个文本框，这样就把第一个文本框的动画复制到了第二个文本框。

④ 把两个文本框的位置重叠。

至此，字幕动画制作完毕。单击“动画”选项卡中的“高级动画”组中的“动画窗格”按钮，可以看到如图10-16所示的动画序列。

图10-15 在最后一张幻灯片中插入字幕

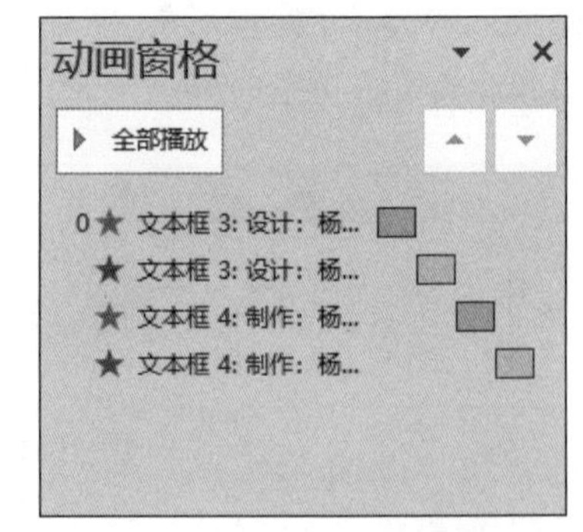

图10-16 字幕的动画序列

（3）选择题制作。在第7张和第8张幻灯片之间插入一张新幻灯片，版式为“标题和内容”。在新插入的幻灯片中做以下操作。

① 在标题占位符中输入“课堂练习”，删除内容占位符。

② 插入 5 个横排文本框，内容分别为“《夜书所见》的作者是谁？”“A. 王维”“B. 叶绍翁”“回答正确”、“回答错误”。

③ 设置动画效果，使得单击 B 选项时，出现“回答正确”提示，然后提示消失；单击 A 选项时，出现“回答错误”提示，然后提示消失。

操作步骤如下：

① 在左侧的幻灯片缩略图窗格中，把光标定位在第 7 张和第 8 张幻灯片之间，单击“开始”选项卡中的“幻灯片”组中的“新建幻灯片”按钮，新插入的幻灯片默认版式为“标题和内容”。

② 在新插入的幻灯片中，在标题占位符中输入“课堂练习”，选中内容占位符，按【Delete】键删除。

③ 插入 5 个横排文本框，内容分别为“《夜书所见》的作者是谁？”“A. 王维”“B. 叶绍翁”“回答正确”“回答错误”。在“开始”选项卡中的“编辑”组中的“选择”下拉列表中选择“选择窗格”命令，在打开的“选择”任务窗格中分别给对象命名为“题目”“选项 A”“选项 B”“正确提示”和“错误提示”，如图 10-17 所示。关闭“选择”任务窗格。

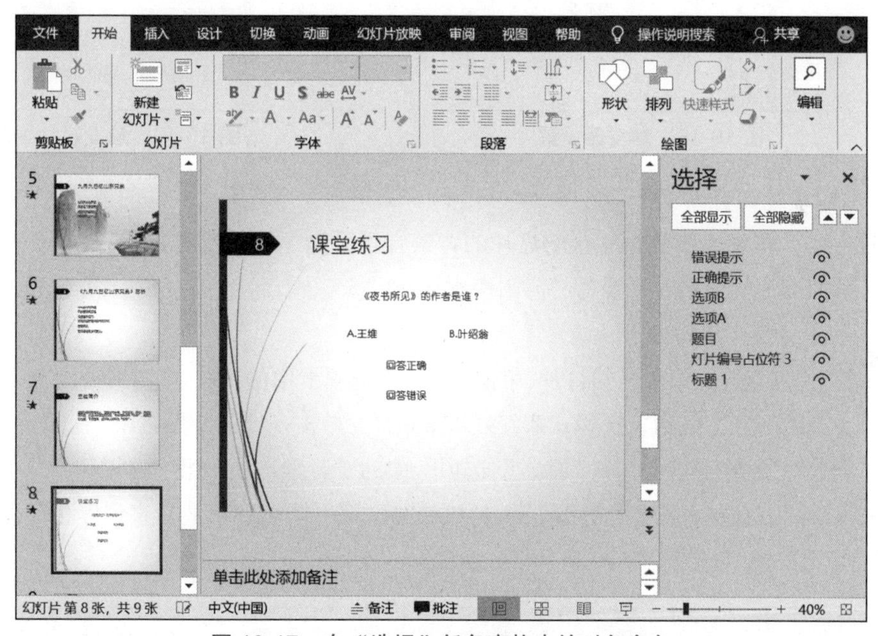

图 10-17　在“选择”任务窗格中给对象命名

④ 设置“正确提示”的动画效果。选中“正确提示”文本框，在“动画”选项卡中的“动画”组中的“进入”动画效果中选择“浮入”，在“效果选项”下拉列表中选择“上浮”，然后在“高级动画”组中的“添加动画”下拉列表中的“退出”动画效果中选择“浮出”，在“效果选项”下拉列表中选择“上浮”，在“计时”组中的“开始”下拉列表框中选择“上一动画之后”。

⑤ 由于“错误提示”和“正确提示”的动画效果是一样的，因此可以利用“动画刷”按钮复制动画效果。选中“正确提示”文本框，单击“动画刷”按钮，再单击“错误提示”文本框，动画效果就复制好了。

⑥ 设置触发器。选中“正确提示”文本框，单击“触发”下拉按钮，从下拉列表中选择“通过单击”→“选项 B”命令，如图 10-18 所示。选中“错误提示”文本框，单击“触发”下拉按钮，从下拉列表中选择“单击”→“选项 A”命令。

⑦ 把“正确提示”文本框和“错误提示”文本框的位置重叠在一起。

至此，选择题动画制作完成。单击“动画”选项卡中的“高级动画”组中的“动画窗格”按钮，可以看到如图 10-19 所示的动画序列。

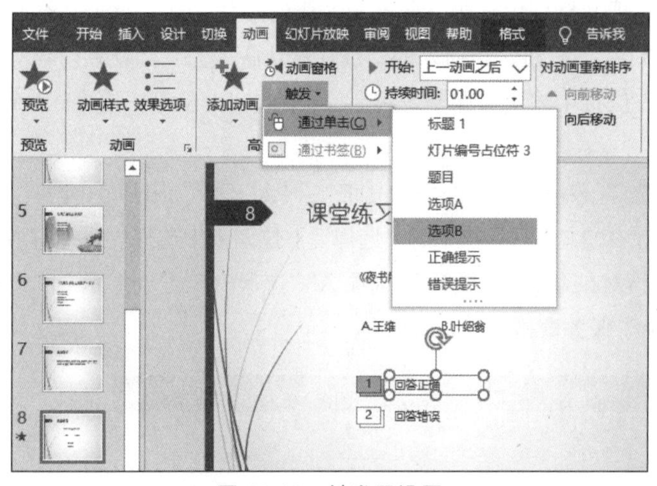

图 10-18　触发器设置

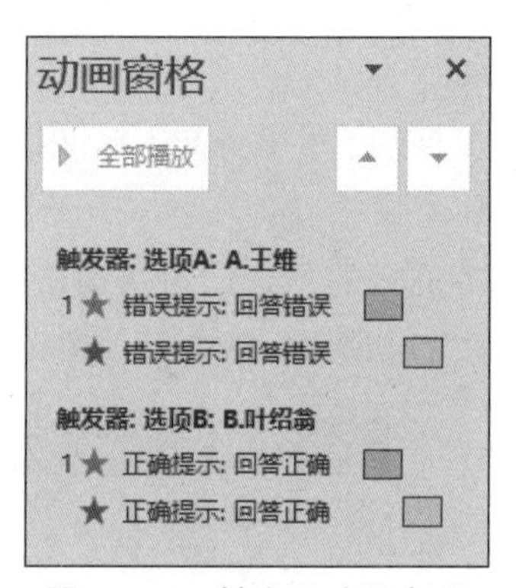

图 10-19　触发器动画序列

7. 设置幻灯片的背景音乐

扫一扫

第7题

将第 1 张到第 4 张幻灯片的背景音乐设为“寒江残雪 .mp3”，第 5 张到第 7 张幻灯片的背景音乐设为“高山流水 .mp3”。

操作步骤如下：

① 选中第 1 张幻灯片，单击“插入”选项卡中的“媒体”组中的“音频”→“PC 上的音频”按钮，选择“寒江残雪 .mp3”，单击“插入”按钮。

② 在“音频工具 / 播放”选项卡中的“音频选项”组中的“开始”下拉列表框中选择“自动 (A)”，选中“跨幻灯片播放”、“放映时隐藏”、“循环播放，直到停止”以及“播放完毕返回开头”复选框，如图 10-20 所示。

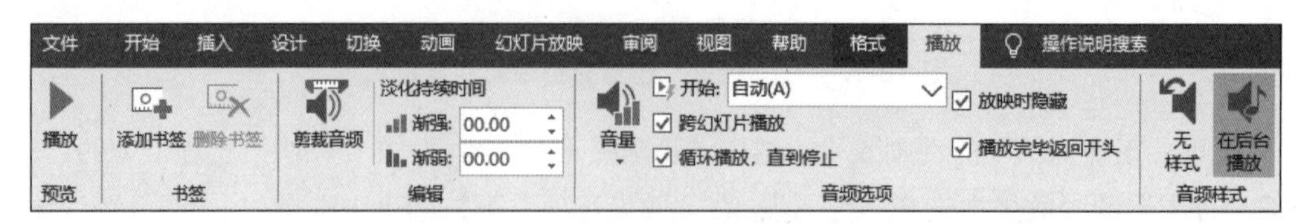

图 10-20　“音频工具 / 播放”选项卡

③ 单击“动画”选项卡中的“高级动画”组中的“动画窗格”按钮，在“动画窗格”任务窗格中单击该声音对象动画上的下拉按钮，从下拉列表中选择“效果选项”命令，如图 10-21 所示。在打开的“播放音频”对话框的“效果”选项卡中，把停止播放设为在 4 张幻灯片后，如图 10-22 所示，单击“确定”按钮。这样，声音就会连续播放，播完 4 张幻灯片后停止播放。

图 10-21　选择“效果选项”命令

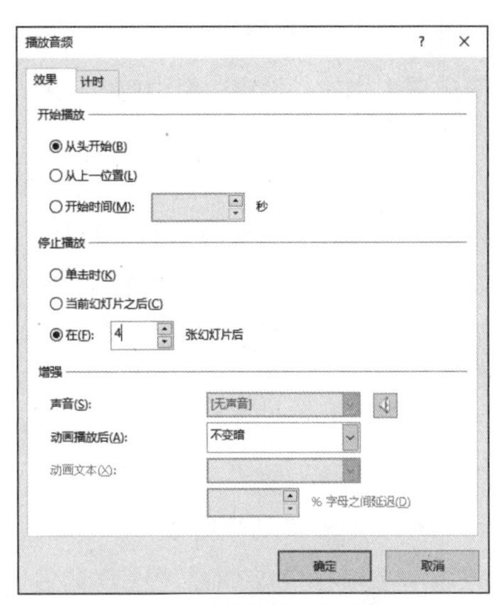

图 10-22　“效果”选项卡

④ 在第 5 张幻灯片中，插入背景音乐“高山流水 .mp3”，进行类似的设置即可。

8. 设置幻灯片的切换效果

要把幻灯片的切换效果设置成以下要求。

（1）所有幻灯片实现每隔 5 s 自动切换，也可以单击进行手动切换。

（2）将第 1 张到第 4 张幻灯片的切换效果设置为“居中涟漪”，第 5 张到第 9 张幻灯片的切换效果设置为“自右侧立方体”。

操作步骤如下：

① 选中第 1 张到第 4 张幻灯片，在“切换”选项卡中选择切换效果为“涟漪”，效果选项选择“居中”，在“计时”组中选中“单击鼠标时”和“设置自动换片时间”复选框，自动换片时间为 5 s，如图 10-23 所示。

图 10-23　设置了切换效果的“切换”选项卡

② 选中第 5 张到第 9 张幻灯片，在“切换”选项卡中选择切换效果为“立方体”，效果选项选择“自右侧”，在“计时”组中选中“单击鼠标时”和“设置自动换片时间”，自动换片时间为 5 s。

9. 设置幻灯片的放映方式

（1）隐藏第 8 张幻灯片，使得播放时直接跳过隐藏页。

（2）选择从第 5 张到第 7 张幻灯片进行循环放映。

操作步骤如下：

① 选中第 8 张幻灯片，单击“幻灯片放映”选项卡中的“设置”组中的“隐藏幻灯片”按钮。

② 单击“幻灯片放映”选项卡中的“设置”组中的“设置幻灯片放映”按钮，打开“设置放映方式”对话框，在“放映选项”栏中选中“循环放映，按 ESC 终止”复选框，在“放映幻灯片”栏中，设置从 5 到 7，如图 10-24 所示。单击“确定”按钮，完成放映方式的设置。

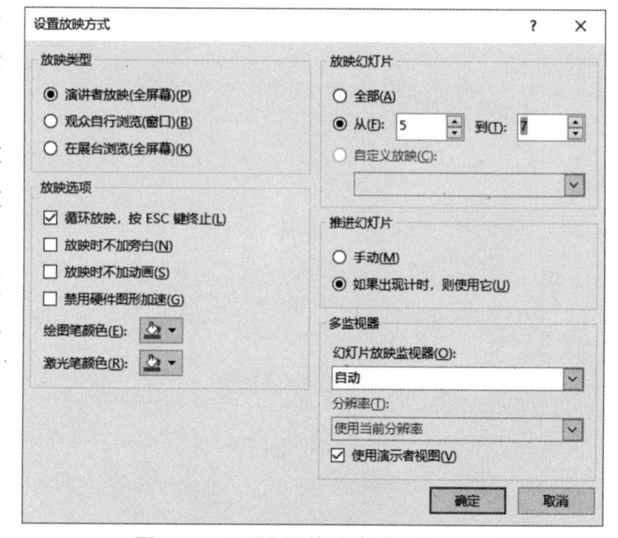

图 10-24 “设置放映方式”对话框

10. 对演示文稿进行发布

把演示文稿打包成 CD，将 CD 命名为“古诗鉴赏”，并将其复制到指定路径（ D:\ ）下，文件夹名与 CD 命名相同。

操作步骤如下：

① 选择“文件”选项卡中的“导出”命令，单击“将演示文稿打包成 CD”下的“打包成 CD”按钮，在打开的“打包成 CD”对话框中将 CD 命名为“古诗鉴赏”，如图 10-25 所示。

② 单击“复制到文件夹”按钮，打开“复制到文件夹”对话框，在“文件夹名称”文本框中输入“古诗鉴赏”，“位置”文本框中输入“D:\”，如图 10-26 所示，单击“确定”按钮。

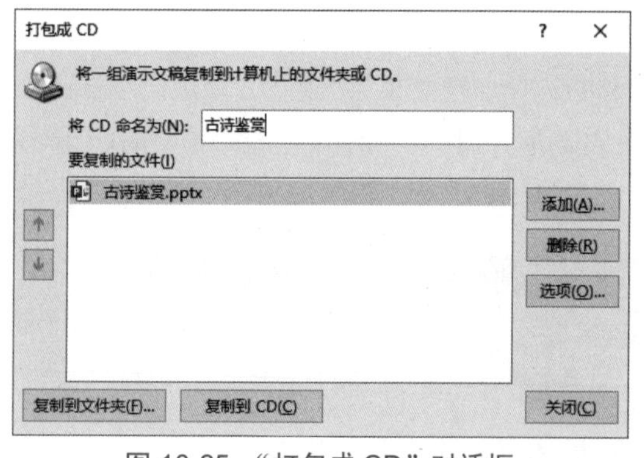

图 10-25 “打包成 CD”对话框

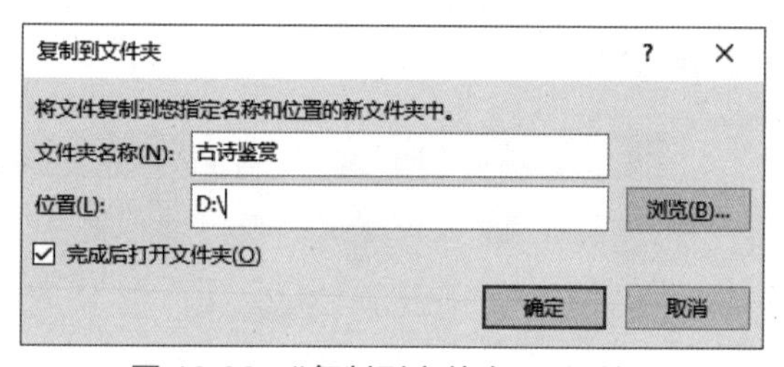

图 10-26 “复制到文件夹”对话框

10.4 提高操作

对上述制作好的演示文稿文件，完成以下操作：

（1）给演示文稿设计一个片头动画。

（2）修改首页的母版，在左上角插入一张校标图片。

（3）修改其他页面的母版，在左下角添加一个文本框，输入学校名称，并在文字上建立超链接，链接到学校的首页。

（4）给最后一页幻灯片中的动作按钮添加进入动画效果“弹跳”和强调动画效果“陀螺旋”。

案例 11
西湖美景赏析

11.1 问题描述

小杨要制作一个关于宣传杭州西湖的演示文稿，通过该演示文稿介绍杭州西湖的基本情况。小杨已经做了一些前期准备工作，收集了相关的素材和制作了一个简单的演示文稿“魅力西湖.pptx”，相关素材与演示文稿文件放在同一个文件夹中，如图 11-1 所示。现在需要对该演示文稿进行进一步完善。

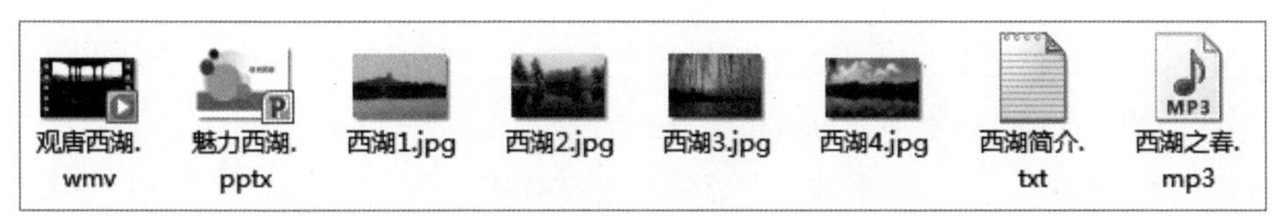

图 11-1 相关素材

具体要求如下：

（1）在“标题幻灯片”版式母版中，将 4 个椭圆对象的填充效果设置为相应的 4 幅图片，在幻灯片母版中，将 3 个椭圆对象的填充效果设置为相应的 3 幅图片，效果分别如图 11-2 和图 11-3 所示。

图 11-2 “标题幻灯片”版式母版

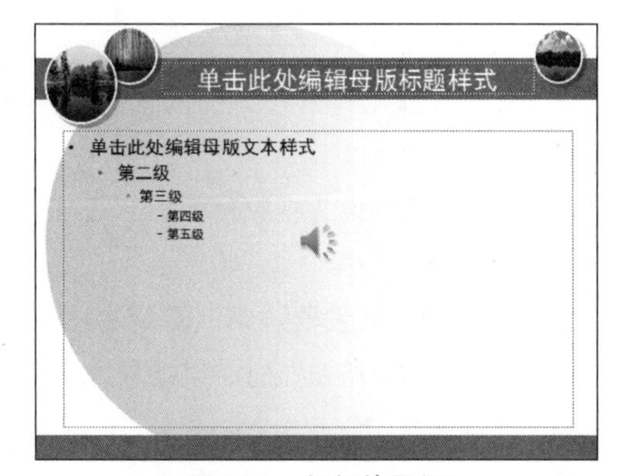

图 11-3 幻灯片母版

（2）给幻灯片添加背景音乐“西湖之春.mp3”，并且要求在整个幻灯片播放期间一直播放。

（3）在幻灯片首页底部添加从右到左循环滚动的字幕“杭州西湖欢迎您”。

（4）在第 3 张幻灯片中，把图片裁剪为椭圆，用带滚动条的文本框插入关于杭州西湖的文字简介，具体内容在“西湖简介 .txt”中。

（5）在第 4 张幻灯片中插入关于杭州西湖的图片，要求能够实现单击小图，可以看到该图片的放大图，如图 11-4 所示。

图 11-4 单击小图看大图

（6）在第 5 张幻灯片中，制作以下动画效果：

① 单击三潭印月按钮，以“水平随机线条”方式出现三潭印月图片，2 s 后自动出现“跷跷板”强调动画效果，再 2 s 后以“水平随机线条”方式消失。

② 单击雷峰塔按钮，以“圆形放大”方式出现雷峰塔图片，2 s 后自动出现“跷跷板”强调动画效果，再 2 s 后以“圆形缩小”方式消失。

（7）在第 6 张幻灯片中，以动态折线图的方式呈现如表 11-1 所示的游客人次变化。

表 11-1 景点各月份游客人次表　　单位：万人次

年度	1 月	2 月	3 月	4 月	5 月	6 月	7 月	8 月	9 月	10 月	11 月	12 月
上一年度	22	25	13	18	45	17	20	24	18	78	18	16
本年度	19	26	18	22	49	19	26	30	25	75	20	19

（8）在第 7 张幻灯片中，插入视频“观唐西湖 .wmv”，设置视频效果为“柔化边缘椭圆”，然后进行以下设置：

① 把第 9 s 的帧设为视频封面。

② 把视频裁剪为第 7 s 开始，到 105 s 结束。

③ 设置视频的触发器效果，使得单击“播放按钮”时开始播放视频，单击“暂停按钮”时暂停播放，单击“结束按钮”时结束播放视频。

（9）在第 8 张幻灯片中，把文本“欢迎来西湖！”的动画效果设置为：延迟 1 s 自动以“弹跳”的方式出现，然后一直加粗闪烁，直到下一次单击。

（10）给第 2 张幻灯片中的各个目录项建立相关的超链接。

（11）创建一个相册“西湖美景 .pptx”，包含“西湖 1.jpg”、“西湖 2.jpg”、“西湖 3.jpg”和“西湖 4.jpg”共 4 幅图片，1 张幻灯片包含 1 幅图片，相框形状为“圆角矩形”。

（12）把“西湖美景 .pptx”的第 1 张幻灯片删除，主题设为“暗香扑面”，切换效果设为“摩天轮”。

（13）把“西湖相册 .pptx”的 4 张幻灯片添加到“魅力西湖 .pptx”的最后，并且保留原有格式不变。

（14）将演示文稿“魅力西湖 .pptx”发布成全高清（1080P）的视频，保存在“D:\”下。

11.2　知识要点

（1）母版的修改及应用。

（2）声音、视频等多媒体素材的应用。

（3）滚动字幕的制作。

（4）带滚动条文本框的应用。

（5）动画、触发器的应用。

（6）动态图表的应用。

（7）超链接的设置。

（8）相册的创建。

（9）主题和切换效果的设置。

（10）重用幻灯片。

（11）将演示文稿发布成视频。

11.3　操作步骤

1．修改母版

在“标题幻灯片”版式母版中，将 4 个椭圆对象的填充效果设置为相应的 4 幅图片，在幻灯片母版中，将 3 个椭圆对象的填充效果设置为相应的 3 幅图片，效果分别如图 11-2 和图 11-3 所示，操作步骤如下：

第1~第2题

① 单击“视图”选项卡中的“母版视图”组中的“幻灯片母版”按钮。

② 在“标题幻灯片”版式母版中，选中一个椭圆对象并右击，在弹出的快捷菜单中选择“设置形状格式”命令。

③ 在如图 11-5 所示的“设置形状格式”任务窗格中选择“图片或纹理填充”单选按钮，再单击“插入”按钮，选取合适的图片插入，单击“关闭”按钮完成一个椭圆对象的填充效果设置，效果如图 11-6 所示。

④ 用同样的方法，依次完成“标题幻灯片”版式母版中的其他 3 个椭圆对象的填充效果设置，完成后的效果如图 11-2 所示。

⑤ 选中缩略图窗格中的第一张幻灯片母版，也采用上述方法，依次完成幻灯片母版中的 3 个椭圆对象的填充效果设置，完成后的效果如图 11-3 所示。

⑥ 单击“关闭母版视图”按钮退出。至此幻灯片的母版修改完成。

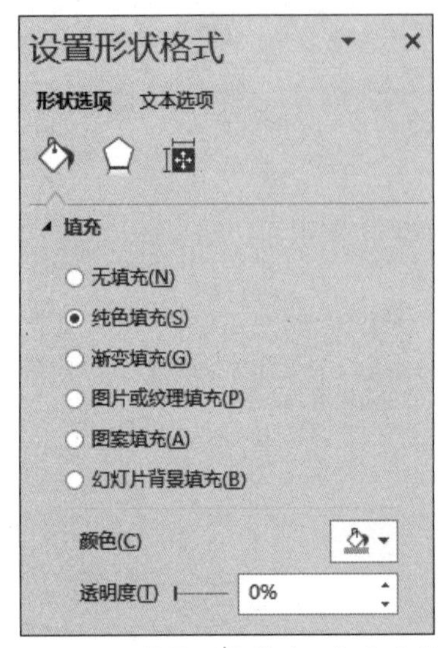

图 11-5 “设置形状格式”任务窗格

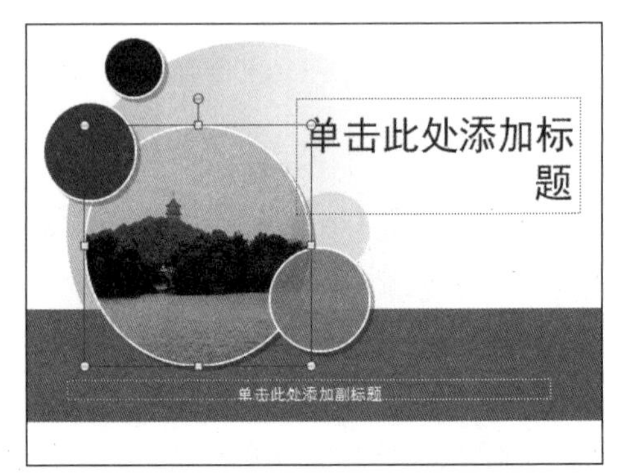

图 11-6 图片填充后的效果

2. 背景音乐

给幻灯片添加背景音乐“西湖之春 .mp3”，并且要求在整个幻灯片播放期间一直播放，操作步骤如下：

① 选中第 1 张幻灯片，单击“插入”选项卡中的“媒体”组中的“音频”→“PC 上的音频”命令，选择声音文件“西湖之春 .mp3”，单击“插入”按钮。

② 在“音频工具 / 播放”选项卡中的“音频选项”组中的“开始”下拉列表框中选择“自动(A)”，选中“跨幻灯片播放”、“放映时隐藏”、“循环播放，直到停止”以及“播放完毕返回开头”复选框，如图 11-7 所示。

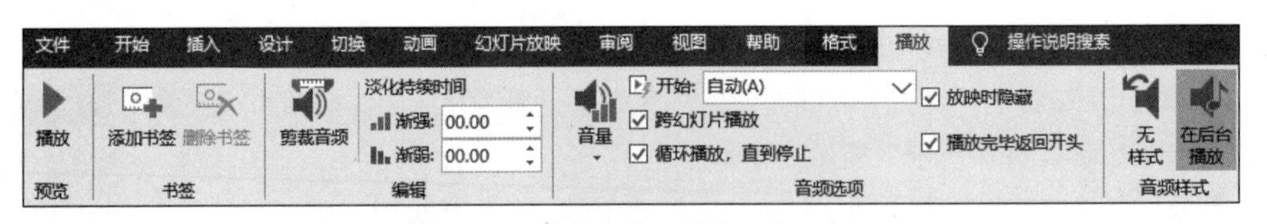

图 11-7 “音频工具 / 播放”选项卡

扫一扫

第3题

3. 滚动字幕

在幻灯片首页的底部添加从右到左循环滚动的字幕“杭州西湖欢迎您”，操作步骤如下：

① 在幻灯片首页的底部添加一个文本框，在文本框中输入“杭州西湖欢迎您”，文字大小设为“18 号”，颜色设为“红色”。把文本框拖到幻灯片的最左边，并使得最后一个字刚好拖出幻灯片。

② 选中文本框对象，在“动画”选项卡中的“动画”组中的“进入”动画效果中选择“飞入”，在“效果选项”下拉列表中选择“自右侧”，在“计时”组中的“开始”下拉列表框中选择“与上

一动画同时”，持续时间设为 8 s。

③ 单击“动画窗格”按钮，在如图 11-8 所示的“动画窗格”任务窗格中双击该文本框动画，弹出“飞入”对话框，在“计时”选项卡中的“重复”下拉列表框中选择“直到下一次单击”，如图 11-9 所示，单击“确定”按钮，滚动字幕制作完成。

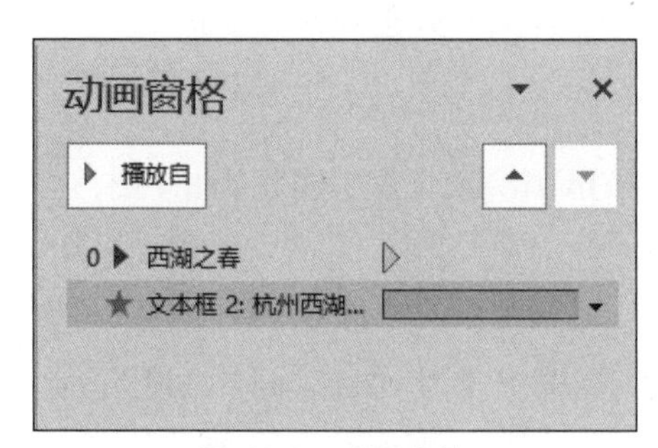

图 11-8　动画窗格

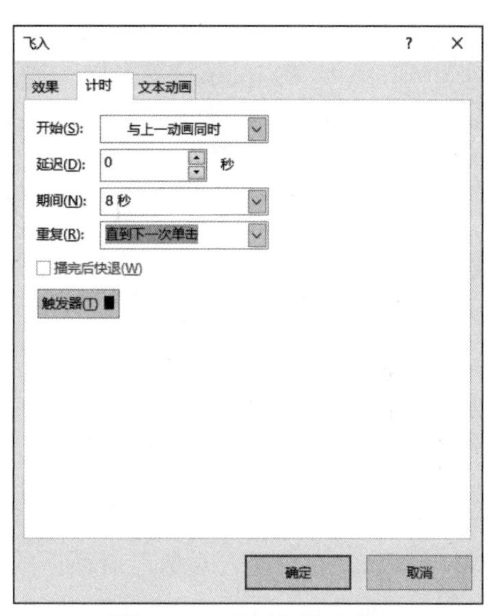

图 11-9　“计时”选项卡

4. 带滚动条的文本框

在第 3 张幻灯片中，把图片裁剪为椭圆形状，操作步骤如下：

选中第 3 张幻灯片中的图片，在“图片工具 / 格式”选项卡中的“大小”组中的“裁剪”下拉列表中选择“裁剪为形状”→“椭圆”命令，图片就被裁剪为椭圆形状了。

扫一扫

第4题

接下来要插入关于杭州西湖的文字简介，具体内容在“西湖简介 .txt”中。由于内容比较多，如果直接插入文字的话，文字会比较小或者页面上放不下，因此，可以插入一个带滚动条的文本框，操作步骤如下：

① 单击“文件”选项卡中的“选项”命令，在弹出的“PowerPoint 选项”对话框中单击左侧的“自定义功能区”选项，在右侧的“主选项卡”功能区中选中“开发工具”复选框，单击“确定”按钮，将“开发工具”选项卡添加到 PowerPoint 的主选项卡中。

② 选中第 3 张幻灯片，单击“开发工具”选项卡中的“控件”组中的“文本框 (ActiveX 控件)”按钮，在幻灯片上拉出一个控件文本框，调整大小和位置。

③ 右击该文本框，从弹出的快捷菜单中选择“属性表”命令，打开文本框属性设置窗口。把“西湖简介 .txt”的内容复制到 Text 属性，设置 ScrollBars 属性为“2-fmScrollBarsVertical”，设置 MultiLine 属性为“True”，如图 11-10 所示。

至此，带滚动条的文本框制作完成。按【Shift+F5】快捷键放映，当文本框里显示不下所有的文本内容时就可以看到带滚动条的文本框了，效果如图 11-11 所示。

属性

TextBox1 TextBox

按字母序 | 按分类序

属性	值
MouseIcon	(None)
MousePointer	0 - fmMousePointerDefaul
MultiLine	True
PasswordChar	
ScrollBars	2 - fmScrollBarsVertical
SelectionMargin	True
SpecialEffect	2 - fmSpecialEffectSunke
TabKeyBehavior	False
Text	西湖，位于浙江省杭州
TextAlign	1 - fmTextAlignLeft
Top	156
Value	西湖，位于浙江省杭州
Visible	True
Width	258
WordWrap	True

图 11-10　文本框的属性设置

图 11-11　带滚动条的文本框

扫一扫

第5题

5. 单击小图看大图

在第 4 张幻灯片中插入关于杭州西湖的图片，要求能够实现单击小图，可以看到该图片的放大图，操作步骤如下：

① 选中第 4 张幻灯片，单击“插入”选项卡中的“文本”组中的“对象”按钮，在“插入对象”对话框的“对象类型”列表框中选择“Microsoft PowerPoint Presentation”，如图 11-12 所示，单击“确定”按钮。此时就会在当前幻灯片中插入一个“PowerPoint 演示文稿”对象，如图 11-13 所示。

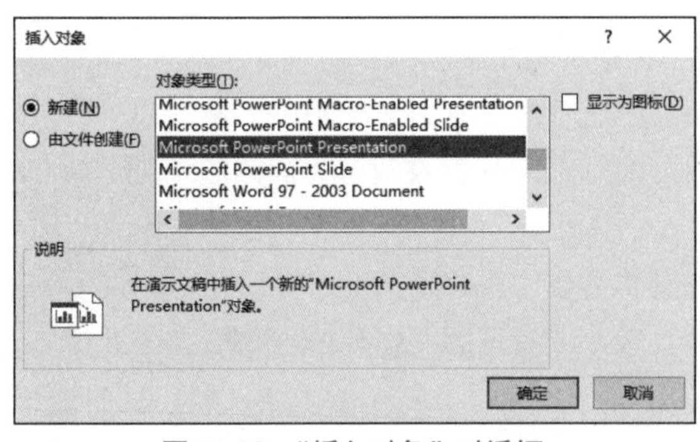

图 11-12　“插入对象”对话框

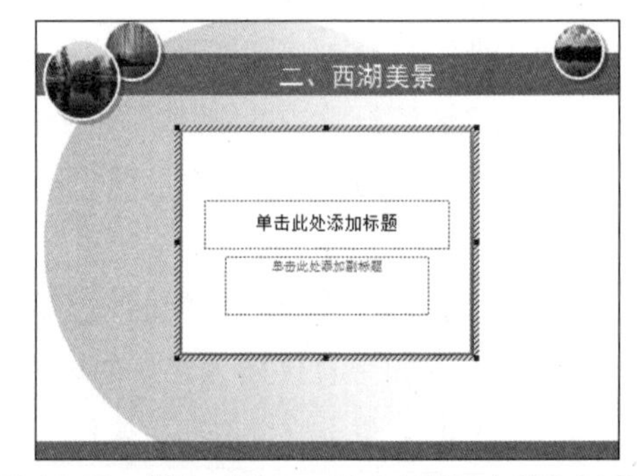

图 11-13　插入“PowerPoint 演示文稿”对象

② 单击“插入”选项卡中的“图像”组中的“图片”按钮，选择图片“西湖 1.jpg”，插入后调整图片大小，使得图片布满整个编辑区域，单击幻灯片空白处退出“PowerPoint 演示文稿”对象的编辑状态。

③ 用同样的方法继续插入 3 个“PowerPoint 演示文稿”对象，插入的图片分别是“西湖 2.jpg”“西湖 3.jpg”“西湖 4.jpg”，调整“PowerPoint 演示文稿”对象的大小与位置，操作完成后的效果如图 11-4 所示。

扫一扫

第6题

6. 触发器动画

在第 5 张幻灯片中，制作以下动画效果：

① 单击三潭印月按钮，以“水平随机线条”方式出现三潭印月图片，2 s 后自

动出现“跷跷板”强调动画效果，再 2 s 后以“水平随机线条”方式消失。

② 单击雷峰塔按钮，以“圆形放大”方式出现雷峰塔图片，2 s 后自动出现“跷跷板”强调动画效果，再 2 s 后以“圆形缩小”方式消失。

操作步骤如下：

① 选中第 5 张幻灯片，在“开始”选项卡中的“编辑”组中的“选择”下拉列表中选择“选择窗格”命令。

② 在如图 11-14 所示的“选择”任务窗格中，选中“三潭印月图片”。

图 11-14 “选择”任务窗格

③ 在“动画”选项卡中的“动画”组中的“进入”动画效果中选择“随机线条”，在“效果选项”下拉列表中选择“水平”，在“高级动画”组中的“触发”下拉列表中选择“通过单击”→“三潭印月按钮”命令，如图 11-15 所示。

图 11-15　触发器设置

④ 单击“添加动画”下拉按钮，在“强调”动画效果中选择“跷跷板”，在“触发”下拉列表中选择“通过单击”→“三潭印月按钮”命令，在“计时”组中的“开始”下拉列表框中选择“上一动画之后”，延迟设为 2 s。

⑤ 继续单击“添加动画”下拉按钮，在“退出”动画效果中选择“随即线条”，在“效果选项”下拉列表中选择“水平”，在“触发”下拉列表中选择“通过单击”→“三潭印月按钮”命令，在“开始”下拉列表框中选择“上一动画之后”，延迟设为 2 s。

⑥ 在“选择”任务窗格中，选中“雷峰塔图片”。

⑦ 在“动画”选项卡中的“动画”组中的“进入”动画效果中选择“形状”，在“效果选项”下拉列表中选择“圆”、“放大”，在“高级动画”组中的“触发”下拉列表中选择“通过单击”→“雷峰塔按钮”命令。

⑧ 单击“添加动画”下拉按钮，在“强调”动画效果中选择“跷跷板”，在“触发”下拉列表中选择“通过单击”→“雷峰塔按钮”命令，在“开始”下拉列表框中选择“上一动画之后”，延迟设为 2 s。

⑨ 继续单击“添加动画”下拉按钮，在“退出”动画效果中选择“形状”，在“效果选项”下拉列表中选择“圆”“缩小”，在“高级动画”组中的“触发”下拉列表中选择“通过单击”→“雷峰塔按钮”命令，在“开始”下拉列表框中选择“上一动画之后”，延迟设为 2 s。

至此，触发器动画设置完毕。单击“动画”选项卡中的“高级动画”组中的“动画窗格”按钮，可以看到如图 11-16 所示的动画序列。

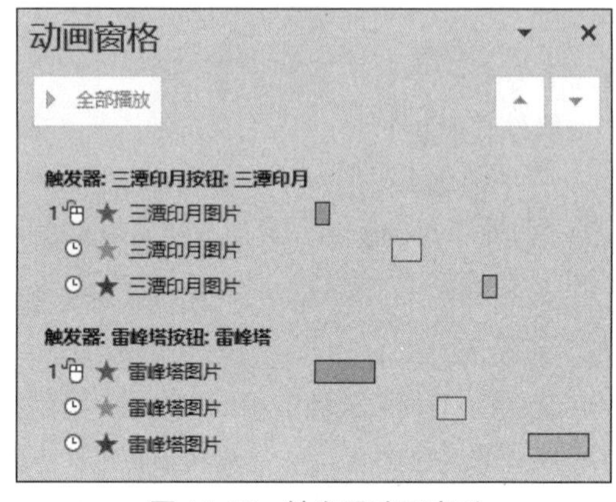

图 11-16　触发器动画序列

7. 动态图表

在第 6 张幻灯片中，以动态折线图的方式呈现如表 11-1 所示的游客人次变化，操作步骤如下：

① 选中第 6 张幻灯片，单击“插入”选项卡中的“插图”组中的“图表”按钮，在“插入图表”对话框中选择“折线图”，单击“确定”按钮。

② 把表 11-1 中的数据输入相应的数据表中，然后在数据编辑状态下，单击“图表工具 / 设计”选项卡中的“数据”组中的“切换行 / 列”按钮，调整图表的位置和大小，生成如图 11-17 所示的折线图。

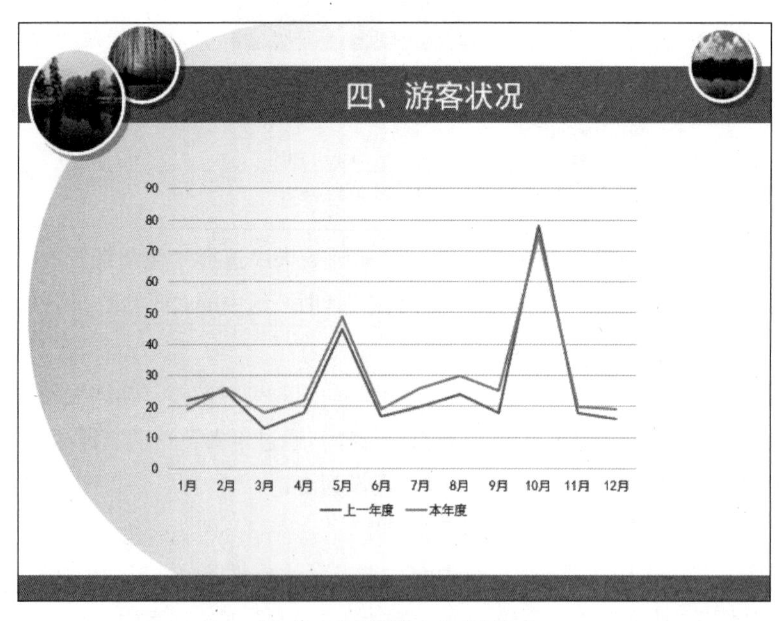

图 11-17　游客人次折线图

③ 选中该图表，在“动画”选项卡中的“动画”组中的“进入”动画效果中选择“擦除”，在“效果选项”下拉列表中选择“自左侧”和“按系列”，在“开始”下拉列表框中选择“上一动画之后”，持续时间设为 2 s。动态图表设置完成。

扫一扫

第8题

8．视频应用

在第 7 张幻灯片中，插入视频“观唐西湖 .wmv”，设置视频效果为“柔化边缘椭圆”，然后进行以下设置：

① 把第 9s 的帧设为视频封面。

② 把视频裁剪为第 7s 开始，到 105 s 结束。

③ 设置视频的触发器效果，使得单击“播放按钮”时开始播放视频，单击“暂停按钮”时暂停播放，单击“结束按钮”时结束播放视频。

操作步骤如下：

① 选中第 7 张幻灯片，单击“插入”选项卡中的“媒体”组中的“视频”→“PC 上的视频”命令，插入“观唐西湖 .wmv”。

② 选中视频，调整大小与位置，在“视频工具 / 格式”选项卡“视频样式”组中，把视频样式设为“柔化边缘椭圆”。

③ 定位到第 9 s 的画面，在“视频工具 / 格式”选项卡中，单击“调整”组中的“海报框架”下拉按钮，从下拉列表中选择“当前帧”，视频封面设置完毕，效果如图 11-18 所示。

④ 单击“视频工具 / 播放”选项卡中的“编辑”组中的“裁剪视频”按钮，把开始时间设为“00：07”，结束时间设为“01：45”，如图 11-19 所示，单击“确定”按钮。

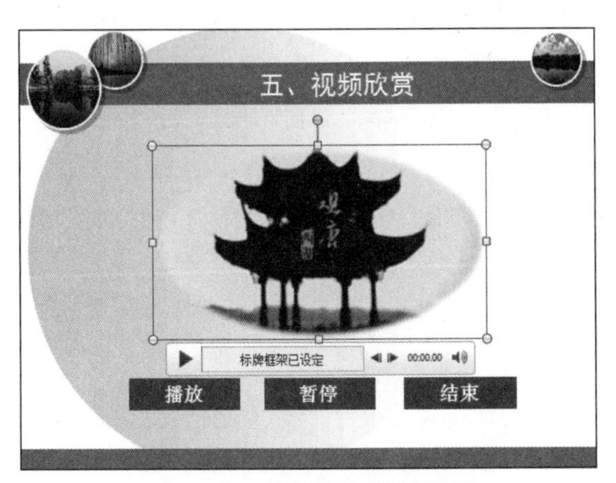

图 11-18　设好了封面的视频

图 11-19　“裁剪视频”对话框

⑤ 选中视频对象，在“动画”选项卡中的“动画”组中的“媒体”动画效果中选择“播放”，在“高级动画”组中的“触发”下拉列表中选择“通过单击”→“播放按钮”命令，如图 11-20 所示。

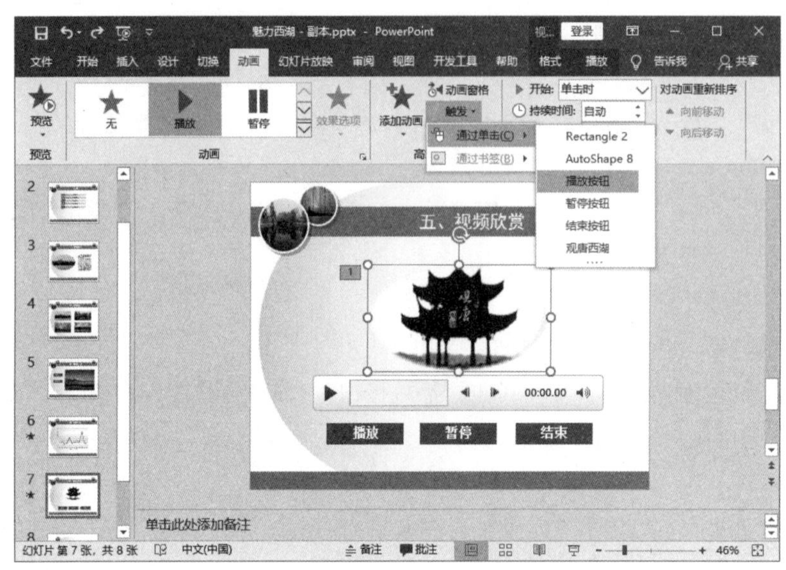

图 11-20 播放视频触发器设置

⑥ 单击“添加动画”下拉按钮，在“媒体”动画效果中选择“暂停”，在“触发”下拉列表中选择“通过单击”→“暂停按钮”命令。

⑦ 继续单击“添加动画”下拉按钮，在“媒体”动画效果中选择“停止”，在“触发”下拉列表中选择“通过单击”→“结束按钮”命令。

至此，视频的触发器设置完毕，通过“播放按钮”、“暂停按钮”和“结束按钮”可以控制视频的播放、暂停和结束。

9. 片尾动画

在第 8 张幻灯片中，把文本“欢迎来西湖！”的动画效果设置为：延迟 1 s 自动以“弹跳”的方式出现，然后一直加粗闪烁，直到下一次单击，操作步骤如下：

① 在第 8 张幻灯片中，选中文本“欢迎来西湖！”，在“动画”选项卡中的“动画”组中的“进入”动画效果选择“弹跳”，在“开始”下拉列表框中选择“上一动画之后”，延迟设为 1 s。

② 单击“添加动画”下拉按钮，在“强调”动画效果中选择“加粗闪烁”，在“开始”下拉列表框中选择“上一动画之后”。

③ 单击“动画窗格”按钮，双击强调动画对象打开“加粗闪烁”对话框，在“计时”选项卡中的“重复”下拉列表框中选择“直到下一次单击”，单击“确定”按钮。

至此，片尾动画设置完成。

10. 超链接

给第 2 张幻灯片中的各个目录项建立相关的超链接，可以在文字上建立超链接，也可以在文本框上建立超链接，在此选择在文本框上建立超链接，操作步骤如下：

① 在第 2 张幻灯片中，选中相应的文本框并右击，在弹出的快捷菜单中选择“超链接”命令。

② 在“插入超链接”对话框中，单击“本文档中的位置”选项，选择相应文档中的位置，如

图 11-21 所示，单击“确定”按钮即可建立一个目录项的超链接。

③ 依次在其他文本框上用同样的方法建立合适的超链接。

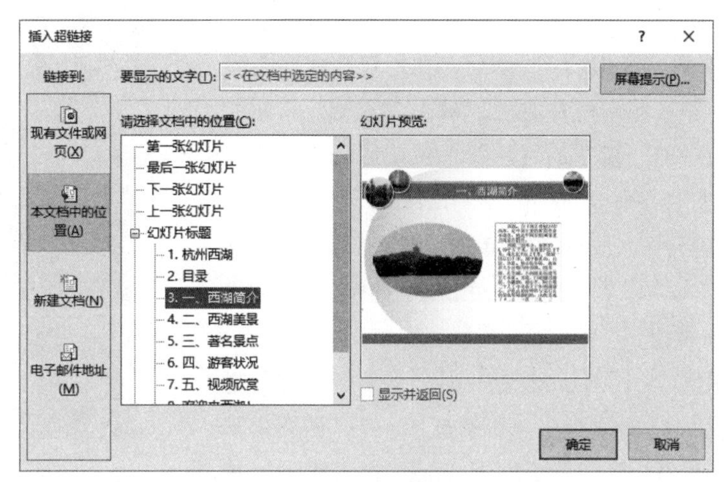

图 11-21　“插入超链接”对话框

11. 创建相册

创建一个相册“西湖美景 .pptx”，包含“西湖 1.jpg”、“西湖 2.jpg”、“西湖 3.jpg” 和 “西湖 4.jpg”共 4 幅图片，1 张幻灯片包含 1 幅图片，相框形状为“圆角矩形”，操作步骤如下：

① 在 PowerPoint 中，单击“插入”选项卡中的“图像”组中的“相册”→“新建相册”命令，打开“相册”对话框。

② 单击“文件 / 磁盘”按钮，在打开的“插入新图片”对话框中，选择“西湖 1.jpg”、“西湖 2.jpg”、“西湖 3.jpg” 和 “西湖 4.jpg” 共 4 幅图片，单击“插入”按钮。

③ 在“相册”对话框中，“图片版式”下拉列表框中选择“1 张图片”，“相框形状”下拉列表框中选择“圆角矩形”，如图 11-22 所示。

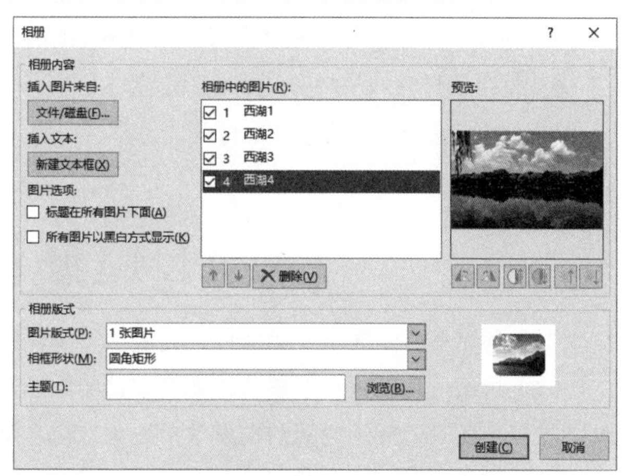

图 11-22　“相册”对话框

④ 单击“创建”按钮，将新生成的演示文稿保存为“西湖美景 .pptx”。

12. 设置主题和切换效果

把“西湖美景 .pptx”的第 1 张幻灯片删除，主题设为“切片”，切换效果设为“摩天轮”，操作步骤如下：

① 打开演示文稿“西湖美景 .pptx”，选中第一张幻灯片，按【Delete】键删除。

② 在“设计”选项卡中的“主题”组中选择主题“切片”。

③ 在“切换”选项卡中选择切换效果为“摩天轮”，其他默认，单击“全部应用”按钮。

④ 把演示文稿“西湖美景 .pptx”保存后关闭。

13. 重用幻灯片

把“西湖相册 .pptx”的 4 张幻灯片添加到“魅力西湖 .pptx”的最后，并且保留原有格式不变，操作步骤如下：

① 打开演示文稿“魅力西湖 .pptx”，在幻灯片缩略图窗格中将光标定位至第 8 张幻灯片之后，单击“开始”选项卡中的“幻灯片”组中的“新建幻灯片”下拉按钮，在下拉列表中选择“重用幻灯片”命令，打开“重用幻灯片”任务窗格。

② 在“重用幻灯片”任务窗格中单击“浏览”按钮，在下拉列表中选择“浏览文件”，在“浏览”对话框中选择“西湖相册 .pptx”，单击“打开”按钮。

③ 选中“重用幻灯片”任务窗格中的“保留源格式”复选框，如图 11-23 所示，分别单击 4 张幻灯片，把“西湖相册 .pptx”的 4 张幻灯片添加到“魅力西湖 .pptx”的最后了，并且保留了原来的主题和切换效果等格式。

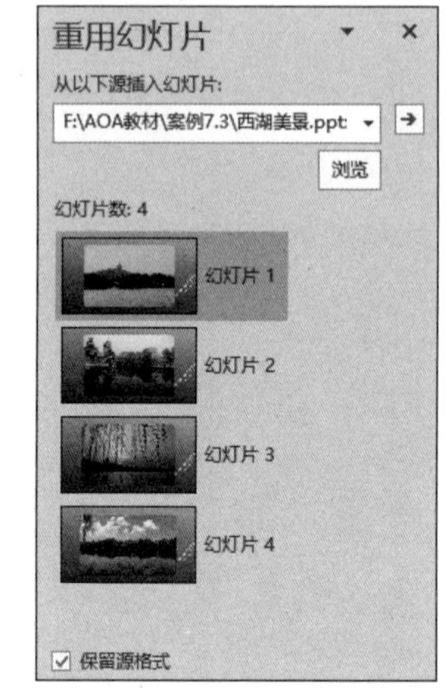

图 11-23　“重用幻灯片”任务窗格

14. 将演示文稿发布成视频

要把演示文稿“魅力西湖 .pptx”发布成全高清（1 080P）的视频，保存在“D:\”下，操作步骤如下：

① 选择“文件”选项卡中的“导出”→“创建视频”命令。

② 选择“全高清（1 080P）”和“不要使用录制的计时和旁白”按钮。

③ 每张幻灯片的放映时间默认设置为 5 s。

④ 单击“创建视频”按钮，打开“另存为”对话框，设置好文件名和保存位置，然后单击“保存”按钮。

11.4　提高操作

对上述制作好的演示文稿文件，完成以下操作：

（1）给幻灯片母版右下角添加文字“杭州旅游”。

（2）把所有幻灯片之间的切换效果设为“自左侧棋盘”，每隔 5 s 自动切换，也可以单击切换。

（3）设置放映方式，对第 9 张到第 12 张幻灯片进行循环放映。

（4）对背景音乐重新进行设置，要求连续播放到第 6 张幻灯片后停止播放。

案例 12 Excel 的数据交互

12.1 问题描述

从当前的 Excel 文件中自动生成一个新的 Excel 文件，并复制几列数据到新的 Excel 文件中。

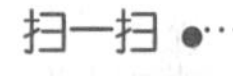

Excel的数据交互

因为涉及不同文件之间的数据交互操作和自动生成新的 Excel 文件，所以不仅仅是现有对象的使用，还需要建立新的文件对象。此例中，将会用到 Workbook 和 Sheets 等对象的使用。这里假设在“公务员考试表 .xlsm”中自动生成文件“我的工作簿 .xlsx”，并将需要的几列数据复制到“我的工作簿 .xlsx”文件中。

12.2 知识要点

（1）WorkBook 对象及其引用。

（2）WorkSheet 对象及其引用。

（3）Excel 中 Range 对象及其引用。

12.3 操作步骤与代码分析

首先介绍本案例涉及的 Excel 对象以及这些对象的方法和属性。

1. 工作簿对象的引用

WorkBook 对象是 WorkBooks 集合的成员。WorkBooks 集合包含 Excel 中当前打开的所有 WorkBook 对象。

（1）激活工作簿。只有当前活动的工作簿才是可以直接引用和操作的对象，因此在程序执行过程中需要将一个工作簿激活才能进行后续的操作。激活工作簿可以用文件名的表示方法，如“Workbooks(文件名).Activate”。本例可以通过“Workbooks(“公务员考试表”).Activate”来激活工作簿。

（2）打开工作簿。Open 方法用于打开一个现有的工作簿，语法为：

```
表达式 .Open(FileName, UpdateLinks, ReadOnly, Format, Password,
WriteResPassword, IgnoreReadOnlyRecommended, Origin, Delimiter,
```

```
Editable, Notify, Converter, AddToMru, Local, CorruptLoad)
```

表达式是一个代表Workbooks对象的变量,返回值是一个代表打开的工作簿的Workbook对象。

以下代码判断一个工作簿是否被打开。

```
For i = 1 To Workbooks.Count
    If Workbooks(i).Name = "公务员考试表.xlsm" Then
        MsgBox Workbooks(i).Name & "已经被打开"
        Exit Sub
    End If
Next i
MsgBox "文件未打开"
```

（3）新建工作簿。Add方法可以新建一个工作簿，语法为：

```
WorkBooks.Add(Template)
```

其中，Template为可选项。通过Add方法新建的工作簿将成为活动工作簿（ActiveWorkBook）。该方法的返回值为一个代表工作簿的Workbook对象。

因为Add方法只是建立新的工作簿，如果需要进一步对该工作簿进行操作，则需要将该对象赋值为Workbook变量。代码如下：

```
Dim myBook As  Workbook
Set  myBook = Workbooks.Add
```

（4）保存工作簿。Save方法用于保存工作簿，语法为：

```
表达式.Save 或者 表达式.SaveAs 工作簿完整路径
```

例如：

```
WorkBooks("我的工作簿").Save
```

2. WorkSheet对象的引用

Worksheet对象代表一个工作表，它是Worksheets集合的成员。Worksheets集合包含某个工作簿中所有的Worksheet对象,也是Sheets集合的成员。Sheets集合包含工作簿中所有的工作表(图表工作表和工作表)。

使用“Worksheets(index)”（其中index是工作表索引号或名称）可返回一个Worksheet对象。例如，下列代码表示修改最左边的工作表的名称为“新表”。

```
Worksheets(1).Name = "新表"
```

当工作表处于活动状态时，可以使用ActiveSheet属性来引用它。下例使用Activate方法激活Sheet1，将页面方向设置为“横向”，然后打印该工作表。

```
Worksheets("Sheet1").Activate
ActiveSheet.PageSetup.Orientation = xlLandscape
ActiveSheet.PrintOut
```

3. Range属性的应用

Worksheet.Range属性可以返回一个Range对象，它代表一个单元格或单元格区域。语法为：

```
表达式.Range(Cell1,Cell2)
```

其中，表达式为一个 Worksheet 对象的变量。Cell1 为必选项，数据类型为 Variant，它代表一个区域名称，必须为采用宏语言的 A1 样式引用，可包括区域操作符（冒号）、相交区域操作符（空格）或合并区域操作符（逗号）。

当应用于 Range 对象时，该属性与 Range 对象相关。例如，如果选中单元格 C3，那么“Selection.Range("B1")”返回单元格 D3，因为它同 Selection 属性返回的 Range 对象相关。此外，代码“ActiveSheet.Range("B1")”总是返回单元格 B1。下面列举一个具体的使用例子。

例如，将 Sheet1 上的单元格 A1 的值设置为 12.345，可以由以下代码完成：

```
Worksheets("Sheet1").Range("A1").Value = 12.345
```

4. Range 对象的 Copy 方法

Range.Copy 方法将单元格区域复制到指定的区域或剪贴板中，语法为：

```
表达式.Copy(Destination)
```

其中，表达式为一个 Range 对象的变量，Destination 为 Variant 类型的可选参数。Copy 方法的返回值为 Variant 类型。下面为该方法的使用实例。

```
Worksheets("Sheet1").Range("A1:D4").Copy _
    destination:=Worksheets("Sheet2").Range("E5")
```

该代码实现了将工作表 Sheet1 上单元格区域 A1:D4 中的公式复制到工作表 Sheet2 上的单元格区域 E5:H8 中。

5. 具体的操作步骤和代码分析

（1）建立或者打开一份 Excel 文档，这里假设有一份具有源数据的 Excel 文档，名称为“公务员考试表 .xlsm”。这份文档中的数据如图 12-1 所示。

	A	B	C	D	E	F	G	H	I	J
4	市高院	法官(刑事)	50008500384	周金	男	1996/04/25	硕士研究生	106.40	64.80	85
5	三中院	法官	50008500503	金伟伟	男	1997/01/27	本科	142.00	85.00	113
6	三中院	法官	50008500504	王祎汀	女	1996/04/12	硕士研究生	109.60	61.50	85.
7	三中院	法官(民事、行政)	50008501074	陈浩	男	1997/08/02	本科	134.00	78.00	1
8	三中院	法官(民事、行政)	50008501077	陈剑寒	男	1996/10/27	本科	115.80	60.50	88.
9	一中院	法官(刑事)	50008501148	冯彩霞	女	1996/07/25	博士研究生	142.00	90.00	1
10	一中院	法官(民事、男)	50008501666	徐文俠	男	1995/03/06	大专	153.50	76.75	115.1
11	一中院	法官(民事、男)	50008501667	陈诗荟	女	1995/10/08	硕士研究生	109.70	60.30	
12	市高院	法官(刑事)	50008502135	刘婧	女	1997/10/27	博士研究生	136.00	85.00	110
13	一中院	法官(刑事、男)	50008502301	董淼	男	1995/03/21	硕士研究生	153.50	90.25	121.8
14	一中院	法官(刑事、男)	50008502305	鲁迪庆	男	1997/10/07	硕士研究生	106.40	71.20	88
15	区法院	法官	50008502556	吕龙武	男	1994/03/06	本科	143.00	76.75	109.8
16	区法院	法官(刑事、男)	50008502558	叶风华	女	1998/12/04	本科	144.00	89.75	116.8
17	市高院	法官(民事、行政)	50008502825	许明伟	男	1996/04/12	大专	147.00	76.00	111
18	三中院	法官(刑事)	50008503251	刘马涛	男	1995/03/19	本科	134.50	75.75	105.1
19	市高院	法官(刑事)	50008503759	王潇潇	女	1993/12/24	本科	148.50	89.75	119.1
20	区法院	法官(民事)	50008503796	苏光刚	男	1991/10/24	本科	147.00	68.75	107.8
21	区法院	法官(民事)	50008503798	杜超	男	1994/04/25	硕士研究生	131.50	86.50	1
22	一中院	法官(民事、男)	50008504250	赵阳	男	1993/12/24	本科	133.50	89.50	111
23	一中院	法官(民事、男)	50008504255	杨磊	男	1997/06/22	硕士研究生	128.60	90.67	109.6
24	市高院	法官(民事、行政)	50008504651	詹婷婷	女	1991/10/24	硕士研究生	143.00	76.00	109

图 12-1　公务员考试表 .xlsm

（2）按【Alt+F11】组合键，打开 VBA 编辑器，在左侧的“工程”窗格中，右击该文档，从弹出的快捷菜单中选择“插入”菜单中的“模块”命令，双击插入的模块，出现模块代码窗口。在此代码窗口中输入程序清单 12-1 的内容。

程序清单 12-1

```
Sub MyNewBook()
Dim mybook As Workbook
Set mybook = Workbooks.Add
mybook.Worksheets(1).Name = "新表"
Workbooks("公务员考试表.xlsm").Worksheets(1).Range("D2:E44").Copy _
Destination:=mybook.Worksheets("新表").Range("A1:B43")
Workbooks("公务员考试表.xlsm").Worksheets(1).Range("A2:B44").Copy _
Destination:=mybook.Worksheets("新表").Range("C1:D43")
Workbooks("公务员考试表.xlsm").Worksheets(1).Range("H2:H44").Copy _
Destination:=mybook.Worksheets("新表").Range("E1:E43")
mybook.SaveAs "d:\我的工作簿.xlsx"
End Sub
```

本程序需要完成的任务是:将公务员考试表.xlsm 中的“报考单位”、“报考职位”、“姓名”、“性别”和“笔试成绩”5 个字段的所有数据复制到新生成的 Excel 文档（我的工作簿.xlsx）中。这些字段在我的工作簿.xlsx 文件中的顺序为“姓名”、“性别”、“报考单位”、“报考职位”和“笔试成绩”，并将新文档的第一张工作表命名为“新表”。

单击“调试”工具栏中的“运行子程序 / 用户窗体”按钮，即可看到如图 12-2 所示的效果。

姓名	性别	报考单位	报考职位	笔试成绩
孙琳伟	男	市高院	官(民事、行	134.50
周金	男	市高院	法官(刑事)	106.40
金伟伟	男	三中院	法官	142.00
王祎汀	女	三中院	法官	109.60
陈浩	男	三中院	官(民事、行	134.00
陈剑寒	男	三中院	官(民事、行	115.80
冯彩霞	女	一中院	法官(刑事)	142.00
徐文侠	男	一中院	官(民事、男	153.50
陈诗荟	女	一中院	官(民事、男	109.70
刘婧	女	市高院	法官(刑事)	136.00
董淼	男	一中院	官(刑事、男	153.50
鲁迪庆	男	一中院	官(刑事、男	106.40
吕龙武	男	区法院	法官	143.00
叶风华	女	区法院	官(刑事、男	144.00
许明伟	男	市高院	官(民事、行	147.00
刘马涛	男	三中院	法官(刑事)	134.50
王潇潇	女	市高院	法官(刑事)	148.50
苏光刚	男	区法院	法官(民事)	147.00
杜超	男	区法院	法官(民事)	131.50
赵阳	男	一中院	官(民事、男	133.50
杨磊	男	一中院	官(民事、男	128.60
詹婷婷	女	市高院	官(民事、行	143.00
陈斌霞	女	区法院	法官(男)	148.50

图 12-2 我的工作簿.xlsx

（3）代码分析：

① 首先需要新建立一份 Excel 文件，然后将数据从原来的文件中复制到新建立的文件内。语

句 Set mybook = Workbooks.Add 表示运用 WorkBooks 的 Add 方法增加一个新的 Excel 工作簿对象并将该对象赋值给 mybook 变量。接下来，对于新工作簿的操作都可以通过对 mybook 变量实施操作。

② 语句 mybook.Worksheets(1).Name = "新表"，表示将 mybook 工作簿中的第一张工作表（sheet1）的名字改为"新表"。

③ 语句 Workbooks("公务员考试表 .xlsm").Worksheets(1).Range("D2:E44").Copy _Destination:= mybook.Worksheets("新表").Range("A1:B43")，表示将"公务员考试表 .xlsm"中第一张工作表数据区域"D2:E44"中的数据复制到"新表 .xlsx"中"A1:B43"区间内。其他的复制语句功能都是一样的。

④ 语句 mybook.SaveAs "d:\ 我的工作簿 .xlsx"，表示使用 mybook 的 SaveAs 方法将新建的工作簿保存到 D 盘内，并命名为"我的工作簿 .xlsx"。

12.4　提高操作

将当前 Excel 文件中的数据分两个新的 Excel 文件存放，要求第一个新文件中存放的是前 10 行数据，第二个新文件中存放的是后 10 行数据，并且要求列字段的先后顺序和源文件中的顺序不同。

案例 13
Word 与 Excel 的数据交互

13.1 问 题 描 述

在 Excel 文件中自动生成一份 Word 文档，将 Excel 中的数据复制到新生成的 Word 文档中，并设置相应文字的格式和对齐方式。

因为涉及不同应用程序直接的信息交换，因此这里将会用到 MicroSoft Word 16.0 Object Library 对象库，同时这里假设将“公务员考试表 .xlsm”中的某几个字段的数据复制到新生成的 Word 文档中。

13.2 知 识 要 点

（1）Word Application 对象及其引用。

（2）Documents 和 ActiveDocument 对象及其引用。

（3）Word 中 Selection 对象及其引用。

（4）Word 中 TapStops 对象的 Add 方法。

（5）WorkSheet 中的 Range、CurrentRegion、Rows 和 Count 属性。

13.3 操作步骤与代码分析

首先介绍本案例涉及的 Word 对象和 Excel 对象以及这些对象的方法和属性。

1. 建立和释放 Word 应用程序对象

Word 应用程序对象即 Application 对象，表示 Microsoft Word 应用程序。Application 对象包含可返回顶级对象的属性和方法。例如，ActiveDocument 属性返回 Document 对象。使用 Application 属性可返回 Application 对象。以下示例显示 Word 用户名。

```
MsgBox Application.UserName
```

要使用 VBA 的自动化功能（以前称为 OLE 自动化）从另外一个应用程序控制 Word 对象，使用 Microsoft Visual Basic 的 CreateObject 或 GetObject 函数返回 Word Application 对象。下列 Microsoft Office Excel 示例启动 Word（如果它尚未启动），并打开一个现有的文档。

```
Set wrd = GetObject(, "Word.Application")
wrd.Visible = True
wrd.Documents.Open "C:\My Documents\Temp.docx"
Set wrd = Nothing
```

以上代码中的最后一句 Set 命令表示释放应用程序对象。

2. Documents 和 ActiveDocument 属性

Documents.Add 方法返回一个 Document 对象，该对象代表添加到打开文档集合的新建空文档。语法为：

```
表达式 .Add(Template, NewTemplate, DocumentType, Visible)
```

Application.ActiveDocument 属性的功能是返回一个 Document 对象，该对象代表活动文档。如果没有打开的文档，就会导致出错。该属性为只读，语法为：

```
表达式 .ActiveDocument
```

可用 ActiveDocument 属性引用处于活动状态的文档。下列示例用 Activate 方法激活名为“Document1”的文档，然后在活动文档的开头插入文本，最后打印该文档。

```
Documents ("Document1").Activate
Dim rngTemp As Range
Set rngTemp = ActiveDocument.Range(Start:=0, End:=0)
With rngTemp
    .InsertBefore "Company Report"
    .Font.Name = "Arial"
    .Font.Size = 24
    .InsertParagraphAfter
End With
ActiveDocument.PrintOut
```

3. Selection 对象、Tabstops 的 Add 方法

Selection 对象代表窗口或窗格中的当前所选内容。所选内容代表文档中选定（或突出显示）的区域，如果文档中没有选定任何内容，则代表插入点。每个文档窗格只能有一个 Selection 对象，并且在整个应用程序中只能有一个活动的 Selection 对象。

Tabstops 的 Add 方法返回一个 TabStop 对象，该对象代表添加到文档中的自定义制表位。语法为：

```
表达式 .Add(Position, Alignment, Leader)
```

4. WorkSheet 中的 Range、CurrentRegion、Rows 和 Count 属性

WorkSheet.Range 返回一个 Range 对象，它代表一个单元格或单元格区域。语法为：

```
表达式 .Range(Cell1, Cell2)
```

其中，表达式是一个代表 Worksheet 对象的变量。

Range.CurrentRegion 属性返回一个 Range 对象，该对象表示当前区域。当前区域是以空行与空列组合为边界的区域。该属性为只读，语法为：

```
表达式 .CurrentRegion
```

其中，表达式是一个代表 Range 对象的变量，该属性可用于许多操作，如自动扩展所选内容以包含整个当前数据区域，如 AutoFormat 方法。该属性不能用于被保护的工作表。

Range.Rows 属性返回一个 Range 对象，它代表指定单元格区域中的行。语法为：

```
表达式 .Rows
```

其中，表达式是一个代表 Range 对象的变量。在不使用对象标识符的情况下使用此属性等效于使用 ActiveSheet.Rows。

Range.Count 属性返回一个 Long 值，它代表集合中对象的数量。语法为：

```
表达式 .Count
```

其中，表达式是一个代表 Range 对象的变量。例如，代码：

```
ActiveSheet.Range("A1").CurrentRegion.Rows.Count
```

表示计算当前工作表中 A1 所在数据区域的行的总数。

具体的操作步骤和代码分析如下：

① 建立或者打开一份 Excel 文档，这里假设打开一份 Excel 文档，名称为“公务员考试表.xlsm”。这份 Excel 文档内部的数据如图 13-1 所示。

公务员考试表.xlsm - Excel

	A	B	C	D	E	F	G	H	I	J
4	市高院	法官(刑事)	50008500384	周金	男	1996/04/25	硕士研究生	106.40	64.80	85
5	三中院	法官	50008500503	金伟伟	男	1997/01/27	本科	142.00	85.00	113
6	三中院	法官	50008500504	王祎汀	女	1996/04/12	硕士研究生	109.60	61.50	85.
7	三中院	法官(民事、行政)	50008501074	陈浩	男	1997/08/02	本科	134.00	78.00	1
8	三中院	法官(民事、行政)	50008501077	陈剑寒	男	1996/10/27	本科	115.80	60.50	88.
9	一中院	法官(刑事)	50008501148	冯彩霞	女	1996/07/25	博士研究生	142.00	90.00	1
10	一中院	法官(民事、男)	50008501666	徐文侠	男	1995/03/06	大专	153.50	76.75	115.1
11	一中院	法官(民事、男)	50008501667	陈诗荟	女	1995/10/08	硕士研究生	109.70	60.30	
12	市高院	法官(刑事)	50008502135	刘婧	女	1997/10/27	博士研究生	136.00	85.00	110
13	一中院	法官(刑事、男)	50008502301	董淼	男	1995/03/21	硕士研究生	153.50	90.25	121.8
14	一中院	法官(刑事、男)	50008502305	鲁迪庆	男	1997/10/07	硕士研究生	106.40	71.20	88
15	区法院	法官	50008502556	吕龙武	男	1994/03/06	本科	143.00	76.75	109.8
16	区法院	法官(刑事、男)	50008502558	叶风华	女	1998/12/04	本科	144.00	89.75	116.8
17	市高院	法官(民事、行政)	50008502825	许明伟	男	1996/04/12	大专	147.00	76.00	111
18	三中院	法官(刑事)	50008503251	刘马涛	男	1995/03/19	本科	134.50	75.75	105.1
19	市高院	法官(刑事)	50008503759	王潇潇	女	1993/12/24	本科	148.50	89.75	119.1
20	区法院	法官(民事)	50008503796	苏光刚	男	1991/10/24	本科	147.00	68.75	107.8
21	区法院	法官(民事)	50008503798	杜超	男	1994/04/25	硕士研究生	131.50	86.50	1
22	一中院	法官(民事、男)	50008504250	赵阳	男	1993/12/24	本科	133.50	89.50	111
23	一中院	法官(民事、男)	50008504255	杨磊	男	1997/06/22	硕士研究生	128.60	90.67	109.6
24	市高院	法官(民事、行政)	50008504651	詹婷婷	女	1991/10/24	硕士研究生	143.00	76.00	109

Sheet1　Sheet2　Sheet3

图 13-1　原始数据

② 按【Alt+F11】组合键，打开 VBA 编辑器，在编辑器中选择“工具”→“引用”命令。在“引用”对话框中选择“Microsoft Word 16.0 Object Library”选项，单击“确定”按钮。

③ 在左侧的“工程”窗格中，右击该文档，从弹出的快捷菜单中选择“插入”→“模块”命令，出现模块代码窗口。在此代码窗口中输入程序清单 13-1 的内容。

程序清单 13-1

```
Sub MyNewDoc()
Dim myapp As Word.Application
Set myapp = CreateObject("word.application")
Dim Row As Integer
Dim i As Integer
Dim temptext As String
Application.ScreenUpdating = False
Row = ActiveSheet.Range("A1").CurrentRegion.Rows.Count
myapp.Documents.Add
Dim mydoc As Document
Set mydoc = myapp.ActiveDocument
Dim mysel As Selection
Set mysel = myapp.Selection
mysel.Paragraphs.TabStops.Add Position:=InchesToPoints(1)
mysel.Paragraphs.TabStops.Add Position:=InchesToPoints(2.8)
mysel.Paragraphs.TabStops.Add Position:=InchesToPoints(3.8)
mysel.Paragraphs.TabStops.Add Position:=InchesToPoints(4.8)
mysel.InsertAfter Text:=ActiveSheet.Range("A1") & vbCrLf
With mydoc.Paragraphs(1).Range
      .ParagraphFormat.Alignment = wdAlignParagraphCenter
      .Font.Size = 18
      .Font.NameFarEast = "华文行楷"
End With
For i = 2 To Row
temptext = ActiveSheet.Cells(i, 1)
temptext = temptext & vbTab & ActiveSheet.Cells(i, 2)
temptext = temptext & vbTab & ActiveSheet.Cells(i, 4)
temptext = temptext & vbTab & ActiveSheet.Cells(i, 5)
temptext = temptext & vbTab & ActiveSheet.Cells(i, 10) & vbCrLf
myapp.Selection.InsertAfter Text:=temptext
If i = 2 Then
  mydoc.Paragraphs(2).Range.Font.Bold = True
End If
Next i
mydoc.SaveAs2 Filename:="D:\我的文档.docx"
mydoc.Close
myapp.Quit
Application.ScreenUpdating = True
End Sub
```

④ 选定 MyNewDoc() 代码，单击“调试”工具栏中的“运行子程序 / 用户窗体”按钮，即可看到运行程序后的效果，如图 13-2 所示。

公务员考试成绩表

报考单位	报考职位	姓名	性别	总成绩
市高院	法官(民事、行政)	孙琳伟	男	112.25
市高院	法官(刑事)	周金	男	85.6
三中院	法官	金伟伟	男	113.5
三中院	法官	王祎江	女	85.55
三中院	法官(民事、行政)	陈浩	男	106
三中院	法官(民事、行政)	陈剑塞	男	88.15
一中院	法官(刑事)	冯彩霞	女	116
一中院	法官(民事、男)	徐文侠	男	115.125
一中院	法官(民事、男)	陈诗荟	女	85
市高院	法官(刑事)	刘婧	女	110.5
一中院	法官(刑事、男)	董淼	男	121.875
一中院	法官(刑事、男)	鲁迪庆	男	88.8
区法院	法官	吕龙武	男	109.875
区法院	法官(刑事、男)	叶风华	女	116.875
市高院	法官(民事、行政)	许明伟	男	111.5
三中院	法官(刑事)	刘马涛	男	105.125
市高院	法官(刑事)	王潇潇	女	119.125

图 13-2　我的文档 .docx

⑤ 主要代码分析：

语句 Set myapp = CreateObject(“word.application”)，运用 CreateObject 创建 Word 应用程序对象，利用 Set 语句将创建的应用程序对象赋值为 myapp 变量。

语句 Row = ActiveSheet.Range(“A1”).CurrentRegion.Rows.Count，运用 Excel 的 CurrentRegion 对象中 Rows 的 count 属性获得 A1 所在数据区间总的行数并赋值为 Row 变量。

语句 myapp.Documents.Add，利用 Add 方法为 myapp 增加一个文档，运用 Set mydoc = myapp.ActiveDocument 语句，将当前 myapp 对象中的活动文档复制给 mydoc 变量。

语句 Set mysel = myapp.Selection，将 myapp 的编辑插入点赋值给 mysel 对象，利用 mysel.Paragraphs.TabStops.Add 方法为文档添加制表位，并根据 Position 的值确定制表位的位置。

利用 With mydoc.Paragraphs(1).Range …End With 语句给 mydoc 的第一个段落设置格式，对应于图 13-2 中的第一行（也是第一段）“公务员考试成绩表”。

利用 For i=2 To Row … Next i 循环，将 Excel 中 ActiveSheet 对应的 Cell 对象的值依次连接（利用 & 运算符），并依次赋值 temptext 变量，最后运用 myapp.Selection 的 InsertAfter 方法插入到文档尾部。

利用 mydoc.Paragraphs(2).Range.Font.Bold = True 语句设定第一行文字（第二段）为加粗格式。最后，用语句 mydoc.SaveAs2 Filename:=“D:\ 我的文档 .docx” 来保存 Word 文件。

13.4　提 高 操 作

在 Excel 中自动生成 3 个 Word 文档，将 Excel 中的某 4 个字段的数据（共 15 行）以行的方式依次复制到 3 个 Word 文档中。要求每个 Word 文档包含 5 行数据。

案例 14 Word 与 PowerPoint 的数据交互

14.1 问题描述

将 Word 文档中的某段文本传送到 PowerPoint 演示文稿的幻灯片中。因为涉及不同应用程序间直接的信息交换，因此这里将会用到 PowerPoint 16.0 Object Library 对象库，同时这里假设将“Word 测试文档 .docx”中的第二段文字加入 PowerPoint 演示文稿中。

扫一扫

Word与PPT的数据交互

14.2 知识要点

（1）PowerPoint Application 对象及其应用。

（2）Slide 和 Shapes 对象及其应用。

（3）TextFrame 和 TextRange 对象及其应用。

（4）Documents 对象的 Add 方法及其应用。

14.3 操作步骤与代码分析

首先介绍本案例涉及的 Word 对象和 PowerPoint 对象以及这些对象的方法和属性。

1. 建立和释放 PowerPoint 应用程序对象

PowerPoint 应用程序对象，即 Application 对象，代表整个 Microsoft PowerPoint 应用程序。Application 对象包括应用程序范围内的设置和选项及用于返回顶层对象的属性，如 ActivePresentation、Windows 等。

以下代码在其他应用程序中创建一个 PowerPoint Application 对象，并启动 PowerPoint（如果还未运行的话），然后打开一个名为“exam.pptx”的现有演示文稿。

```
Set ppt = New Powerpoint.Application
ppt.Visible = True
ppt.Presentations.Open "c:\My Documents\exam.pptx"
```

2. Slide 属性、Shapes 属性以及 TextFrame、TextRange 对象的应用

（1）Slide 属性代表一个幻灯片。Slides 集合包含演示文稿中的所有 Slide 对象。

使用“Slides(index)”（其中 index 为幻灯片名称或索引号）或“Slides.FindBySlideID(index)”（其中 index 为幻灯片标识符）返回单个 Slide 对象。以下代码设置当前演示文稿中第一张幻灯片的版式。

```
ActivePresentation.Slides.Range (1).Layout = ppLayoutTitle
```

（2）Shapes 属性指定幻灯片中所有 Shape 对象的集合。每个 Shape 对象代表绘图层中的一个对象，如自选图形、任意多边形、OLE 对象或图片。

（3）TextFrame 对象代表 Shape 对象中的文字框。包含文本框中的文本，还包含控制文本框对齐方式和缩进方式的属性和方法。

（4）TextRange 对象包含附加到形状上的文本，以及用于操作文本的属性和方法。

使用 TextFrame 对象的 TextRange 属性返回任意指定形状的 TextRange 对象。使用 Text 属性返回 TextRange 对象中的文本字符串。

3. ActiveDocument 对象的使用

在 Word 中 Document 对象代表一篇文档。Document 对象是 Documents 集合中的一个元素。Documents 集合包含 Word 当前打开的所有 Document 对象。

用 Add 方法可创建一篇新的空文档，并将其添加到 Documents 集合中。

4. 具体的操作步骤和代码分析

（1）建立或者打开一份 Word 文档，这里假设建立一份 Word 文档，名称为“WORD 测试 .docx”文档。在这份文档中输入或者复制相关的文字，如图 14-1 所示。

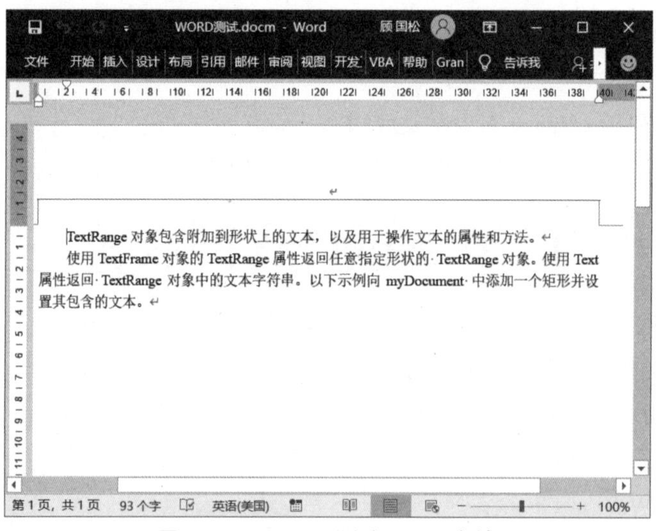

图 14-1　WORD 测试 .docx 文档

（2）按【Alt+F11】组合键，打开 VBA 编辑器，在编辑器中选择“工具”→“引用”命令。在“引用”对话框中选择“Microsoft PowerPoint16.0 Object Library”选项，单击“确定”按钮。

（3）在左侧“工程”窗口中，右击该文档，选择“插入”菜单中的“模块”命令，双击插入的模块，出现模块代码窗口。在此代码窗口中输入程序清单 14-1 的内容。

程序清单 14-1

```
Public Sub Export_PPTX()
Dim PPTX_Object As PowerPoint.Application
If Tasks.Exists("Microsoft PowerPoint") Then
  Set PPTX_Object = GetObject(, "Powerpoint.Application")
Else
  Set PPTX_Object = CreateObject("PowerPoint.Application")
End If
PPTX_Object.Visible = True
Set myPresentation = PPTX_Object.Presentations.Add
Set mySlide = myPresentation.Slides.Add(Index:=1, Layout:=ppLayoutText)
mySlide.Shapes(1).TextFrame.TextRange.Text = ActiveDocument.Name
mySlide.Shapes(2).TextFrame.TextRange.Text = _
ActiveDocument.Paragraphs(2).Range.Text
myPresentation.SaveAs "d:\WORD 测试 .pptx"
Set PPTX_Object = Nothing
End Sub
```

（4）选定 Export_PPTX() 代码，单击“调试”工具栏中的“运行子程序 / 用户窗体”按钮，即可看到程序运行的效果，如图 14-2 所示。

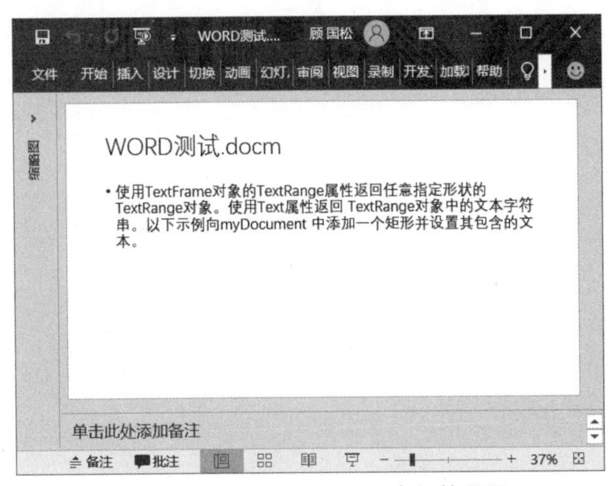

图 14-2　文本复制到 PPT 中的效果图

（5）代码分析：

① 首先用 Task.Exists(“Microsoft PowerPoint”) 条件判断当前是否有打开的 PowerPoint 应用程序，如果存在，则用语句 Set PPTX_Object = GetObject(, “Powerpoint.Application”)，GetObject 函数得到 PowerPoint 应用程序对象并赋值给 PPTX_Object 变量；如果没有打开 PowerPoint 应用程序，则通过语句 Set PPTX_Object = CreateObject(“PowerPoint.Application”) 创建新的 PowerPoint 应用程序对象并赋值给 PPTX_Object 变量。

② 语句 Set myPresentation = PPTX_Object.Presentations，Add 表示利用 Add 方法建立一份演示文稿对象，并赋值给 myPresentation 变量。

③ 语句 Set mySlide = myPresentation.Slides.Add(Index:=1, Layout:=ppLayoutText) 表示利用

Slides 对象的 Add 方法给新建的演示文稿增加一张具有主副标题版式的幻灯片。

④ 通过语句 mySlide.Shapes(1).TextFrame.TextRange.Text = ActiveDocument.Name 给幻灯片中的第一个文本框（主标题文本框）赋值为当前活动 Word 文档的文件名；使用同样的方法给第二个文本框赋值为 Word 文档内的第二段文字。

⑤ 最后通过语句 myPresentation.SaveAs "d:\WORD 测试 .pptx"，保存生成的演示文稿，通过 Set PPTX_Object = Nothing，释放 PPTX_Object 对象。

14.4 提高操作

（1）对 PowerPoint 中选中的文本框内的文字进行颜色、字形和字号设置或项目编号设置。

（2）编写程序，将一个演示文稿中的每一张幻灯片生成独立的一个演示文稿。

案例 15 Visio 2019 高级应用

本章是 Visio 2019 理论知识的实践应用。通过与实际生活相关的两个案例：采购跨职能流程图和家居规划图，使用户能够掌握更多的 Visio 2019 绘图技术和使用技巧。

15.1 采购跨职能流程图

15.1.1 问题描述

根据以下描述，用 Visio 2019 画出采购跨职能流程图。

采购流程涉及的人员有：申请人、采购经理 / 总监、采购专员、供应商、使用人 (PM/ 客户)、财务。

采购分为四个阶段：供应商签约、申请、执行、管理。

① 供应商签约阶段：采购专员对供应商评估，项目经理和供应商签约。

② 申请阶段：申请人提前 5 天向采购经理提交申请表并审批，采购专员对供应商进行选择（从采购经理处获得）。

③ 执行阶段：采购专员从提供的供应商处采购，供应商发货，客户收货并填写收货单，财务收款；同时对物品验货，填写验货单，付款给供应商。

④ 管理阶段：采购专员按月向采购经理汇总，并提供采购记录；同时对供应商复评，提供评审表。项目经理对采购记录每季分析，并根据采购专员提供的评审表对供应商确认，最后提供合格供应商名单。

15.1.2 知识要点

（1）跨职能流程图模板。

（2）页面设置。

（3）形状颜色填充。

（4）在 Word 文档中插入 Visio 2019 绘图。

15.1.3 操作步骤

1. 创建跨职能流程图

启动 Visio 2019，单击“文件”选项卡中的“新建”命令，在“模板”中选择流程图中的跨

扫一扫

跨职能流程图

职能流程图，单击“创建”按钮。

2. 设计泳道图

（1）添加泳道。根据需要选择方向为垂直的跨职能流程图，如图15-1所示。默认“泳道”为两个，添加泳道可单击“泳道”边界，添加“泳道”，如图15-2所示。

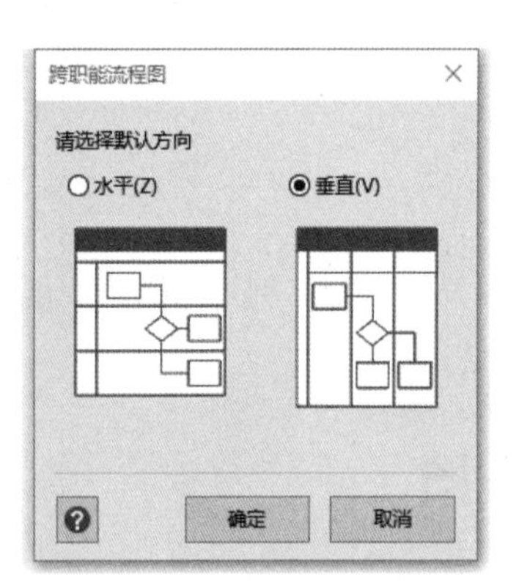

图15-1 选择跨职能流程图的方向

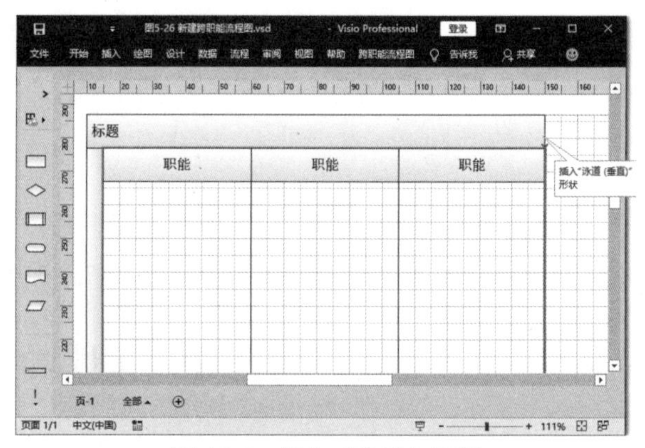

图15-2 插入“泳道”形状

采购流程涉及6类人，因此，设计6个泳道。在标题栏填写制作流程的名称及各泳道名称，如图15-3所示。

（2）插入分隔符。单击“跨职能流程图”选项卡，在左侧“形状”列表选中分隔符并拖到“跨职能流程图”中的相应位置，按相同方法插入3个分隔符。在跨职能流程图中，双击“阶段”，填写各阶段的名称，分别为：供应商签约、申请、执行、管理，如图15-4所示。

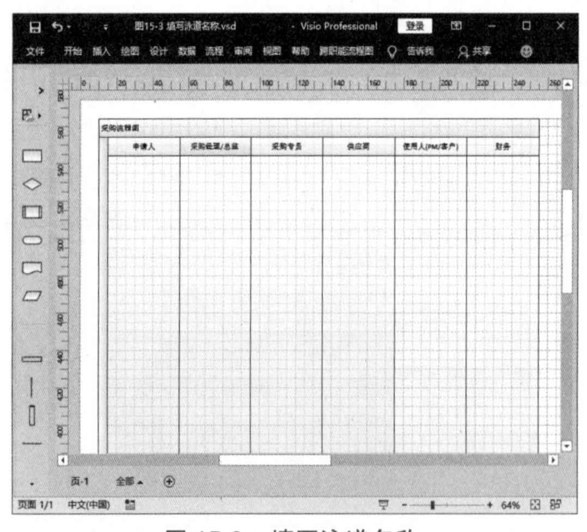

图15-3 填写泳道名称

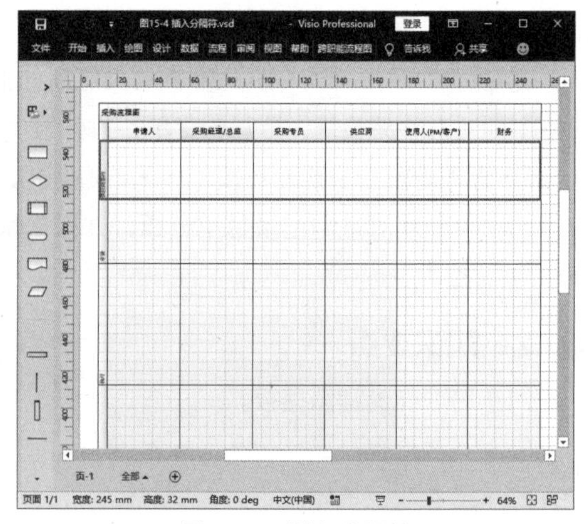

图15-4 插入分隔符

3. 选择流程图形状

根据题目，选择流程图形状，添加需要的流程图形状。单击“基本流程图形状”并选择需要的形状，用鼠标将选中的流程图形状拖至泳道图中。

4. 连接各泳道

将各个节点按照逻辑顺序通过动态连接线进行连接。当形状四周出现箭头时，单击箭头，可以同时新增形状和连接线。形状四周的箭头如图 15-5 所示。

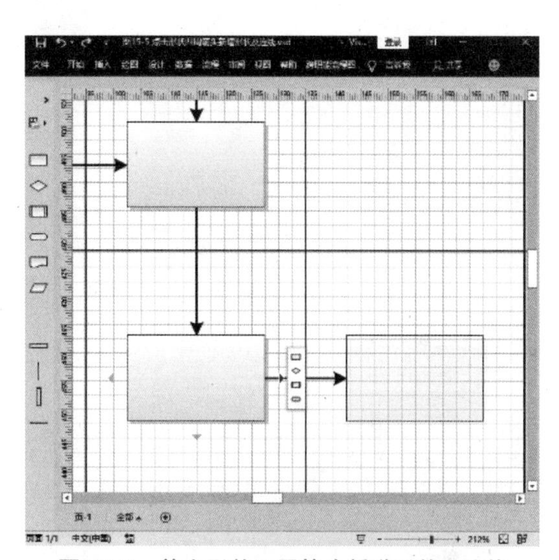

图 15-5　单击形状四周箭头新增形状及连线

5. 添加文本

双击形状，添加文本。右击形状，在弹出的快捷菜单中选择“格式”中的“字体”命令，对字体进行设置。如果要同时对多个形状设置字体，可以按【Ctrl】键并单击选中多个形状，再右击，在弹出的快捷菜单中选择“格式”中的“字体”命令进行设置，效果如图 15-6 所示。

6. 添加标注

跨职能流程图需要添加一些标注，使流程清晰。选择“插入”选项卡中的“标注”命令，如图 15-7 所示，并设置标注的填充颜色。

7. 形状及泳道颜色填充

为了使绘图更加美观，选择形状，单击“开始”选项卡，在“形状样式”组中单击小箭头，从弹出的“设置形状格式”对话框中详细设置，可以选择相应的颜色和图案以及透明度。

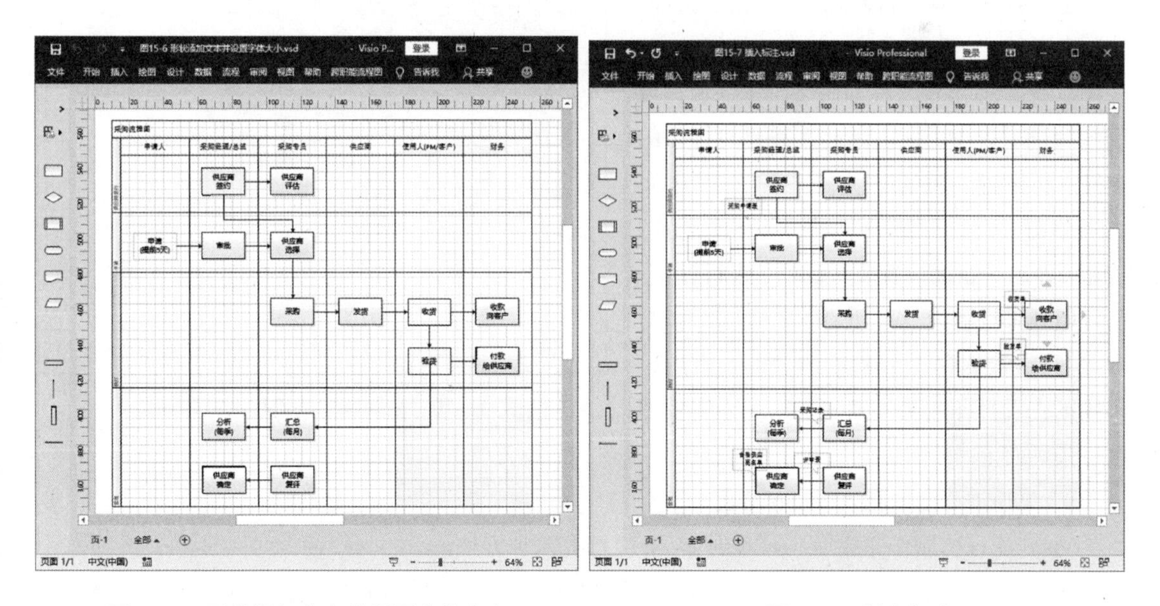

图 15-6　形状添加文本并设置字体大小　　图 15-7　插入标注

设置界面如图 15-8 所示。如需一次进行多个形状填充，可按【Ctrl】键并单击选中多个形状，然后再对形状填充颜色设置。对跨职能流程图颜色填充后，效果如图 15-9 所示。

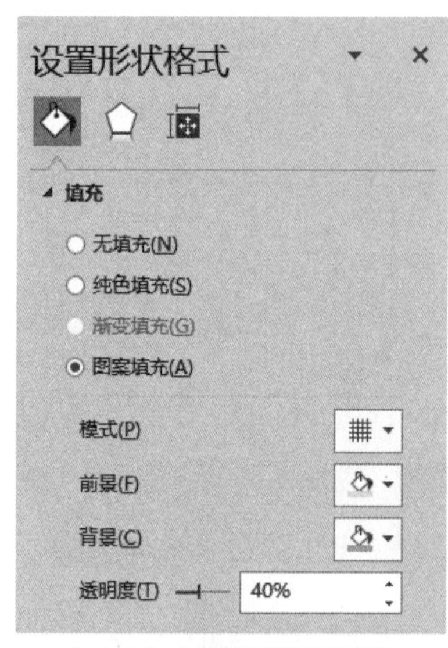

图 15-8　设置泳道填充颜色

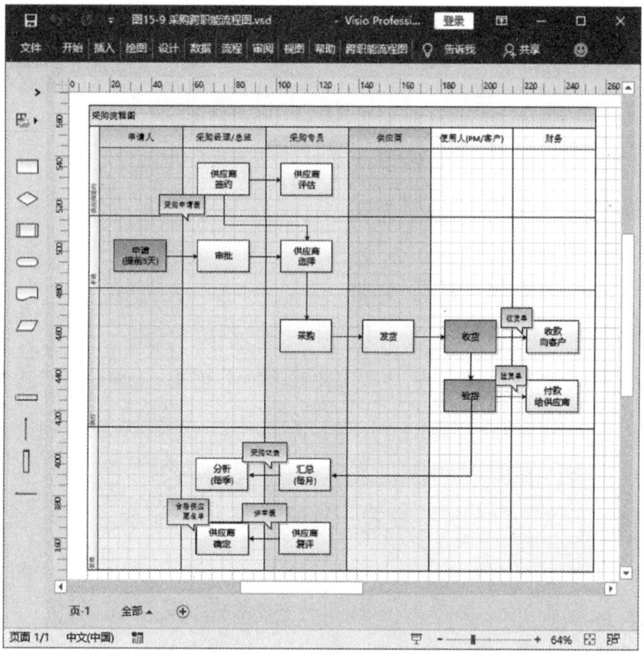

图 15-9　采购跨职能流程图

8. 页面设置

要打印绘制完成的跨职能流程图，需要对其进行打印设置。打印之前，单击“文件”选项卡下的“打印”命令，单击“打印预览”按钮，查看打印效果。如图 15-10 所示，流程图超过了打印页面。因此，需要对打印的文件进行设置。

单击“设计”选项卡下的“页面设置”按钮，弹出“页面设置”对话框，进行设置。将打印纸张设置为 16K 纸，纸张方向改为“横向”。并将绘图移至 16K 纸的顶部。再用打印预览查看打印效果，确定采购职能流程图在一张页面上。

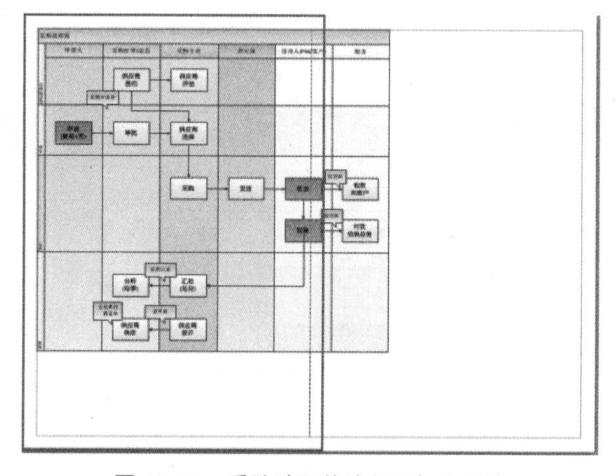

图 15-10　采购跨职能流程图打印预览

9. Word 文档中插入 Visio 绘图

Visio 流程图制作完成后，导入到 Word 文档有两种方法。

方法一：选定整个 Visio 流程图右击，复制并粘贴至 Word 文档中，如图 15-11 所示。若要修改插入的绘图，可通过双击实现。

方法二：单击“插入”选项卡“文本”组中的“对象”按钮，弹出“对象”对话框，选择“由文件创建”选项卡，单击“浏览”按钮，选择要插入的绘图文件，选择“链接到文件”复选框，最后单击“确定”按钮，实现对象的链接，如图 15-12 所示。

两者的区别是：方法一可以减小目标文件的大小，但是如果 Visio 绘图发生变化，其不会随之发生变化。方法二是插入链接对象，将绘图链接到文档中，绘图和目标文件建立关系，即 Visio 绘图发生改变，则 Word 中的绘图文件也同步发生改变。如果要将文档移动到另一台计算机，需要同时移动绘图文件，否则无法修改绘图。

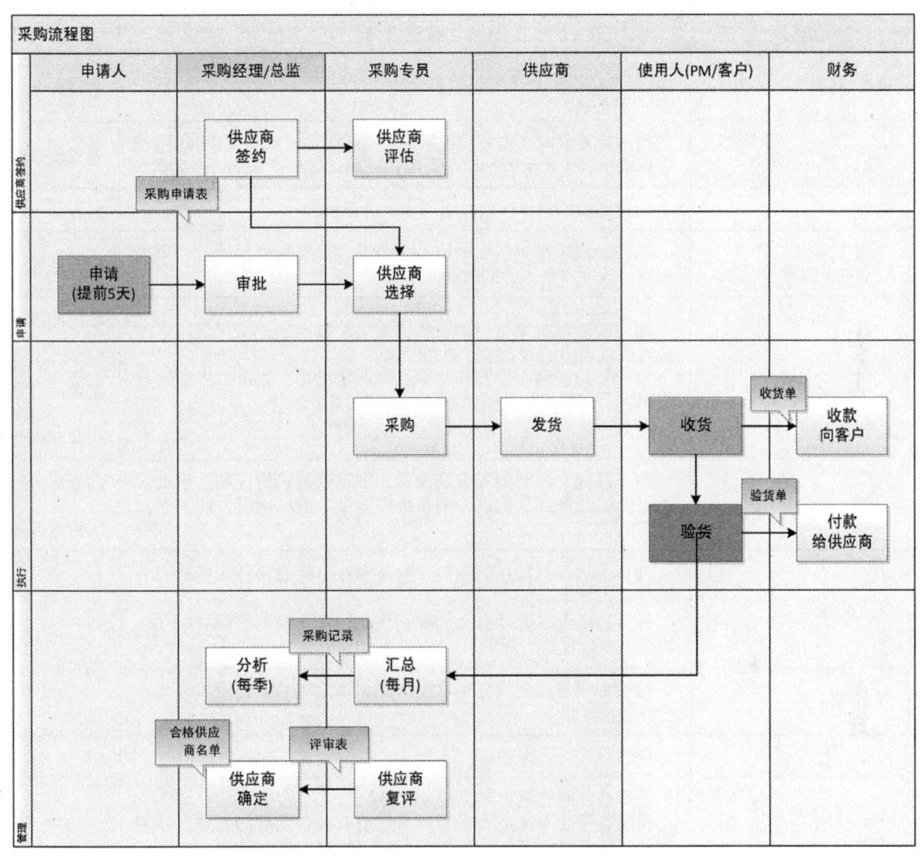

图 15-11　Visio 文件在 Word 中粘贴为图片

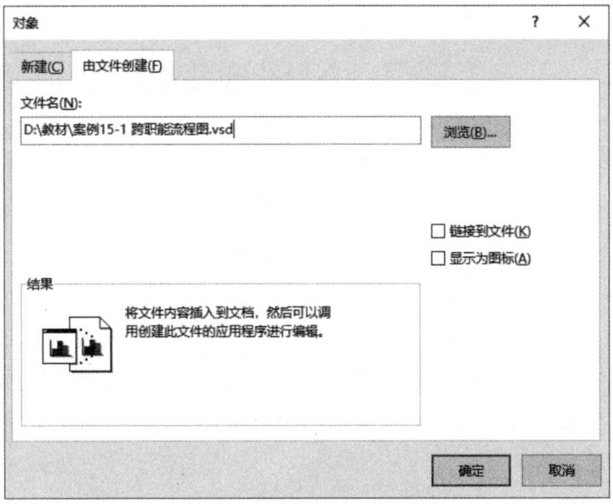

对象　?　×

新建(C)　由文件创建(F)

文件名(N):

D:\教材\案例15-1 跨职能流程图.vsd　浏览(B)...

☐ 链接到文件(K)

☐ 显示为图标(A)

结果

将文件内容插入到文档，然后可以调用创建此文件的应用程序进行编辑。

确定　取消

图 15-12 “对象”对话框

15.1.4　提高操作

将表 15-1 所示的流程用 Visio 2019 画出对应的跨职能流程图。

表 15-1　流程表

申请或更换设备流程			
序号	流程	流程说明	权限
1	设备申请	填写《办公设备采购申请单》或《设备更换申请表》的设备型号、配置等信息	申请人
	审核申请	行政部网管对《办公设备采购申请单》或《设备更换申请表》进行审核，审核后返回申请人确认，确认后提交采购部采购员	商务部采购员
2	询价	商务部按申请单内容，填写相关设备价格	商务部采购员
3	审批 （2 000 元以下）	部门经理审批询价后的设备申请单，批准后提交网管。审批未通过返回申请人，同时通知网管	部门经理
	审批 （2 000 元以上）	部门经理审批询价后的设备申请单，批准后提交网管。审批未通过返回申请人，同时通知网管。 事业部总经理审批部门经理提交的审批单，批准后提交行政部网管。审批未通过返回申请人，同时通知网管。 网管审核后提交商务部采购员进行采购	部门经理 事业部总经理 行政部网管员
4	采购	商务部提交主管商务部副总裁，审批通过进行采购。审批未通过返回商务部采购员，采购员将审批单返回网管，同时通知申请人	商务部采购员 主管商务部副总裁
5	到货验收	商务部联系好配送时间后，应及时在申请表预计到货时间中提交预到货时间。 到货后商务部进行验收，确定产品无误，进行到货验收手续。填写《办公设备入库单》	
6	资产交付	行政部网管接到商务部取货通知，确定产品无误后填写《办公设备出库单》	
7	入库登记	网管员进行入库登记	
8	领用	由行政部网管通知申请人领用设备。 员工在领用个人办公设备时需检查及其各硬件的完整，如领用后再发现硬件缺少，行政部将不予补领。 由网管员在《固定资档案卡》登记设备的详细配置，领用人确认配置后登记签字	

15.2　家居规划图

在装修之初，用户尝试使用软件来 DIY 自家的户型布局。一般专业人员使用 CAD 制图，但是对于初学者来说 Auto CAD 界面不友好。Visio 2019 的界面和操作都与 Word 类似，简单易学。并且，Visio 自带了简单的家具库，可以对家具摆放的位置进行排列组合。

15.2.1　问题描述

用户购买了二手学区房，但是由于学区房年代久远，无法找到对应房子的户型图。通过实地测量，用户获得了该二手房的平面尺寸。用户在 Visio 2019 中绘制出该户型图，并对家居进行规划，设计出家居规划图。

15.2.2　知识要点

（1）页面设置。

（2）家具规划模板。

（3）墙壁、外壳和结构模具。

（4）家具、柜子、家电模具。

（5）卫生间和厨房平面图模具。

（6）建筑物核心模具。

（7）形状的位置、大小、方向调整。

15.2.3　操作步骤

一般的操作步骤都会经历绘图文件的创建、页面设置、模具选择、形状的添加和设置等。用户首先绘制原建结构平面图，如图 15-13 所示。房子的外墙尺寸单位为毫米（mm）。

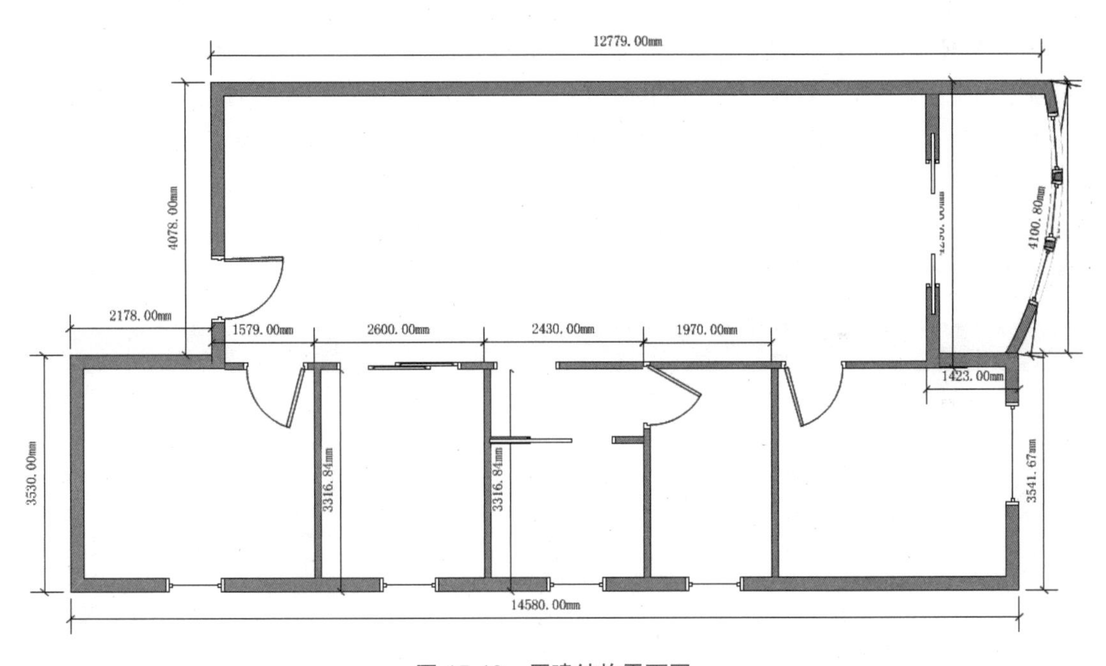

图 15-13　原建结构平面图

1. 制作原建结构平面图

创建一个新的绘图文件，生成原建结构的户型图，其操作步骤如下：

① 新建绘图文件。单击“文件”选项卡中的“新建”命令，从“类别”中选择“地图和平面布置图”，再从打开的界面中选定“家居规划”，单击“创建”按钮。

② 设置页面尺寸、缩放比例及页属性。单击“设计”选项卡中的“页面设置”组中的对话框启动器按钮，在弹出的“页面设置”对话框中选择“页面尺寸”选项卡，设置预定义的大小为“A4”纸，页面方向为“横向”，单击“应用”按钮。单击“绘图缩放比例”选项卡，单击“自定义缩放比例”选项，在输入框中输入“4 cm”及“3 000 mm”，如图 15-14 所示。单击“页属性”选项卡，设置前景的度量单位为“毫米”，单击“确认”按钮。

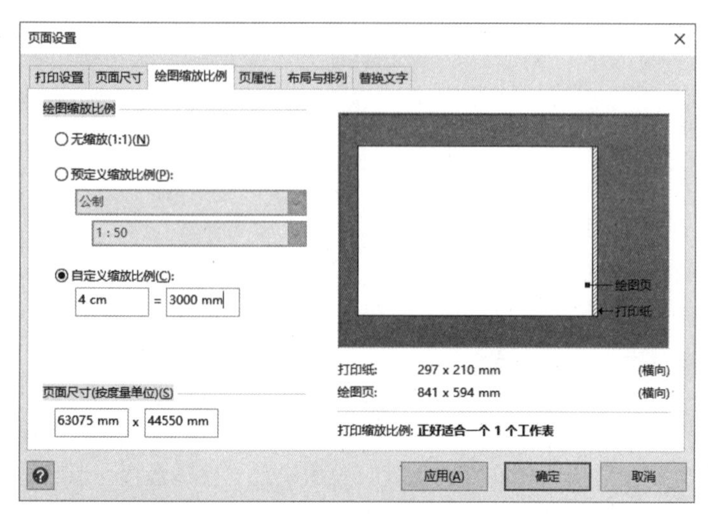

图 15-14 设置页面缩放比例为 1:75

③ 设置“空间尺寸”。在“形状”窗格中，将“墙壁、外壳和结构”模具中的“空间”形状拖动到绘图页上，单击“形状”后，使其面积约为 52 平方米。按照相同的方法，在该“空间”的下面生成一个“空间”,如图 15-15 所示。使用【Shift】+ 方向键,将两个“空间”的上下边界重合，便于后续操作。

④ 联合“空间”。选定 2 个“空间”形状并右击，在弹出的快捷菜单中选择“联合”命令，就把选定的 2 个“空间”形状联合成 1 个大的“空间”形状，如图 15-16 所示。

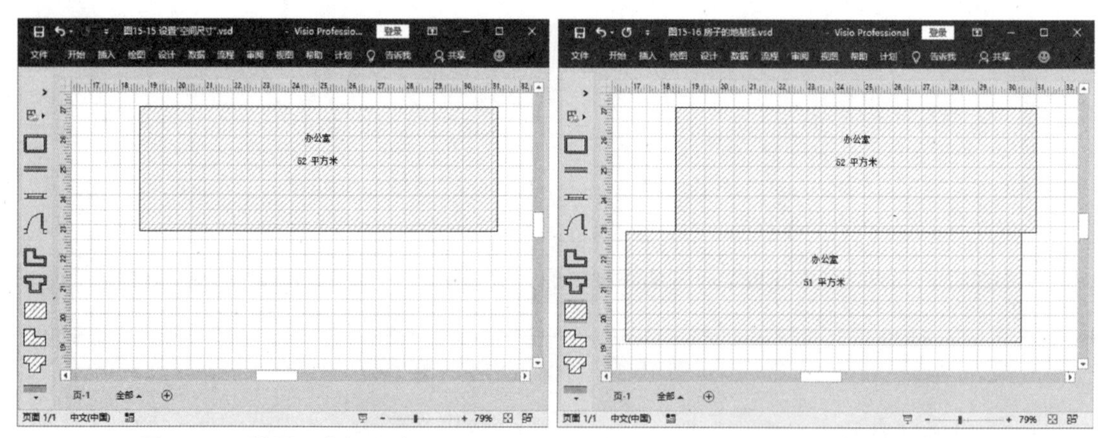

图 15-15 设置“空间尺寸”

图 15-16 房子的地基线

⑤“空间”转化为“外墙”。选中“空间”形状,单击“计划”选项卡中的“计划”组中的“转换为背景墙”按钮，在弹出的“转换为外墙”对话框中选择“外墙”，再选中“添加尺寸”复选框，单击“确定”按钮，得到房子的地基墙，如图 15-17 所示。

⑥ 修改“外墙”。分别选中左侧的两条外墙线，按【Delete】键删除。在“形状”窗格中，将“墙壁、外壳和结构”模具中的“弯曲墙”形状拖动到绘图页，调整“弯曲墙”形状的大小、方向和位置，使得墙之间互相连接，效果如图 15-18 所示。

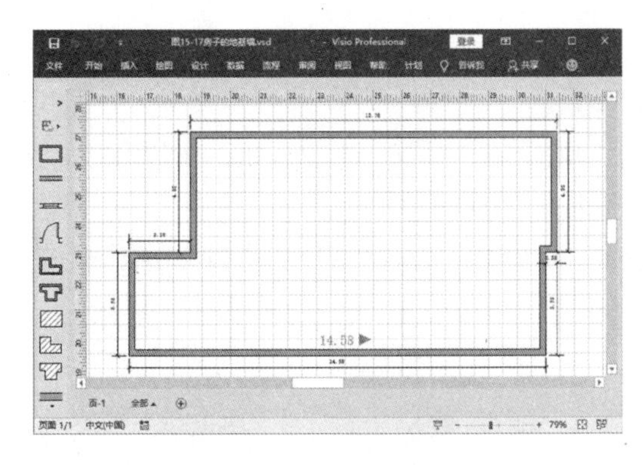

图 15-17　房子的地基墙

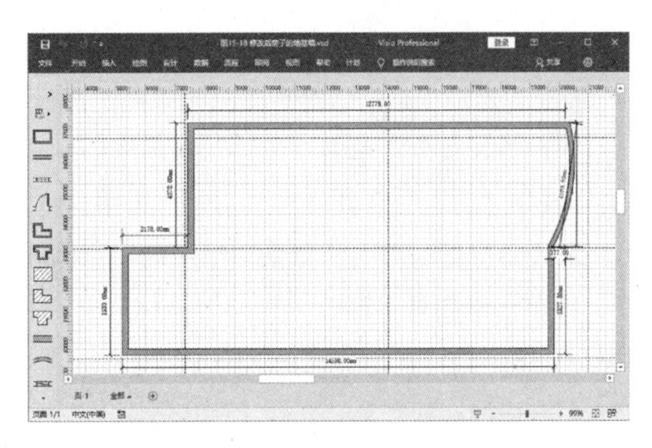

图 15-18　修改后房子的地基墙

⑦ 用“墙壁”间隔房间。在图 15-18 的基础上，用“墙壁”形状对其进行间隔。在“形状”窗格中，将“墙壁、外壳和结构”模具中的“墙壁”形状拖动到绘图页，调整“墙壁”形状的大小、方向和位置。用同样的方法，再增加 11 个“墙壁”形状，达到分隔的目的。当两个“墙壁”的形状的大小和方向都相同时，可以复制“墙壁”来完成。选中“墙壁”的同时按住【Ctrl】键并拖动，松开左键然后再释放【Ctrl】键。

⑧ 添加“门”与“窗户”。利用“墙壁、外壳和结构”模具添加门和窗户。选择 1 个“滑动玻璃门”，放到入户的第二个房间墙上，调整大小、方向和位置；用同样的方法，添加 1 个“双凹槽门”形状，放到东面外墙上；选择 1 个“开口”形状，4 个“门”形状，8 个“窗户”，放到相应的墙上。去掉网线后，就能得到如图 15-19 所示的原建结构平面图。

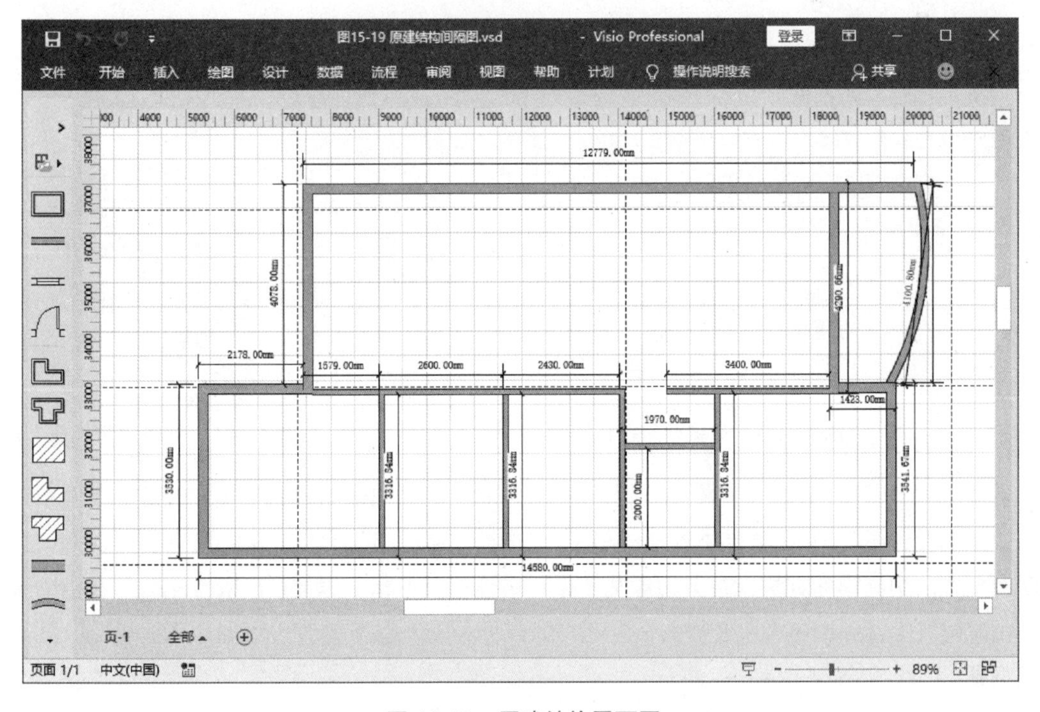

图 15-19　原建结构平面图

2. 家具布置

根据需要，在原建结构平面图的基础上进行家具布置。

① 设置背景色。单击“设计”选项卡中的“背景”组中的“背景”下拉按钮，在弹出的下拉列表中选择“活力”背景。在“主题”组中，将主题设置为“中灰色”。

② 设置标题。单击“背景”组中的“边框和标题”下拉按钮，在弹出的下拉列表中选择“都市”，再单击绘图页下部的“页 -1”按钮，并在背景和标题栏中输入标题“家具平面布置图”，并调整整个图形的位置，其效果如图 15-20 所示。

③ 添加沙发和餐桌。在图 15-20 基础上，利用“家具”模型，在房子客厅中添加沙发、餐桌等。选择 1 个“长沙发椅”形状，放到东面的墙边上，调整大小、方向和位置。用同样的方法，分别添加 1 个“沙发”形状和 1 个“安乐椅”形状，放到“长沙发椅”形状的两边；添加 1 个“长方形餐桌”形状、1 个“矩形桌”形状、2 个“凳子”、1 个“室内植物”形状、1 个“小型植物”形状，放到相应的位置上。

④ 添加“床”。利用“家具”模型，在房子客厅中添加床。选择 1 个“可调床”形状，放到入门的第一个房间，调整方向和位置。用同样的方法，分别添加 2 张“可调床”形状到对应房间。为适应房间的尺寸，需要调整“可调床”的大小。右击“可调床”形状，在弹出的菜单中选择“组合”中的“打开可调床”命令，在弹出的窗口中调整“可调床”的大小，如图 15-21 所示。

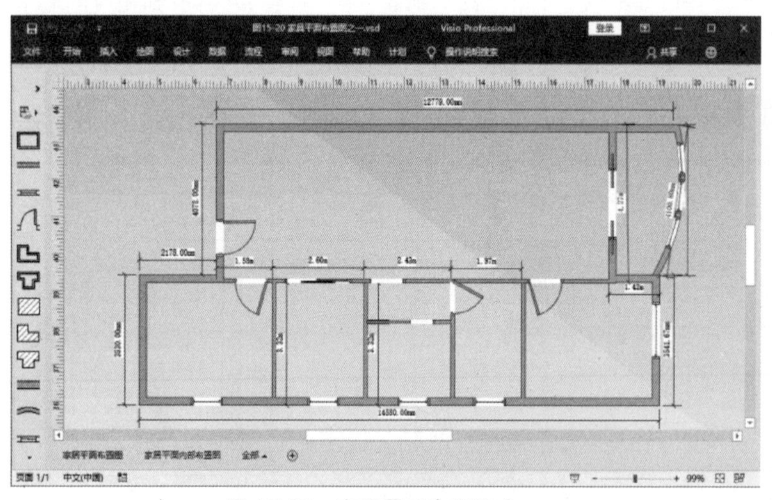

图 15-20 家具平面布置图之一

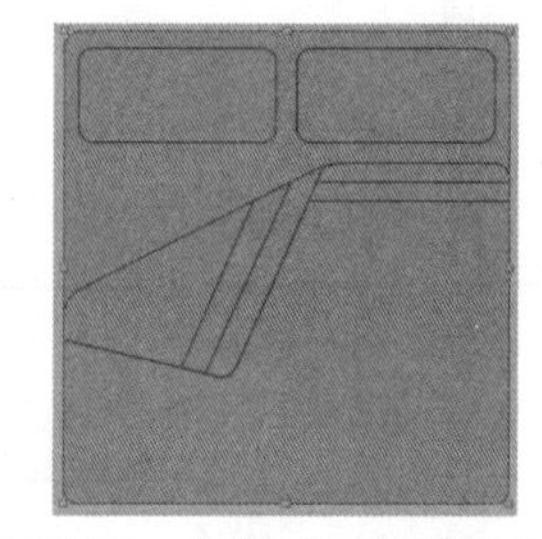

图 15-21 调整“可调床”尺寸

⑤ 添加“柜子”。在形状窗格中，选择“更多形状”，在弹出的菜单中选择“地图和平面布置图”下的“建筑设计图”，并在菜单中选择“柜子”。选择“落地柜”形状，放到餐桌旁边，调整大小、方向和位置。用同样的方法，在旁边添加 2 个“落地柜”形状；添加“L 型台面”、“衣柜”形状，放到相应位置上，并调整大小及方向。利用“家具”模型，在床的旁边添加“床头柜”，在房间添加“书桌”。

⑥ 添加“卫生间”及“厨房”设备。在形状窗格中，选择“更多形状”，在弹出的菜单中选择“地图和平面布置图”下的“建筑设计图”，并在菜单中选择“卫生巾和厨房平面图”。选择“椭圆形浴缸”

形状到浴室中。由于该形状是组合形状，因此如果调整大小，需要先取消组合。选中“椭圆形浴缸”形状，单击右键后在弹出的菜单中选择“组合”下的“取消组合”命令，分别调整椭圆形和浴缸的大小。完成后，同时选中椭圆形和浴缸，单击右键后在弹出的菜单中选择“组合”下的“组合”命令。用同样的方法，添加 1 个“抽水马桶”形状，1 个“双水盆”形状，1 个“方角淋浴间”形状到卫生间。

用同样的方法，选中“水池 3”形状到“L 型台面”形状上。

⑦ 添加“家电”。在形状窗格中，选择“更多形状”，在弹出的菜单中选择“地图和平面布置图”下的“建筑设计图”，并在菜单中选择“家电”。选择 2 个“电视机”形状、1 个“炉灶”形状、1 个“洗碗机”形状、1 个“壁式烤箱”形状、1 个“饮水机”形状及 1 个“洗衣机”形状，放到对应位置，并调整大小和方向，效果如图 15-22 所示。

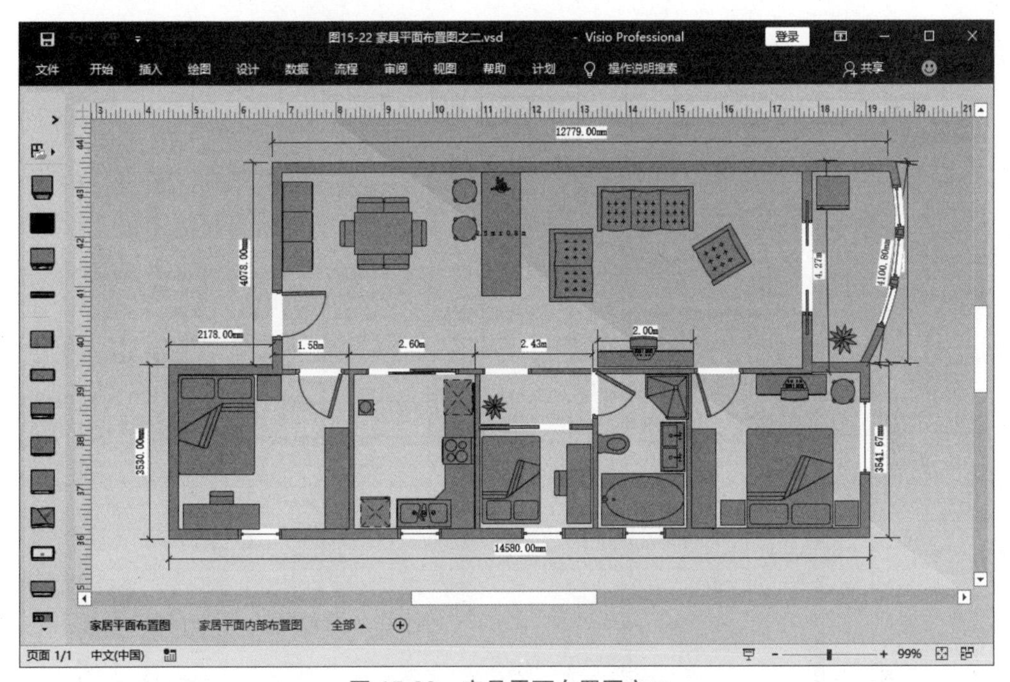

图 15-22　家具平面布置图之二

⑧ 形状的查找。如果需要的形状不知道在哪个模板中，可以通过查找的方式获得。选择“更多形状”下的“搜索形状”命令。在显示的“搜索形状”的搜索框中输入形状的名称，如“电视机”，即可快速搜索到所需要的形状。

完成家具平面布置后，可以保存为 .jpg 文件使用户之间方便交流，如图 15-23 所示。为了使绘图布满整个页面，可对缩放比例进行调整，另存为 .jpg 格式时，选择分辨率为“打印机”或自定义分辨率。

15.2.4　提高操作

按照上面提到的操作方法，对如图 15-24 所示的三居室原建结构平面图合理布置家具。

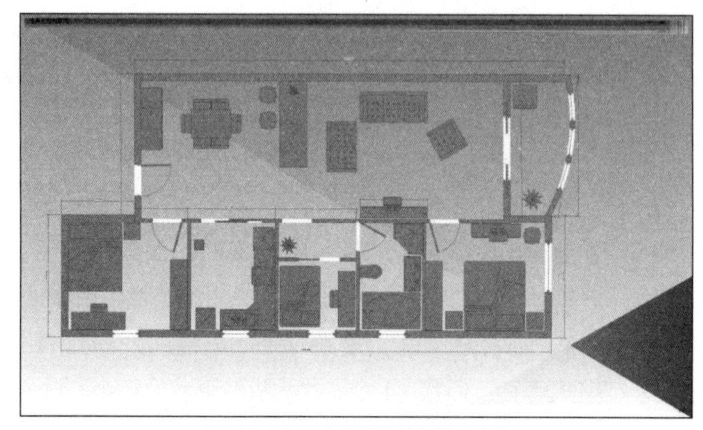

图 15-23　家具平面布置全图

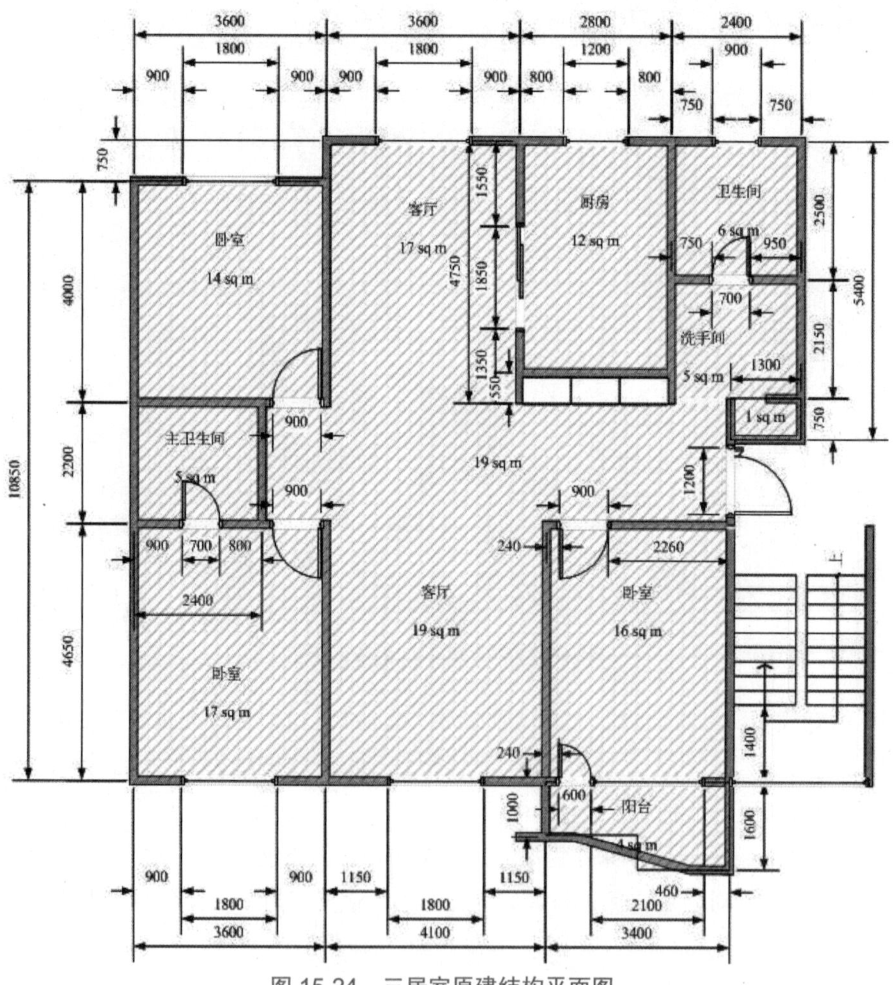

图 15-24　三居室原建结构平面图

第2部分
习题集及参考答案

◎习题1　综合理论知识选择题及参考答案
◎习题2　Word 2019 高级应用选择题及参考答案
◎习题3　Excel 2019 高级应用选择题及参考答案
◎习题4　PowerPoint 2019 高级应用选择题及参考答案
◎习题5　宏与 VBA 高级应用选择题及参考答案
◎习题6　Visio 2019 高级应用选择题及参考答案

本部分共包含6份习题，习题1主要是测试计算机综合理论知识，其余习题对应理论教材5个章节的基本知识点。

习题 1
综合理论知识选择题及参考答案

1. 每一种进位计数制的 3 个基本要素是（　　）。
   A. 数目、数码、位权　　B. 数目、数量、数码
   C. 数目、数量、位置　　D. 数码、基数、位权
2. 在计算机中，信息的存取、传输和处理都是以（　　）形式进行的。
   A. 十进制　　B. 二进制　　C. 八进制　　D. 十六进制
3. 一个计算机系统是指（　　）。
   A. 硬件和固件　　B. 计算机的 CPU
   C. 系统软件和数据库　　D. 计算机的硬件和软件系统
4. 在存储器容量的表示中，1 MB 等于（　　）。
   A. 1 000 KB　　B. 1 024 KB　　C. 1 024 B　　D. 1 024 万 B
5. 通常，计算机中的字符编码是（　　）。
   A. BCD 码　　B. 补码　　C. ASCII 码　　D. 汉字编码
6. 运算器的核心部件是（　　），它为计算机提供了算术与逻辑运算的功能。
   A. 算术逻辑单元（ALU）　　B. Add
   C. 逻辑器　　D. 减法器
7. 与十进制数 295 等值的十六进制数为（　　）。
   A. 127　　B. 217　　C. 271　　D. 172
8. 汉字字库中存储的是汉字的（　　）。
   A. 机内码　　B. 字形码　　C. 区位码　　D. 输入码
9. 二进制数 10010.01101 转换为十六进制后，其值为（　　）。
   A. 12.68　　B. 22.32　　C. 12.32　　D. 22.68
10. 将八进制数 707 转换为对应的二进制数为（　　）。
    A. 111000111　　B. 111000110　　C. 111000011　　D. 111000001
11. 在计算机中，存储一个汉字需要的存储空间为（　　）。
    A. 1 字节　　B. 2 字节　　C. 0.5 字节　　D. 4 字节

12．在 32×32 点阵字库中，存储 10 个汉字的字模信息所需的字节数是（　　）。

A．160　　B．320　　C．640　　D．1 280

13．在计算机的主要性能指标中，字长是（　　）。

A．计算机运算部件一次能够处理的二进制数据位数

B．8 位二进制长度

C．计算机的总线数

D．存储系统的容量

14．办公自动化是计算机的一种应用，按计算机应用的分类，它属于（　　）。

A．科学计算　　B．实时控制　　C．数据处理　　D．辅助设计

15．关于高速缓冲存储器 Cache 的描述，不正确的是（　　）。

A．Cache 是介于 CPU 和内存之间的一种可高速存取信息的芯片

B．Cache 越大，效率越高

C．Cache 用于解决 CPU 和 RAM 之间速度冲突问题

D．存放在 Cache 中的数据在使用时存在命中率的问题

16．在计算机系统软件中，最重要的是（　　）。

A．操作系统　　B．语言处理程序　　C．工具软件　　D．数据库管理系统

17．标准 ASCII 码在计算机中的表式形式为（　　）。

A．一个字节，最高位为”0”　　B．一个字节，最高位为”1”

C．两个字节，最高位为”0”　　D．两个字节，最高位为”1”

18．计算机系统中，操作系统的功能是（　　）。

A．把源程序代码转换成目标代码　　B．实现计算机与用户间的交流

C．完成计算机硬件与软件之间的转换　　D．控制、管理计算机资源

19．利用高级语言编写出来的程序，首先应当翻译成（　　），才能被计算机执行。

A．编译程序　　B．解释程序　　C．执行程序　　D．目标程序

20．计算机中的解释程序与编译程序，它们之间的区别是（　　）。

A．编译程序将源程序翻译成目标程序，而解释程序是逐条解释执行源程序语句

B．解释程序将源程序翻译成目标程序，而编译程序是逐条解释执行源程序语句

C．解释程序解释执行汇编语言程序，编译程序解释执行源程序

D．解释程序是应用软件，而编译程序是系统软件

21．计算机病毒是指（　　）。

A．计算机的程序已经被破坏　　B．以危害系统为目的的特殊计算机程序

C．编制有错误的计算机程序　　D．设计不完善的计算机程序

22．防病毒软件的主要作用是（　　）。

A．检查计算机是否染有病毒，消除已感染的病毒

B．杜绝病毒对计算机的感染

C．查出计算机已感染的任何病毒，消除其中的一部分

D．检查计算机是否染有部分病毒，消除已感染的部分病毒

23．关于 Windows 的桌面，下列叙述中正确的是（　　）。

A．桌面上的图标自动生成，不可增删

B．桌面上的图标不能排序

C．任务栏的位置及大小可以调整

D．桌面上可以建立快捷方式，但不能创建文件夹的快捷方式

24．主题是计算机上的图片、颜色和声音的组合，它不包括（　　）。

A．桌面背景　　B．屏幕保护程序　　C．窗口边框颜色　　D．动画方案

25．在 Windows 10 个性化设置中，下列选项不正确的是（　　）。

A．卸载程序　　B．主题　　C．桌面背景　　D．窗口颜色

26．在 Windows 10 中，关于剪贴板，不正确的描述是（　　）。

A．剪贴板是内存的某段区域

B．存放在剪贴板中的内容一旦关机，将不能保留

C．剪贴板是硬盘的一部分

D．剪贴板存放的内容可以被不同的应用程序使用

27．在 Windows 10 中，当某个应用程序不能正常关闭时，可以（　　），在出现的窗口中选择“任务管理器”，以结束不响应的应用程序。

A．切断计算机主机电源　　B．按【Alt+F10】组合键

C．按【Ctrl+Alt+Del】组合键　　D．按【Power】键

28．在 Windows 10 中，所谓复选框，是指（　　）。

A．可以重复使用的对话框

B．提供多个选项，但每次只能选择其中的一项

C．提供多人同时选择的公共项目

D．提供多个选项，每次可以选择其中的多项

29．通过（　　），可以将应用程序窗口作为图像复制到剪贴板。

A．按【Alt+PrtSc SysRq】组合键

B．按【PrtSc SysRq】组合键

C．在窗口的标题栏右击，然后选“复制”命令

D．在窗口的标题栏右击，然后选“剪切”命令

30．在 Windows 10 中，当搜索文件或文件夹时，如果输入 B*.*，表示（　　）。

A．搜索所有文件或文件夹

B．搜索扩展名为 B 的所有文件或文件夹

C．搜索主文件名为 B 的所有文件或文件夹

D．搜索文件名中有字符为 B 的所有文件或文件夹

31．在 Windows 10 系统中，有关“回收站”的论述，正确的是（　　）。

A．“回收站”中的内容将被永久保留

B. “回收站”不占用磁盘空间

C. “回收站”中的内容可以删除

D. “回收站”只能在桌面上找到

32. 下列关于 Windows 磁盘清理的叙述中，只有（　　）是不对的。

A. 可以清空回收站　　B. 删除 Windows 临时文件

C. 删除临时 Internet 文件　　D. 可删除 Windows 组件

33. 在 Windows 10 中，关于“开始”菜单叙述不正确的是（　　）。

A. 单击开始按钮，可以打开“开始”菜单

B. 用户想做的任何事几乎都可以启动“开始”菜单完成

C. 可在“开始”菜单中增加菜单项，但不能删除菜单项

D. “开始”菜单包括关闭、帮助、应用程序、设置菜单项

34. 在 Windows 中，当屏幕上有多个窗口时（　　）。

A. 可以有多个活动窗口　　B. 有一个固定的活动窗口

C. 活动窗口被其他窗口覆盖　　D. 活动窗口标题栏的颜色与其他窗口不同

35. 在 Windows 10 中，“文件资源管理器”窗口的组成部分中不包含（　　）。

A. 标题栏、地址栏、状态栏　　B. 搜索栏、功能区

C. 导航窗格、窗口工作区　　D. 任务栏

36. 在 Windows 10 中，下列操作方法不能打开文件资源管理器的是（　　）。

A. 单击任务栏中的文件夹图标　　B. 执行“开始”→“文档”命令

C. 执行“开始”→“设置”命令　　D. 双击桌面上的“回收站”图标

37. 在 Windows 10 中，保存“画图”程序建立的文件时，默认的扩展名为（　　）。

A. PNG　　B. BMP　　C. GIF　　D. JPG

38. 写字板是一个用于（　　）的应用程序。

A. 图形处理　　B. 文字处理　　C. 程序处理　　D. 信息处理

39. 在 Windows 中，对打开的多个窗口进行层叠式排列，这些窗口的显著特点是（　　）。

A. 每个窗口的内容全部可见　　B. 每个窗口的标题栏全部可见

C. 部分窗口的标题栏不可见　　D. 每个窗口的部分标题栏可见

40. 下面关于 Windows“文件资源管理器”窗口的描述中，（　　）是不正确的。

A. 窗口的大小及位置都可以调整和移动

B. 窗口中可以搜索需要的文件或文件夹

C. 窗口中的对象不能调整顺序

D. 可以对窗口中的文件和文件夹进行复制、移动等操作

41. 对话框中有些项目在文字的左边标有一个小方框，当小方框里有“√”时表明（　　）。

A. 这是一个复选框，而且未被选中　　B. 这是一个复选框，而且已被选中

C. 这是一个单选按钮，而且未被选中　　D. 这是一个单选按钮，而且已被选中

42. 在 Windows 中能弹出对话框的操作是（　　）。

A．选择了带向右三角形箭头的命令项　　B．选择了带有省略号的命令项
C．选择了颜色变灰的命令项　　D．运行了与对话框对应的应用程序

43．下列关于 Windows 对话框的叙述中，错误的是（　　）。
A．对话框是提供给用户与计算机对话的界面
B．对话框的位置可以移动，但大小不能改变
C．对话框的位置和大小都不能改变
D．对话框中可能会出现滚动条

44．在 Windows 中，当一个应用程序窗口被最小化后，该应用程序将（　　）。
A．被终止执行　　B．继续在前台执行
C．被暂停执行　　D．被转入后台执行

45．在 Windows 中，下列终止应用程序执行方法中，正确的是（　　）。
A．双击应用程序窗口左上角的控制菜单框，然后按提示进行操作
B．将应用程序窗口最小化成图标
C．单击应用程序窗口右上角的还原按钮
D．双击应用程序窗口中的标题栏

46．在 Windows 中，用“创建快捷方式”创建的图标（　　）。
A．可以是任何文件或文件夹　　B．只能是可执行程序或程序组
C．只能是单个文件　　D．只能是程序文件和文档文件

47．以下关于 Windows 快捷方式的说法正确的是（　　）。
A．一个快捷方式可指向多个目标对象
B．删除快捷方式时并不删除快捷方式所指向的对象
C．不允许为快捷方式建立快捷方式
D．删除快捷方式将连同所指向的对象一并删除

48．在 Windows 文件资源管理器中，打开“查看”选项卡，选择“排列方式”中的“大小”命令，则文件夹内容框中的文件按（　　）排列。
A．文件名大小　　B．扩展名大小
C．文件大小　　D．建立或最近一次修改的时间大小

49．利用文件资源管理器，在同一驱动器中，用鼠标复制文件的方法是（　　）。
A．【Ctrl】+ 拖动选定的文件名　　B．拖动选定的文件名
C．【Tab】+ 拖动选定的文件名　　D．【Alt】+ 拖动选定的文件名

50．在 Windows 10 文件资源管理器中，若希望显示文件的名称、类型、大小等信息，则应该选择“查看”选项卡中的（　　）命令。
A．列表　　B．大图标　　C．小图标　　D．详细信息

51．在 Windows 10 文件资源管理器导航窗口中，单击某文件夹的图标，则（　　）。
A．在左侧窗格口中显示其子文件夹
B．在左侧窗格口中扩展该文件夹

C．在右侧窗格口中显示该文件夹中的文件

D．在右侧窗格口中显示该文件夹中的子文件夹和文件

52．在 Windows 的“文件资源管理器”中，下列创建新文件夹的操作中，错误的是（　）。

A．在内容窗格的空白区域右击，选择“新建”中的“文件夹”命令

B．单击“主页”选项卡中的“新建文件夹”命令

C．单击“主页”选项卡的“新建项目”中的“文件夹”命令

D．在“开始”菜单中的“Windows 系统”中，选择“命令提示符”，再执行 MD 命令

53．在 Windows 中，为了将 U 盘上选定的文件移动到硬盘上，正确的操作是（　　）。

A．用鼠标左键拖动后，从弹出的快捷菜单中选择“移动到当前位置”命令

B．用鼠标右键拖动后，从弹出的快捷菜单中选择“移动到当前位置”命令

C．按住【Ctrl】键，再用鼠标左键拖动

D．按住【Alt】键，再用鼠标右键拖动

54．在 Windows 的“文件资源管理器”窗口中，若已选定硬盘上的文件或文件夹，并按【Delete】键和单击“确定”按钮，则该文件或文件夹将（　　）。

A．被删除并放入回收站　　B．不被删除也不放入回收站

C．被删除但不放入回收站　　D．不被删除但放入回收站

55．在 Windows 中，当文件错误操作而被删除时，可从回收站（　　）。

A．右击文件后，选择“还原”命令

B．不能还原

C．右击文件后，选择“删除”命令

D．右击文件后，选择“属性”命令

56．在 Windows 10 中，以下说法不正确的是（　　）。

A．回收站的容量可以调整

B．回收站的容量等于硬盘的容量

C．A 盘上的文件可以直接删除而不会放入回收站

D．硬盘上的文件可以直接删除而不需放入回收站

57．Windows 中不能更改文件名的操作是（　　）。

A．右击文件名，然后选择“重命名”命令，输入新文件名后按【Enter】键

B．选定文件后，单击文件名称，输入新文件名按【Enter】键

C．单击文件名，然后在“主页”选项卡中选择“重命名”命令，输入新文件名后按【Enter】键

D．双击文件名，然后选择“重命名”命令，输入新文件名后按【Enter】键

58．在计算机的日常维护中，对磁盘应定期进行碎片整理，其目的是（　　）。

A．提高计算机的读写速度　　B．防止数据丢失

C．增加磁盘可用空间　　D．提高磁盘的利用率

59．在 Windows 10 中，下列叙述正确的是（　　）。

A．回收站和剪贴板一样，是内存中的一块区域

B．桌面上的图标，不能按用户的意愿重新排列

C．只有活动窗口才能进行移动、改变大小等操作

D．一旦屏幕保护开始，原来在屏幕上的当前窗口就关闭了

60．Windows 中，写字板和记事本最主要的区别是（　　）。

A．前者中能输入汉字，后者不能

B．前者能进行文字打印，后者不能

C．前者用于编辑简单格式文档，后者用于编辑纯文本文件

D．前者用于编辑文本文件，后者用于编辑简单格式文档

61．为了保证提供服务，互联网上的任何一台物理服务器（　　）。

A．必须具有单一的 IP 地址　　B．必须具有域名

C．只能提供一种信息服务　　D．不能具有多个域名

62．TCP/IP 是一种（　　）。

A．网络操作系统　　B．网桥　　C．网络协议　　D．路由器

63．ChinaNet 是指（　　）。

A．中国计算机网络系统　　B．金桥工程

C．中国教育与科研网　　D．中国科技网

64．关于域名，下列正确的说法是（　　）。

A．没有域名主机不可能上网

B．一个 IP 地址只能对应一个域名

C．一个域名只能对应一个 IP 地址

D．域名可以随便取，只要不和其他主机同名即可

65．下列有关 IP 地址的叙述中，（　　）是错误的。

A．IP 地址由网络号和主机号组成

B．A 类 IP 地址中的网络号由 1 个取值范围在 0 ~ 255 之间的数字域组成

C．B 类 IP 地址中的网络号和主机号均由 2 个取值范围在 0 ~ 255 之间的数字域组成

D．C 类 IP 地址中的主机号由 3 个取值范围在 0 ~ 255 之间的数字域组成

66．下面 IP 地址中，合法的是（　　）。

A．210.144.180.78　　B．210.144.380.78　　C．210.144.150.278　　D．210.144.15

67．WWW.SINA.COM 是 Internet 上一台计算机的（　　）。

A．IP 地址　　B．域名　　C．协议名称　　D．命令

68．SMTP 指的是（　　）。

A．文件传输协议　　B．用户数据报协议

C．简单邮件传输协议　　D．域名服务协议

69．Internet 中的 WWW 服务，下列叙述中，错误的是（　　）。

A．WWW 服务器中存储的通常是符合 HTML 规范的结构化文档

B．WWW 服务器必须具有创建和编辑 Web 页面的功能

C. WWW 客户端程序也被称为 WWW 浏览器

D. WWW 服务器也被称为 Web 站点

70. 下面说法中，正确的是（　　）。

A. 一台计算机只能有一个 E-mail 账号　　B. 申请 E-mail 账号后，方能收发邮件

C. 上网的主要目的是让他人浏览自己的信息　D. 计算机只有打开时才可接收 E-mail

71. 超文本中不仅含有文本信息，还包括（　　）等信息。

A. 图形、声音、图像、视频

B. 只能包含图形、声音、图像，但不能包含视频

C. 只能包含图形、声音，但不能包含视频、图像

D. 只能包含图形，但不能包含视频、图像、声音

72. 在 IE 的“Internet 选项”设置中，关于“安全”选项卡的设置，下列叙述不正确的是（　　）。

A. IE 提供了四个默认安全级别的设置

B. IE 提供了四种不同区域的安全设置

C. IE 允许用户自己设置安全级别

D. IE 允许用户通过“安全”选项设置来设置允许使用 IE 的用户名单

73. 在浏览器所显示的网页中，可以组成“超链接”的是（　　）。

A. 文字，图片，按钮　　B. 文字，颜色，按钮

C. 图片，颜色，按扭　　D. 文字，图片，颜色

74. 关于浏览器的“浏览历史记录”，下列说法正确的是（　　）。

A. 可以查看曾经访问过的网页　　B. 必须在联机状态下使用

C. 必须在脱机状态下使用　　D. 以上说法都不对

75. 关于代理服务器的概念，下列叙述不正确的是（　　）。

A. 代理服务器可以让多个计算机共享一个 IP 地址上网

B. IE 会自动搜寻到合适的代理服务器

C. 选择合适代理服务器可以访问更多网址

D. 选择合适代理服务器可以加快上网速度

76. 电子邮件是（　　）。

A. 网络信息检索服务　　B. 通过 Web 网页发布的公告信息

C. 通过网络实时交互的信息传递方式　　D. 一种利用网络交换信息的非交互式服务

77. 当电子邮件发送给接收者时，电子邮件将（　　）。

A. 退回给发信人　　B. 保存在该接收者服务器的主机上

C. 过一会儿对方再重新发送　　D. 该邮件被丢掉并永远不再发送

78. 在 Outlook 2019 中对电子邮件服务器的基本参数设置时，不包括设置（　　）。

A. 用户姓名　　B. 用户单位与指定回复电子信箱地址

C. POP3 和 SMTP 服务器　　D. 电子邮箱地址及密码

79. 下列关于栈和队列的描述中，正确的是（　　）。

A．栈是先进先出　　B．队列是先进后出
C．队列允许在队中删除元素　　D．栈在栈顶删除元素

80．在数据流图中，带有箭头的线段表示的是（　　）。
A．控制流　　B．数据流　　C．模块调用　　D．事件驱动

81．在结构化程序设计国中，3 种控制结构是（　　）。
A．顺序结构，分支结构，跳转结构　　B．顺序结构，选择结构，循环结构
C．分支结构，选择结构，循环结构　　D．分支结构，跳转结构，循环结构

82．下列特征中，不属于面向对象方法的主要特征的是（　　）。
A．多态性　　B．标识唯一性　　C．封装性　　D．耦合性

83．在数据库设计中，将 E-R 图转换成关系数据模型的过程属于（　　）。
A．需求分析阶段　　B．概念设计阶段　　C．逻辑设计阶段　　D．物理设计阶段

84．下列有关数据库的描述，正确的是（　　）。
A．数据库设计是指设计数据库管理系统
B．数据库技术的根本目标是要解决数据共享的问题
C．数据库是一个独立的系统，不需要操作系统的支持
D．数据库系统中，数据的物理结构必须与逻辑结构一致

85．下面关于多媒体系统的描述中，不正确的是（　　）。
A．多媒体系统一般是一种多任务系统
B．多媒体系统是对文字、图像、声音、活动图像及其资源进行管理的系统
C．多媒体系统只能在微型计算机上运行
D．数字压缩是多媒体处理的关键技术

86．下面关于程序设计中算法的叙述，正确的是（　　）。
A．算法的执行效率与数据的存储结构无关
B．算法的有穷性是指算法必须能在有限个步骤之后终止
C．算法的空间复杂度是指算法程序中指令（或语句）的条数
D．以上三种描述都正确

87．若进栈序列为 A，B，C，D，则可能的出栈序列是（　　）。
A．C，A，D，B　　B．B，D，C，A　　C．C，D，A，B　　D．任意顺序

88．下列叙述中，不属于软件需求规格说明书的作用的是（　　）。
A．便于用户，开发人员进行理解和交流
B．反映出用户问题的结构，可以作为软件开发工作的基础和依据
C．作为确认测试和验收的依据
D．便于开发人员进行需求分析

89．用高级程序设计语言编写的程序（　　）。
A．计算机能直接执行　　B．具有良好的可读性和可移植性
C．执行效率高但可读性差　　D．依赖于操作系统，可移植性差

90. 程序设计中，算法的时间复杂度是指（　　）。

A. 算法的长度　　B. 执行算法所需要的时间

C. 算法中的指令条数　　D. 算法执行过程中所需要的基本运算次数

91. 下列描述中，正确的是（　　）。

A. 线性链表是线性表的链式存储结构　　B. 栈与队列是非线性结构

C. 双向链表是非线性结构　　D. 只有根结点的二叉树是线性结构

92. 对于长度为 n 的线性表，在最坏情况下，下列各排序法所对应的比较次数中正确的是（　　）。

A. 冒泡排序为 $n(n-1)//2$　　B. 简单插入排序为 n

C. 希尔排序为 n　　D. 快速排序为 $n/2$

93. 程序设计中，算法的空间复杂度是指（　　）。

A. 算法程序的长度　　B. 算法程序中的指令条数

C. 算法程序所占的存储空间　　D. 算法执行过程中所需要的存储空间

94. 下列叙述中，正确的是（　　）。

A. 一个逻辑数据结构只能有一种存储结构

B. 逻辑结构属于线性结构，存储结构属于非线性结构

C. 一个逻辑数据结构可以有多种存储结构，且各种存储结构不影响数据处理的效率

D. 一个逻辑数据结构可以有多种存储结构，且各种存储结构影响数据处理的效率

95. 下列关于类、对象、属性和方法的叙述中，错误的是（　　）。

A. 类是对一类具有相同的属性和方法对象的描述

B. 属性用于描述对象的状态

C. 方法用于表示对象的行为

D. 基于同一个类产生的两个对象不可以分别设置自己的属性值

96. 对建立良好的程序设计风格，下面描述正确的是（　　）。

A. 程序应简单、清晰、可读性好　　B. 符号名的命名只需符合语法

C. 充分考虑程序的执行效率　　D. 程序的注释可有可无

97. 假设有三张表，学生表（学号，姓名，性别），课程表（课程号，课程名），成绩表（学号，课程号，成绩），则成绩表的关键字为（　　）。

A. 课程号、成绩　　B. 学号、成绩　　C. 学号、课程号　　D. 学号、课程号、成绩

98. 下列关于软件测试的目的和准则的叙述中，正确的是（　　）。

A. 软件测试是证明软件没有错误　　B. 主要目的是发现程序中的错误

C. 主要目的是确定程序中错误的位置　　D. 测试最好由程序员自己来检查自己的程序

99. 下面关于数据库三级模式结构的叙述中，正确的是（　　）。

A. 内模式可以有多个，外模式和模式只有一个

B. 外模式可以有多个，内模式和模式只有一个

C. 内模式只有一个，模式和外模式可以有多个

D. 模式只有一个，外模式和内模式可以有多个

100. 关系型数据库管理系统能实现的专门关系运算包括（　　）。

A. 排序、索引、统计　　B. 选择、投影、连接

C. 关联、更新、排序　　D. 显示、打印、制表

参 考 答 案

1~5 DBDBC	6~10 AABAA	11~15 BDACD	16~20 AADDA
21~25 BDCDA	26~30 CCDAD	31~35 CDCDD	36~40 CABBC
41~45 BBCDA	46~50 ABCAD	51~55 DDBAA	56~60 BDACC
61~65 ACACD	66~70 ABCBB	71~75 ADAAB	76~80 DBBDB
81~85 BDCBD	86~90 BBDBD	91~95 AADDD	96~100 ACBBB

习题 2 Word 2019 高级应用选择题及参考答案

1．Microsoft Word 2019 是（　　）。

A．操作系统　　B．文字处理软件　　C．多媒体制作软件　　D．网络浏览器

2．Word 2019 文档扩展名的默认类型是（　　）。

A．DOCX　　B．DOC　　C．DOTX　　D．DAT

3．通常情况下，下列选项中不能用于启动 Word 2019 的操作是（　　）。

A．双击 Windows 桌面上的 Word 2019 快捷方式图标

B．单击“开始”→“Word 2019”

C．在 Windows 文件资源管理器中双击 Word 文档

D．单击 Windows 桌面上的 Word 文档

4．在 Word 2019 窗口中，进行最小化操作（　　）。

A．会将指定的文档关闭

B．会关闭文档及其窗口

C．文档的窗口和文档都没关闭

D．会将指定的文档从外存中读入，并显示出来

5．在 Word 2019 窗口界面的组成中，不属于窗口元素的是（　　）。

A．标题栏　　B．任务栏　　C．状态栏　　D．快速访问工具栏

6．下面关于 Word 2019 标题栏的叙述中，错误的是（　　）。

A．双击标题栏，可最大化或还原 Word 2019 窗口

B．拖曳标题栏，可将最大化窗口拖到新位置

C．拖曳标题栏，可将非最大化窗口拖到新位置

D．以上三项都不是

7．Word 2019 的“文件”选项卡下的“最近所用文件”选项所对应的文件是（　　）。

A．当前被操作的文件　　B．当前已经打开的 Word 文件

C．最近被操作过的 Word 文件　　D．扩展名是 .docx 的所有文件

8．在 Word 2019 编辑状态中，能设定文档行间距的功能按钮位于（　　）中。

A．“文件”选项卡　　　　　　B．“开始”选项卡
C．“插入”选项卡　　　　　　D．“页面布局”选项卡

9．Word 2019有记录最近使用过的文档功能。如果用户处于保护隐私的要求需要将文档使用记录删除，可以在打开的“文件”选项卡中单击“选项”按钮中的（　　）进行操作。
A．常规　　B．保存　　C．显示　　D．高级

10．在Word 2019中，页眉和页脚的默认作用范围是（　　）。
A．全文　　B．节　　C．页　　D．段

11．在Word 2019中，可以很直观地改变段落的缩进方式，调整左右边界和改变表格的列宽，应该利用（　　）。
A．字体　　B．样式　　C．标尺　　D．编辑

12．在Word 2019文档中，有一段落的最后一行只有一个字符，想把该字符合并到上一行，下述方法中哪一个无法达到该目的（　　）。
A．减少页的左右边距　　　　B．减小该段落的字体的字号
C．减小该段落的字间距　　　D．减小该段落的行间距

13．在Word 2019中，下述关于分栏操作的说法，正确的是（　　）。
A．可以将指定的段落分成指定宽度的两栏
B．任何视图下均可看到分栏效果
C．设置的各栏宽度和间距与页面宽度无关
D．栏与栏之间不可以设置分隔线

14．在Word 2019的编辑状态下，文档窗口显示出水平标尺，拖动水平标尺上沿的“首行缩进”滑块，则（　　）。
A．文档中各段落的首行起始位置都重新确定
B．文档中被选择的各段落首行起始位置都重新确定
C．文档中各行的起始位置都重新确定
D．插入点所在行的起始位置被重新确定

15．要设置行距小于标准的单倍行距，需要选择（　　）再输入磅值。
A．两倍　　B．单倍　　C．固定值　　D．最小值

16．在Word 2019编辑状态下，要撤销上一次操作的组合键是（　　）。
A．【Ctrl+H】　　B．【Ctrl+Z】　　C．【Ctrl+Y】　　D．【Ctrl+U】

17．在Word 2019编辑状态下，要重复上一次操作的组合键是（　　）。
A．【Ctrl+Y】　　B．【Ctrl+Z】　　C．【Ctrl+B】　　D．【Ctrl+U】

18．在Word 2019中编辑文档时，为了使文档更清晰，可以对页眉、页脚进行编辑，如输入时间、日期、页码、文字等，但要注意的是页眉和页脚只允许在（　　）中使用。
A．大纲视图　　B．草稿视图　　C．页面视图　　D．以上都不对

19．在Word 2019中，各级标题层次分明的是（　　）。
A．草稿视图　　B．Web版式视图　　C．页面视图　　D．大纲视图

20. 在 Word 2019 编辑状态下，当前正编辑一个新建文档“文档 1”，当执行“文件”选项卡中的“保存”命令后（　　）。

A.“文档 1”被存盘　　B. 弹出“另存为”对话框，供进一步操作

C. 自动以“文档 1”为名存盘　　D. 不能以“文档 1”存盘

21. 在 Word 2019 文档中，可以使被选中的文字内容看上去像使用荧光笔作了标记一样。此效果是使用 Word 2019 的（　　）文本功能。

A. 字体颜色　　B. 突出显示　　C. 字符底纹　　D. 文字效果

22. 在文本选择区三击鼠标左键，可选定（　　）。

A. 一句　　B. 一行　　C. 一段　　D. 整个文档

23. 修改文档时，要在输入新的文字的同时替换原有文字，最简便的操作是（　　）。

A. 直接输入新内容

B. 选定需替换的内容，直接输入新内容

C. 先用【Delete】删除需替换的内容，再输入新内容

D. 无法同时实现

24. 在 Word 2019 文档中，通过“查找和替换”对话框查找任意字母，在“查找内容”文本框中使用代码（　　）表示匹配任意的字母。

A. ^#　　B. ^$　　C. ^&　　D. ^*

25. 在 Word 2019 文档中，通过“查找和替换”对话框查找任意数字，在“查找内容”文本框中使用代码（　　）表示匹配 0~9 的数字。

A. ^#　　B. ^$　　C. ^&　　D. ^*

26. 在 Word 2019 文档中，调整图片色调是通过“图片工具”的“格式”选项卡中的“色调”按钮完成的。那“图片工具”的“格式”选项卡是通过（　　）出现的。

A.“选项”设置　　B. 系统设置

C. 添加选项卡　　D. 选中图片后，系统自动

27. 一张完整的图片，文字仅出现在图片的上面和下面，这是由于（　　）。

A. 图片浮于文字上方　　B. 图片是紧密型

C. 图片是四周型　　D. 图片是嵌入型

28. 在 Word 2019 编辑状态下，设置了由多个行和列组成的表格。如果选中一个单元格，再按【Del】键，则（　　）。

A. 删除该单元格所在的行　　B. 删除该单元格的内容

C. 删除该单元格，右方单元格左移　　D. 删除该单元格，下方单元格上移

29. 在 Word 2019 中，欲删除刚输入的汉字“王”字，错误的操作是（　　）。

A. 选择“快速访问工具栏”中的“撤销”命令

B. 按【Ctrl+Z】组合键

C. 按【Backspace】组合键

D. 按【Delete】组合键

30. 在 Word 2019 中，用搜狗拼音输入法编辑 Word 2019 文档时，如果需要进行中英文切换，可以使用的组合键是（　　）。

A.【Shift+ 空格】　　B.【Ctrl+Alt】
C.【Ctrl+. 】　　D.【Ctrl+ 空格】(或【Ctrl+Space】)

31. 在 Word 2019 编辑状态中，使插入点快速移动到文档尾的组合键是（　　）。

A.【Home】　　B.【Ctrl+End】　　C.【Alt+End】　　D.【Ctrl+Home】

32. 在 Word 2019 中，将整篇文档的内容全部选中，可以使用的组合键是（　　）。

A.【Ctrl+X】　　B.【Ctrl+C】　　C.【Ctrl+V】　　D.【Ctrl+A】

33. 在 Word 2019 中，下列叙述正确的是（　　）。

A. 不能够将“职称”替换为“zhicheng”，因为一个是中文，一个是英文字符串
B. 不能够将“职称”替换为“中级职称”，因为它们的字符长度不相等
C. 能够将“职称”替换为“中级职称”，因为替换长度不必相等
D. 不可以将含空格的字符串替换为无空格的字符串

34. 在 Word 2019 文档中插入数学公式，在“插入”选项卡中应选的命令按钮是（　　）。

A. 符号　　B. 图片　　C. 形状　　D. 公式

35. 在 Word 2019 编辑状态下，如果要输入希腊字母 Ω，则需要使用的选项卡是（　　）。

A. 引用　　B. 插入　　C. 开始　　D. 视图

36. 下面关于 Word 2019 中字号的说法，错误的是（　　）。

A. 字号是用来表示文字大小的　　B. 默认字号是五号字
C. 24 磅字比 20 磅字大　　D. 六号字比五号字大

37. 在 Word 2019 编辑状态下，要将另一文档的内容全部添加在当前文档的当前光标处，应选择的操作是依次单击（　　）。

A. “文件”选项卡和“打开”项　　B. “文件”选项卡和“新建”项
C. “插入”选项卡和“对象”命令按钮　　D. “文件”选项卡和“超链接”命令按钮

38. 在 Word 2019 中，下面关于页眉和页脚的叙述错误的是（　　）。

A. 一般情况下，页眉和页脚适用于整个文档
B. 在编辑页眉与页脚时，可同时插入时间和日期
C. 在页眉和页脚中可以设置页码
D. 可以一次性为每一页设置不同的页眉和页脚

39. 在 Word 2019 中，有关域的下列描述中，正确的是（　　）。

A. 文档中使用域可以实现数据的自动更新和文档自动化
B. 域分为域代码和域结果，两者不能转换
C. 域一经使用便不能更新
D. Page 域用来统计文档中的总页数

40. 在 Word 2019 编辑状态下，不可以进行的操作是（　　）。

A. 对选定的段落进行页眉、页脚设置　　B. 在选定的段落内进行查找、替换

C．对选定的段落进行拼写和语法检查　　D．对选定的段落进行字数统计

41．在 Word 2019 中，如果使用了项目符号或编号，则项目符号或编号在（　　）时会自动出现。

A．每次按回车键　　B．一行文字输入完毕并回车

C．按【Tab】键　　D．文字输入超过右边界

42．若要设定打印纸张大小，在 Word 2019 中可在（　　）进行。

A．“开始”选项卡中的“段落”对话框中

B．“开始”选项卡中的“字体”对话框中

C．“页面布局”选项卡下的“页面设置”对话框中

D．以上说法都不正确

43．在 Word 2019 中，可以把预先定义好的多种格式的集合全部应用在选定的文字上的特殊格式称为（　　）。

A．母板　　B．项目符号　　C．样式　　D．格式

44．可以在 Word 2019 表格中填入的信息（　　）。

A．只限于文字形式　　B．只限于数字形式

C．可以是文字、数字和图形对象等　　D．只限于文字和数字形式

45．在 Word 2019 中，如果插入表格的内外框线是虚线，假如光标在表格中，要想将框线变为实线，应使用的命令按钮是（　　）。

A．“开始”选项卡的“更改样式”

B．“设计”选项卡下“边框”下拉列表中的“边框和底纹”

C．“插入”选项卡的“形状”

D．以上都不对

46．在 Word 2019 中，关于“套用内置表格样式”的用法，下列说法正确的是（　　）。

A．可在生成新表时使用自动套用格式或插入表格的基础上使用自动套用格式

B．只能直接用自动套用格式生成表格

C．每种自动套用的格式已经固定，不能对其进行任何形式的更改

D．在套用一种格式后，不能再更改为其他格式

47．在 Word 2019 中，表格和文本是可以互相转换的，有关它的操作，不正确的是（　　）。

A．文本能转换成表格　　B．表格能转换成文本

C．文本与表格可以相互转换　　D．文本与表格不能相互转换

48．在 Word 2019 表格中求某行数值的平均值，可使用的统计函数是（　　）。

A．Sum()　　B．Total()　　C．Count()　　D．Average()

49．在 Word 2019 中，下列关于单元格的拆分与合并操作正确的是（　　）。

A．可以将表格左右拆分成 2 个表格

B．可以将同一行连续的若干个单元格合并为 1 个单元格

C．可以将某一个单元格拆分为若干个单元格，这些单元格均在同一列

D．以上说法均错

50．在 Word 2019 中，当文档中插入图片对象后，可以通过设置图片的文字环绕方式进行图文混排，下列哪种方式不是 Word 2019 提供的文字环绕方式（　　）。

A．四周型　　B．衬于文字下方　　C．嵌入型　　D．左右型

51．在 Word 2019 编辑状态下，绘制一个图形，首先应该选择（　　）。

A．“插入”选项卡→“图片”按钮

B．“插入”选项卡→“形状”按钮

C．“开始”选项卡→“更改样式”按钮

D．“插入”选项卡→“文本框”按钮

52．在 Word 2019 中，下列关于多个图形对象的说法中正确的是（　　）。

A．可以进行“组合”图形对象的操作，也可以进行“取消组合”操作

B．既不可以进行“组合”图形对象操作，也不可以进行“取消组合”操作

C．可以进行“组合”图形对象操作，但不可以进行“取消组合”操作

D．以上说法都不正确

53．在 Word 2019 中，可以在文档的每页或一页上打印一种图形作为页面背景，这种特殊的文本效果被称为（　　）。

A．图形　　B．艺术字　　C．插入艺术字　　D．水印

54．在 Word 2019 中，文本框（　　）。

A．不可与文字叠放　　B．文字环绕方式多于两种

C．随着框内文本内容的增多而增大　　D．文字环绕方式只有两种

55．删除一个段落标记后，前后两段文字将合并成一个段落，原段落内容所采用的编排格式是（　　）。

A．删除后的标记确定的格式　　B．后一段落的格式

C．格式没有变化　　D．与后一段落格式无关

56．人工加入硬分页符的组合键是（　　）。

A．【Shift+End】　　B．【Ctrl+End】　　C．【Shift+Enter】　　D．【Ctrl+Enter】

57．在 Word 2019 文档中，要使文本环绕剪贴画产生图文混排的效果，应该（　　）。

A．在快捷菜单中选择“设置艺术字格式”命令

B．在快捷菜单中选择“设置自选图形的格式”命令

C．在快捷菜单中选择“大小和位置”命令

D．在快捷菜单中选择“设置图片格式”命令

58．Word 2019 具有多个文档窗口并排查看的功能，通过多窗口并排查看，可以对不同窗口中的内容进行比较。实现并排查看窗口的选项卡是（　　）。

A．“引用”选项卡　　B．“开始”选项卡　　C．“视图”选项卡　　D．“插入”选项卡

59．在 Word 2019 表格编辑中，合并的单元格都有文本时，合并后会产生（　　）结果。

A．原来的单元格中的文本将各自成为一个段落

B．原来的单元格中的文本将合并成为一个段落

C．全部删除

D．以上都不是

60．在 Word 2019 文档编辑中，输入文本时插入软回车符的组合键是（　　）。

A．【Shift+Enter】　B．【Ctrl+Enter】　C．【Alt+Enter】　D．【Enter】

61．在 Word 2019 文档编辑中，有关批注与修订的下列描述中，正确的是（　　）。

A．批注用于修改文档中的内容，而修订则为文档注释内容

B．修订会记录对文档所做的各种编辑操作，而批注仅给出注释内容

C．同一文档只能被一个审阅者添加批注或修订

D．批注及修订内容不能删除

62．在 Word 2019 文档编辑中，从插入点开始选定到文档结尾，组合键是（　　）。

A．【Shift+↑】　B．【Shift+↓】　C．【Ctrl+Shift+Home】D．【Ctrl+Shift+End】

63．为保证一幅图片固定在某一段的后面，而不会因为前面段落的删除而改变位置。应设置图片为（　　）格式。

A．紧密型环绕　B．四周型环绕　C．嵌入型　D．穿越型环绕

64．在 Word 2019 中，有关文档主题的下列描述中，正确的是（　　）。

A．文档主题是一组具有统一外观的格式选项，用户不能创建主题

B．用户不能创建主题颜色

C．用户不能创建主题字体

D．用户不能创建主题效果

65．下列关于页眉和页脚，说法正确的是（　　）。

A．页眉线就是下画线　B．插入的页码可以自动更新

C．插入的对象在每页中都可见　D．页码可以直接输入

66．在设定纸张大小的情况下，要调整每页行数和每行字数，是通过页面设置对话框中的（　　）选项卡设置。

A．页边距　B．布局　C．文档网格　D．纸张

67．在 Word 2019 中，按（　　）组合键与功能区中的剪切按钮功能相同。

A．【Ctrl+C】　B．【Ctrl+V】　C．【Ctrl+X】　D．【Ctrl+S】

68．如果文档很长，那么用户可以用 Word 2019 提供的（　　）技术，同时在两个窗口中滚动查看同一文档的不同部分。

A．拆分窗口　B．滚动条　C．排列窗口　D．帮助

69．在 Word 2019 文档中，可以在页眉和页脚中插入各种图片，插入图片后只有在（　　）中才能看到该图片。

A．普通视图　B．页面视图　C．母板视图　D．文档视图

70．在 Word 2019 编辑状态下，关于拆分表格，正确的说法是（　　）。

A．可以自己设定拆分的行列数　B．只能将表格拆分为左右两部分

C．只能将表格拆分为上下两部分　D．只能将表格拆分为列

71. 在 Word 2019 中，要将第一段文本移到文档的最后，需要进行的操作是（　　）。

A. 复制，粘贴　　B. 剪切，粘贴　　C. 粘贴，复制　　D. 粘贴，剪切

72. 在 Word 2019 中，“格式刷”可用于复制文本或段落的格式，若要将选中的文本或段落格式重复应用多次，则最有效的操作方法是（　　）。

A. 单击格式刷按钮　B. 双击格式刷按钮　C. 右击格式刷按钮　D. 拖动格式刷按钮

73. 打印页码 2–5，10，12 表示打印的是（　　）。

A. 第 2 页，第 5 页，第 10 页，第 12 页

B. 第 2 至 5 页，第 10 至 12 页

C. 第 2 至 5 页，第 10 页，第 12 页

D. 第 2 页，第 5 页，第 10 至 12 页

74. 在 Word 2019 编辑中，模式匹配查找中能使用的通配符是（　　）。

A. + 和 –　　B. $ 和,　　C. $ 和 ?　　D. / 和 $

75. Word 2019 可自动生成参考文献书目列表，在添加参考文献的“源”主列表时，“源”不可能直接来自于（　　）。

A. 网络中各知名网站　　B. 网上邻居的用户共享

C. 计算机中的其他文档　　D. 自己录入

76. Word 2019 文档的编辑限制包括（　　）。

A. 格式设置限制　　B. 编辑限制　　C. 权限保护　　D. 以上都是

77. 关于 Word 2019 的页码设置，以下表述错误的是（　　）。

A. 页码可以被插入到页眉和页脚区域

B. 页码可以被插入到左右页边距

C. 如果希望首页和其他页页码不同，必须设置“首页不同”

D. 可以自定义页码并添加到构建基块管理器中的页码库中

78. 关于大纲级别和内置样式的对应关系，以下说法正确的是（　　）。

A. 如果文字套用内置样式“正文”，则一定在大纲视图中显示为“正文文本”

B. 如果文字在大纲视图中显示为“正文文本”，则一定对应样式为“正文”

C. 如果文字的大纲级别为 1 级，则被套用样式“标题 1”

D. 以上说法都不正确

79. 关于导航窗格，以下表述错误的是（　　）。

A. 能够浏览文档中的各级标题　　B. 不能够浏览文档中的各个页面

C. 能够浏览文档中的关键文字和词　　D. 能够浏览文档中的脚注、尾注、题注等

80. 关于样式、样式库和样式集，以下表述正确的是（　　）。

A. 快速样式库中显示的是用户最为常用的样式

B. 用户无法自行添加样式到快速样式库

C. 多个样式库组成了样式集

D. 样式集中的样式存储在模板中

81. 如果 Word 2019 文档中有一段文字不允许别人修改，可以通过（　　）。
   A. 格式设置限制　B. 编辑限制　C. 设置文件修改密码　D. 以上都是
82. 如果要将某个新建样式应用到文档中，以下哪种方法无法完成样式的应用（　　）。
   A. 使用快速样式库或样式任务窗格直接应用
   B. 使用查找与替换功能替换样式
   C. 使用格式刷复制样式
   D. 使用【Ctrl+W】组合键重复应用样式
83. 若文档被分为多个节，并在“页面设置”的版式选项卡中将页眉和页脚设置为奇偶页不同，则以下关于页眉和页脚说法正确的是（　　）。
   A. 文档中所有奇偶页的页眉必然都不相同
   B. 文档中所有奇偶页的页眉可以都不相同
   C. 每个节中奇数页页眉和偶数页页眉必然不相同
   D. 每个节的奇数页页眉和偶数页页眉可以不相同
84. 通过设置内置标题样式，以下哪个功能无法实现（　　）。
   A. 自动生成题注编号　B. 自动生成脚注编号
   C. 自动显示文档结构　D. 自动生成目录
85. 以下（　　）是可被包含在文档模板中的元素：①样式；②快捷键；③页面设置信息；④宏方案项。
   A. ①　B. ①②　C. ①②③　D. ①②③④
86. 以下哪个选项卡不是 Word 2019 的标准选项卡（　　）。
   A. 审阅　B. 图表工具　C. 开发工具　D. 加载项
87. 在 Word 2019 新建段落样式时，可以设置字体、段落、编号等多项样式属性，以下不属于样式属性的是（　　）。
   A. 制表位　B. 语言　C. 文本框　D. 快捷键
88. 在 Word 2019 中建立索引，是通过标记索引项，在被索引内容旁插入域代码形式的索引项，随后再根据索引项所在的页码生成索引。与索引类似，以下哪种目录，不是通过标记引用项所在位置生成目录（　　）。
   A. 目录　B. 书目　C. 图表目录　D. 引文目录
89. 在书籍杂志的排版中，为了将页边距根据页面的内侧、外侧进行设置，可将页面设置为（　　）。
   A. 对称页边距　B. 拼页　C. 书籍折页　D. 反向书籍折页
90. 在同一个页面中，如果希望页面上半部分为一栏，后半部分为两栏，应插入的分隔符号为（　　）。
   A. 分页符　B. 分栏符　C. 分节符（连续）　D. 分节符（奇数页）
91. 依次打开三个 Word 2019 文档，对每个文档都进行修改，修改完成后为了一次性保存这些文档，正确的操作是（　　）。
   A. 按【Shift】键，同时单击“文件”选项卡的“全部保存”命令
   B. 按【Shift】键，同时单击“文件”选项卡的“保存”命令
   C. 按【Ctrl】键，同时单击“文件”选项卡的“保存”命令

D．按【Ctrl】键，同时单击“文件”选项卡的“另存为”命令

92．在 Word 2019 中，以下关于艺术字的说法正确的是（　　）。

A．在编辑区右击后弹出的快捷菜单中选择“艺术字”可以完成艺术字的插入

B．插入文本区中的艺术字不可以再更改文字内容

C．艺术字可以像图片一样设置其与文字的环绕关系

D．在“艺术字”对话框中设置的线条色是指艺术字四周矩形方框的颜色

93．在“表格属性”对话框中不可以设置（　　）。

A．表格浮于文字之上　　B．单元格中文字顶端对齐

C．单元格中文字居中对齐　　D．单元格中文字底端对齐

94．Word 2019 不包括的功能是（　　）。

A．编辑　　B．排版　　C．打印　　D．编译

95．在 Word 2019 编辑状态下，插入图形并选择图形将自动出现“绘图工具”，插入图片并选择图片将自动出现“图片工具”，关于它们的“格式”选项卡，说法不对的是（　　）。

A．在“绘图工具”下“格式”选项卡中有“形状样式”组

B．在“绘图工具”下“格式”选项卡中有“文本”组

C．在“图片工具”下“格式”选项卡中有“样式”组

D．在“图片工具”下“格式”选项卡中没有“排列”组

96．在 Word 2019 中选定图形方法是（　　），此时出现“绘图工具”的“格式”选项卡。

A．按【F2】键　　B．双击图形　　C．单击图形　　D．按【Shift】键

97．在 Word 2019 中，如果在有文字的区域绘制一个矩形形状的图片，则文字与图片的位置关系是（　　）。

A．文字不可能被覆盖　　B．文字可能被覆盖

C．文字自动环绕在图片周围　　D．文字浮于图片之上

98．在 Word 2019 中，要给每位家长发送一份《期末成绩通知单》，要用（　　）命令。

A．复制　　B．信封　　C．标签　　D．邮件合并

99．在 Word 2019 中，有关文档封面的叙述中，正确的是（　　）。

A．封面可放在文档的任何一个页面上　　B．封面上不能有文本框

C．封面位于文档的最前面　　D．封面上的文字不能修改

100．“打印”对话框中“页面范围”选项卡下的“当前页”专指（　　）。

A．当前光标所在的页　　B．当前窗口显示的页

C．第一页　　D．最后一页

参考答案

1~5 BADCB	6~10 BCBDB	11~15 CDABC	16~20 BACDB
21~25 BDBBA	26~30 DDBDD	31~35 BDCDB	36~40 DCDAA
41~45 BCCCB	46~50 ADDBD	51~55 BADBD	56~60 DCCAA
61~65 BDCDB	66~70 CCABC	71~75 BBCCB	76~80 DBDBA
81~85 BBDBD	86~90 BCBAC	91~95 ACADD	96~100 CBDCA

习题 3 Excel 2019 高级应用选择题及参考答案

1．在 Excel 中，当公式中出现被零除的现象时，产生的错误值是（　　）。

A．#N/A!　　B．#NUM!　　C．#DIV/0!　　D．#VALUE!

2．计算贷款指定期数应付的利息额应使用（　　）函数。

A．FV　　B．PV　　C．IPMT　　D．PMT

3．一个工作表各列数据均含标题，要对所有列数据进行排序，用户应选取的排序区域是（　　）。

A．含标题任一列数据　　B．含标题的所有数据区

C．不含标题的所有数据区　　D．不含标题任一列数据

4．若在数值单元格中出现一连串的“###”符号，希望正常显示则需要（　　）。

A．重新输入数据　　B．调整单元格的宽度　　C．删除这些符号　　D．删除该单元格

5．利用 Excel 2019“数据”选项卡下“合并计算”功能可实现两个工作表数据的合并，如果在合并过程中勾选了“创建指向源数据的链接”，那么合并的数据会自动更新的操作是（　　）。

A．更改了源数据的表标题　　B．更改了源数据某个单元格的数值

C．在源数据表中插入一列数据　　D．在源数据表中插入一行数据

6．在 Excel 操作中，将单元格指针移到 AB220 单元格的最简单的方法是（　　）。

A．拖动滚动条　　B．按【Ctrl+AB220】组合键

C．在名称框输入 AB220 后按【Enter】键

D．先用【Ctrl+→】组合键移到 AB 列，然后用【Ctrl+↓】组合键移到 220 行

7．输入能直接显示“1/2”的数据是（　　）。

A．1/2　　B．0 1/2　　C．0.5　　D．2/4

8．如果某单元格输入“=“计算机文化”&“Excel””，结果为（　　）。

A．计算机文化 &Excel　　B．“计算机文化”&“Excel”

C．计算机文化 Excel　　D．以上都不对

9．Excel 2019 中，若要设置数据输入时的下拉列表功能（比如，性别输入时，是由弹出的下拉列表“男、女”选择输入），可以通过（　　）来实现设置。

A．“开始”→“单元格样式”按钮　　B．“插入”→“对象”按钮

C．“页面布局”→“效果”按钮　　D．“数据”→“数据验证”按钮

10．在升序排序中（　　）。

A．逻辑值 FALSE 排在 TRUE 之前　　B．逻辑值 FALSE 排在 TRUE 之后

C．逻辑值 FALSE 和 TRUE 分不出前后　　D．逻辑值 FALSE 和 TRUE 保持原来的次序

11．在 Excel 中，设置两个排序条件的目的是（　　）。

A．第一排序条件完全相同的记录以第二排序条件确定记录的排列顺序

B．记录的排列顺序必须同时满足这两个条件

C．记录的排序必须符合这两个条件之一

D．根据两个排序条件的成立与否，再确定是否对数据表进行排序

12．在“页面布局”功能选项卡中，能够实现的功能是（　　）。

A．插入分页符　　B．插入图片　　C．合并居中　　D．高级筛选

13．下列函数中，（　　）函数不需要参数。

A．DATE　　B．TODAY　　C．DAY　　D．TIME

14．某区域是由 A1，A2，A3，B1，B2，B3 6 个单元格组成，不能使用的区域标识是（　　）。

A．A1:B3　　B．B3:A1　　C．A3:B1　　D．A1:B1

15．在 Excel 中，错误值总是以（　　）开头的。

A．$　　B．#　　C．^　　D．&

16．假设 B1 为文字“100”，B2 为数字“3”，则 COUNT(B1:B2）等于（　　）。

A．103　　B．100　　C．3　　D．1

17．在 Excel 中，函数 =MID(“计算机应用 ABC”,3,6) 的返回值是（　　）。

A．算机应用 ABC　　B．机应用 ABC　　C．算机应　　D．机应用

18．在 Excel 中，双击图表标题将调出（　　）。

A．“设置坐标轴格式”对话框　　B．“设置坐标轴标题格式”对话框

C．“改变字体”对话框　　D．“设置图表标题格式”对话框

19．为了区别“数字”与“数字字符串”数据，Excel 要求在输入项前添加（　　）符号来确认。

A.”　　B.’　　C．#　　D．@

20．要对工作表重新命名，可采用（　　）。

A．单击工作表标签　　B．双击工作表标签　　C．单击表格标题行　D．双击表格标题行

21．工作表 G（G2:G25）列存有总分，要按总分来确定每个学生的名次，下面函数正确的是（　　）。

A．=RANK(G2,G2:G25)　　B．=RANK(G$2,G2:G25)

C．=RANK(G$2,G$2:G$25)　　D．=RANK(G2,G$2:G$25)

22．准备在一个单元格内输入一个公式，应先输入（　　）先导符号。

A．$　　B．>　　C．〈　　D．=

23．每一个数据库函数都有 3 个参数组成，下列（　　）不是数据库函数的参数。

A．database　　B．field　　C．range　　D．criteria

24．利用鼠标拖放移动数据时，若出现“是否替换目标单元格内容？”的提示框，则说明（　　）。

A. 目标区域尚为空白　　B. 不能用鼠标拖放进行数据移动

C. 目标区域已经有数据存在　　D. 数据不能移动

25. 要在当前工作表（Sheet1）的 A2 单元格中引用另一个工作表（如 Sheet4）中 A2 到 A7 单元格的和，则在当前工作表的 A2 单元格输入的表达式应为（　　）。

A. =SUM(Sheet!A2：A7)　　B. =SUM(Sheet4!A2：A7)

C. =SUM((Sheet4)A2：A7)　　D. =SUM((Sheet4)A2：Sheet4)A7)

26. 在 Excel 中，在 A1 单元格中输入公式“= 1>2”后，A1 单元格的值为（　　）。

A. 1>2　　B. = 1>2　　C. TRUE　　D. FALSE

27. 在 Excel 2019 电子表格中，设 A1、A2、A3、A4 单元格分别输入了："3"、"星期三"、"5x"、"2007-9-13"，则下列可以进行计算的公式是（　　）。

A. =A1+A2　　B. =A2+1　　C. =A3+6x+1　　D. =A4&10

28. 已知 A1 单元格中的公式：= AVERAGE（B1:F6），将 B 列删除之后，A1 单元格中的公式将调整为（　　）。

A. =AVERAGE(# REF!)　　B. =AVERAGE(C1:F6)

C. =AVERAGE(B1:E6)　　D. =AVERAGE(B1:F6)

29. 利用数组公式求解运算，在公式输入完毕时，必须按（　　）组合键确认。

A.【Ctrl+Alt+Space】　　B.【Ctrl+Alt+Enter】

C.【Shift+Ctrl+Alt】　　D.【Shift+Ctrl+Enter】

30. Excel 工作表区域 A2:C4 中的单元格个数共有（　　）个。

A. 3　　B. 6　　C. 9　　D. 12

31. 在 Excel 中，设定单元格 Al 的数字格式为整数，当输入“33.51”时，显示为（　　）。

A. 33.51　　B. 33　　C. 34　　D. ERROR

32. 删除单元格与清除单元格的区别（　　）。

A. 不一样　　B. 一样　　C. 不确定　　D. 视单元格内容而定

33. 在编辑工作表时，将第 3 行隐藏起来，编辑后打印该工作表时，对第 3 行的处理是（　　）。

A. 打印第 3 行　　B. 不打印第 3 行　　C. 不确定　　D. 以上都不对

34. 如果某个单元格中的公式为“=$D2”，这里的 $D2 属于（　　）引用。

A. 绝对　　B. 相对

C. 列绝对行相对的混合　　D. 列相对行绝对的混合

35. 在 Excel 工作表的某个单元格中输入了算式 6–2，则该单元格显示的值是（　　）。

A. 4　　B. 6-2　　C. 6 月 2 日　　D. #VALUE!

36. 已知单元格 A1 的内容为 100，下列属于合法数值型数据的是（　　）。

A. 2*[3+(2-1)]　　B. -5A1+1　　C. [(123+456)]/2　　D. =3*(A1+1)

37. 若 A1 单元格中的字符串是“北京大学”，A2 单元格的字符串是“计算机系”，希望在 A3 单元格中显示“北京大学计算机系招生情况表”，则应在 A3 单元格中输入公式（　　）。

A. =A1&A2&“招生情况表”　　B. =A2&Al&“招生情况表”

C. =A1+A2+"招生情况表"　　D. =A1–A2–"招生情况表"

38. Excel 提供了工作表窗口拆分的功能，要水平拆分工作表，简便的操作是将鼠标指针（　　），然后拖动鼠标到自己满意的位置。

A. 单击"视图"选项卡下"窗口"组中的"新建窗口"

B. 单击"视图"选项卡下"窗口"组中的"重排窗口"

C. 指向水平拆分框

D. 指向垂直拆分框

39. 在 Excel 工作表中要在当前行的上行插入一行，应选择（　　）功能区选项。

A. 插入　　B. 开始　　C. 数据　　D. 视图

40. "开始"功能区"单元格"组中的"格式"快捷菜单中不能实现的操作是（　　）。

A. 设置单元格格式　　B. 设置行高或列宽　　C. 保护工作表　　D. 设置条件格式

41. 使用 Excel 的数据筛选功能，是将（　　）。

A. 满足条件的记录显示出来，并删除掉不满足条件的数据

B. 不满足条件的记录暂时隐藏起来，只显示满足条件的数据

C. 不满足条件的数据用另外一个工作表来保存起来

D. 将满足条件的数据突出显示

42. 某公司厂房拥有固定资产 100 万元，使用 10 年后估计资产的残值为 30 万元，若要求固定资产按年的折旧值，下列计算公式正确的是（　　）。

A. =SLN(100,30,10)　　B. =SLN(100,30,10*12)

C. =SLN(100,30,10*365)　　D. =SLN(30,100,10)

43. VLOOKUP 函数从数据表区域中的（　　）查找满足条件的元素，并将指定列的匹配值填入当前数据表的当前列中。

A. 第一行　　B. 最末行　　C. 最左列　　D. 最右列

44. Excel 工作表的单元格中存储内容与显示内容之间的关系不可能是（　　）。

A. 存储计算公式也显示计算公式　　B. 存储数值也显示数值

C. 存储计算公式显示运算结果　　D. 存储运算结果显示计算公式

45. 在 Excel 中打印学生成绩单时，欲对不及格学生的成绩用醒目的方式表示，当要处理大量的学生成绩时，最为方便的命令是（　　）。

A. 查找　　B. 条件格式　　C. 数据筛选　　D. 定位

46. 在 Excel 中，"开始"选项卡下"编辑"组中"清除"命令的含义是（　　）。

A. 删除指定单元格区域及其内容　　B. 删除指定单元格数据及其格式

C. 删除指定单元格区域的显示方式　　D. 以上皆不是

47. Excel 工作表中，设 A2=9，B2=7，先选择单元格 A2:B2，再将鼠标光标放在该区域右下角的填充柄（黑方块点）上，拖到 E2，则 E2 中的数据为（　　）。

A. 5　　B. 1　　C. 9　　D. 7

48. 改变单元格背景颜色的快速操作是（　　），在调色板单击要使用的颜色。

A．单击“开始”选项卡“字体”组中“字体颜色”命令

B．单击“开始”选项卡“字体”组中的“填充色”命令

C．选定该单元格，单击“开始”选项卡“字体”组中”字体颜色”命令

D．选定该单元格，单击“开始”选项卡“字体”组中的“填充色”命令

49．如果要将工作表移到其他工作簿中，只要将其表标签（　　）即可。

A．拖到相应的工作簿窗口中

B．先复制到剪贴板上，然后再打开其他工作簿进行粘贴

C．拖动时同时按【Ctrl】键

D．在 Windows 资源管理器中进行

50．工作表被保护后，该工作表中的单元格的内容、格式（　　）。

A．可以修改　　B．都不可以修改、删除

C．可以被复制、填充　　D．可以移动

51．在 Excel 中，在某单元格中输入公式“=SUM(B2:B3,D2:E2)”时，其功能是（　　）。

A．=B2+B3+C2+C3+D2+E2　　B．=B2+B3+D2+D3+E2

C．=B2+B3+D2+E2　　D．=B2+B3+C2+D2+E2

52．在 Excel 工作表中，已知 A1 单元格中有公式“=B1+C1”，将 B1 复制到 D1，将 C1 移动到 E1，则 A1 中的公式调整为（　　）。

A．=B1+C1　　B．=B1+E1　　C．=D1+C1　　D．=D1+E1

53．在 Excel 表格中，已知 B1 单元格中有公式“=D2+$E3”，在 D 列和 E 列之间插入一个空列，在第二行和第三行之间插入一个空行，则 B1 单元格中的公式调整为（　　）。

A．=D2+$E2　　B．=D2+$F2　　C．=D2+$E4　　D．=D2+$F4

54．在 Excel 工作表中，正确表示 IF 函数的表达式是（　　）。

A．IF(“平均成绩”>60,“及格”,“不及格”)

B．IF(e2>60,“及格”,“不及格”)

C．IF(f2>60、及格、不及格)

D．IF(e2>60, 及格 , 不及格)

55．将数字截尾取整的函数是（　　）。

A．INT　　B．TRUNC　　C．ROUND　　D．CEILING

56．在 Excel 工作表单元格区域 B1：J1 和 A2：A10 中分别输入数值 1~9 作为乘数，单元格区域 B2：J10 准备存放乘积。在 B2 单元格中输入公式（　　），然后将该公式复制到单元格区域 B2：J10 中，便可形成一个九九乘法表。

A．=$B1*$A2　　B．=$B1*A$2　　C．=B$1*$A2　　D．=B$1*A$2

57．在向 Excel 工作表的单元格里输入公式时，运算符有优先顺序，下列说法错误的是（　　）。

A．百分比优先于乘方　　B．乘和除优先于加和减

C．字符串连接优先于关系运算　　D．乘方优先于负号

58．某单位有 150 名职工，现按工资发放补贴，男职工工资 800（含）元以上的 200 元，工资 800 元

以下的 300 元；女职工工资 800（含）元以上的 100 元，工资 800 元以下的 200 元。在工作表的第一行开始输入数据，其中 A 列为姓名，B 列为性别，C 列为工资，D 列为补贴，为了计算每个职工的补贴，应先在单元格 D2 中输入公式（　　），然后复制到单元格区域 D3:D151。

A．=IF(性别 =" 男 ",IF(工资 >800,300,200),IF(工资 >800,200,100))

B．=IF(性别 =" 男 ",IF(工资 >800,200,300),IF(工资 >800,100,200))

C．=IF(B2=" 男 ",IF(C2>800,200,300),IF(C2>800,100,200))

D．=IF(B2=" 男 ",IF(C2>800,300,300),IF(C2>800,200,100))

59．在 Excel 中，若要将光标向右移动到下一张工作表的位置，可按（　　）组合键。

A．【PageUp】　B．【PageDown】　C．【Ctrl+ PageUp】　D．【Ctrl+PageDown】

60．在 Excel 工作表中，已知 B3 单元格的数值为 20，若在 C3 单元格中输入公式"=B3+8"，在 D4 单元格中输入公式"=$B3+8"，则（　　）。

A．C3 单元格与 D4 单元格的值均为 28

B．C3 单元格的值不能确定，D4 单元格的值为 8

C．C3 单元格的值不能确定，D4 单元格的值为 28

D．C3 单元格的值为 20，D4 单元格的值不能确定

61．在 Excel 中，在单元格中输入数值数据和字符数据，默认的对齐方式是（　　）。

A．全部左对齐　B．全部右对齐　C．右对齐和中间对齐　D．右对齐和左对齐

62．在 Excel 中，函数 =MID("ABABCDEF",5,2) 的结果是（　　）。

A．AB　B．BA　C．BC　D．CD

63．已知单元格 B1 中存放的值为"ABCDE",单元格 B2 中函数 =left(B1,2),则该函数值为(　　)。

A．AB　B．BC　C．CD　D．DE

64．返回参数组中空值单元格数目的函数是（　　）。

A．COUNT　B．COUNTIF　C．COUNTBLANK　D．COUNTA

65．在 Excel 工作表中，已知单元格 B1 中的公式"=AVERAGE(C1:F6)"，单元格 C1 的值为 1，现在单元格 D4 处插入一行，同时删除一列，则单元格 B1 中的公式变成（　　）。

A．=AVERAGE(C1:F7)　B．=AVERAGE(C1:E7)

C．=AVERAGE(C1:F6)　D．=AVERAGE(C1:G6)

66．某储户每月能承受的贷款数为 2 000 元（月末），计划按这一固定扣款数连续贷款 25 年，年息为 4.5%，求该储户能获得的贷款数应使用的公式为（　　）。

A．=PV(0.045/12,25*12,–2000,0,0)　B．=FV(0.045/12,25*12,–2000,0,0)

C．=PV(0.045,25,–2000,0,0)　D．=FV(0.045,25,–2000,0,0)

67．在 Excel 中，函数 =LEFT("ABCD 计算机应用 ",8) 的返回值是（　　）。

A．ABCD 计算　B．ABCD 计算机应　C．ABCD 计　D．ABCD 计算机

68．只要复制某个单元格的公式而不复制该单元格格式时，先右击该单元格，在快捷菜单中选择"复制"命令后，再右击目标单元格，选择（　　）按钮即可。

A．选择性粘贴　B．粘贴　C．剪切　D．以上命令都行

69．假设有一学生信息表，包含 5 列 13 行数据，其列标题分别是学号、姓名、性别、专业、奖学金，

若要求表中计算机专业男同学的奖学金平均值，应用（　　）公式来求解。

A．=AVERAGEIF(E2:E13,C2:C13,“ 男 ”,D2:D13,“ 计算机 ”)

B．=AVERAGEIFS(E2:E13,C2:C13,“ 男 ”,D2:D13,“ 计算机 ”)

C．=AVERAGEIF(C2:C13,“ 男 ”,D2:D13,“ 计算机 ”,E2:E13)

D．=AVERAGEIFS(C2:C13,“ 男 ”,D2:D13,“ 计算机 ”,E2:E13)

70．在 Excel 中，运算符 & 表示（　　）。

A．逻辑值的“与”运算　　B．子字符串的比较运算

C．数值型数据的无符号相加　　D．字符型数据的连接

71．在单元格 A1 中输入字符串“XYZ”，B1 中输入数据 100，C1 中输入函数“=IF(AND(A1=“XYZ”,B1<100),B1+10,B1–10)”，则 C1 单元格的结果为（　　）。

A．90　　B．B1-10　　C．110　　D．B1+10

72．粘贴时使用“选择性粘贴”对话框中的（　　）功能，可以将源数据区域的行列相对位置交换后粘贴至目标区域 。

A．转置　　B．公式　　C．数值　　D．交换

73．若向单元格 A1 中输入函数“=MOD(8,3)”，则确认后 A1 单元格的结果为（　　）。

A．4　　B．–4　　C．2　　D．–2

74．若单元格 A1 中已输入数字常量 10，B1 中输入货币数字 $34.50，C1 单元格内输入公式“=A1+B1”，确认后 C1 中显示的结果为（　　）。

A．44.50　　B．$44.50　　C．0　　D．VALUE!

75．在 Excel 中，设 A1 ~ A4 单元格的数值为“82”、“71”、“53”、“60”，若在单元格 A5 中输入公式“=IF(AVERAGE(A$1:A$4)>=60,“ 及格 ”,“ 不及格 ”)”，则单元格 A5 显示值是（　　）。

A．TRUE　　B．FALSE　　C．及格　　D．不及格

76．当前工作表上有一学生情况数据列表（包含学号、姓名、专业及三门课程成绩等字段），如欲查询各专业每门课的平均成绩，以下最合适的方法是（　　）。

A．数据透视表　　B．筛选　　C．排序　　D．建立图表

77．有关 Excel 嵌入式图表，下面表述正确的是（　　）。

A．图表生成后不能移动位置

B．图表生成后不能改变图表类型，如三维变二维

C．表格数据修改后，相应的图表数据不随之变化

D．图表生成后可以向图表中添加新的数据

78．在数据图表中要增加图表标题，在激活图表的基础上，可以（　　）。

A．执行“插入”→“标题”命令，在出现的对话框中选择“图表标题”命令

B．执行“格式”→“自动套用格式化图表”命令

C．执行“图表工具”→“图表布局”→“添加图表元素”→“图表标题”命令

D．用鼠标定位，直接输入

79．若某单元格中的公式为“=IF（“ 教授 ”>“ 助教 ”,TRUE,FALSE）”，其计算结果为（　　）。

A．TRUE　　B．FALSE　　C．教授　　D．助教

80．在 Excel 的引用运算中，空格表示（　　）引用运算符。

A．区域运算符　　B．合并运算符　　C．三维运算符　　D．交叉运算符

81．在 Excel 2019 中，利用填充柄可以将数据复制到相邻单元格中，若选择含有数值的左右相邻的两个单元格，左键拖动填充柄，则数据将以（　　）填充。

A．等差数列　　B．等比数列　　C．左单元格数值　　D．右单元格数值

82．在 Excel 中的某个单元格中输入文字，若要文字能自动换行，可打开“单元格格式”对话框的（　　）选项卡，选择“自动换行”。

A．数字　　B．对齐　　C．图案　　D．保护

83．假设单元格 A1 中输入公式“=2*4”，关于公式“=A1&“<A2””的正确结果是（　　）。

A．2*4<A2　　B．8<A2　　C．TRUE　　D．FALSE

84．假定有一 5 列 13 行的学生信息表（表有标题行），其中 C 列表示性别，D 列表示专业，G 列表示奖学金，若要求表中计算机专业男同学的奖学金总和，下列计算公式不正确的是（　　）。

A．=SUMPRODUCT((C2:C13=“男”)*(D2:D13=“计算机”),G2:G13)

B．=SUMPRODUCT((C2:C13=“男”)*(D2:D13=“计算机”)*G2:G13)

C．=SUMIFS(G2:G13,C2:C13,“男”,D2:D13,“计算机”)

D．=SUMIFS(C2:C13,“男”,D2:D13,“计算机”,G2:G13)

85．在完成了图表后，想要在图表底部的网格中显示工作表中的图表数据，应该采取的正确操作是（　　）。

A．单击“图表工具”→“图表向导”按钮

B．单击“图表工具”→“数据表”按钮

C．选中图表，单击“图表工具”→“图表布局”→添加图表元素→“数据表”命令

D．选中图表，单击“图表工具”→“图表布局”→添加图表元素→“数据标签”命令

86．在记录单的右上角显示“3/30”，其意义是（　　）。

A．当前记录单仅允许 30 个用户访问　　B．当前记录是第 30 号记录

C．当前记录是第 3 号记录　　D．您是访问当前记录单的第 3 个用户

87．在单元格 A1 中输入包含日期的公式 =1/1/2019+1/2/2020，确认后 A1 单元格显示的结果为（　　）。

A．字符串相加处理后的结果　　B．数值运算后的结果

C．日期运算后的结果　　D．#VALUE!

88．Excel 一维垂直数组中元素用（　　）分开。

A．\　　B．\\　　C．,　　D．;

89．在 Excel 中，图表和数据表放在一起的方法，称为（　　）。

A．自由式图表　　B．分离式图表　　C．合并式图表　　D．嵌入式图表

90．删除工作表中与图表链接的数据时，图表将（　　）。

A．被复制　　B．必须用编辑器删除相应的数据点

C．不会发生变化　　D．自动删除相应的数据点

91．产生图表的数据发生变化以后，图表（　　）。

A．会发生相应的变化　　B．会发生相应的变化，但与数据无关

C. 不会发生变化　　D. 必须进行编辑后才会发生变化

92. 在 Excel 中，右击图表标题弹出的快捷菜单中包含（　　）。

A. “设置坐标轴格式”命令　　B. “设置坐标轴标题格式”命令

C. “添加趋势线”命令　　D. “设置图表标题格式”命令

93. 在 Excel 中，执行自动筛选的数据记录单，必须（　　）。

A. 没有标题行且不能有其他数据夹杂其中　　B. 拥有标题行且不能有其他数据夹杂其中

C. 没有标题行且有其他数据夹杂其中　　D. 拥有标题行且有其他数据夹杂其中

94. 在 Excel 中，数据记录单的高级筛选的条件区域中，对于各字段“与”的条件（　　）。

A. 必须写在同一行中　　B. 可以写在不同的行中

C. 一定要写在不同行　　D. 对条件表达式所在的行无严格的要求

95. 在降序排序中，在序列中空白的单元格行被（　　）。

A. 放置在排序数据记录单的最后　　B. 放置在排序数据记录单的最前

C. 不被排序　　D. 保持原始次序

96. 在 Excel 中，如果希望打印内容处于页面中心，可以选择“页面设置”中的（　　）。

A. 水平居中　　B. 垂直居中

C. 水平居中和垂直居中　　D. 无法办到

97. 在 Excel 2019 数据记录单中，按某一字段内容进行归类，并对每一类作出统计的操作是（　　）。

A. 分类排序　　B. 分类汇总　　C. 筛选　　D. 记录单处理

98. 若要为单元格区域定义名称，下列符号中（　　）不能用于定义名称。

A. 下划线　　B. 空格　　C. 点号　　D. 反斜线

99. 为了取消分类汇总的操作，正确的操作是（　　）。

A. 单击“开始”选项卡“格式”组中的“删除”按钮

B. 按【Del】键

C. 在”分类汇总“对话框中单击“全部删除”按钮

D. 选择“编辑”组中的“全部清除”按钮

100. Excel 2019 中为某一个单元格区域定义名称的方法有多种，下列定义方法中不正确的是（　　）。

A.【Ctrl+F3】　　B.【Alt+F3】

C. 单击“公式”→“定义名称”按钮　　D. 编辑栏左侧的名称框

参 考 答 案

1~5 CCBBB	6~10 CBCDA	11~15 AABDB	16~20 DBDBB
21~25 DDCCB	26~30 DDCDC	31~35 CABCC	36~40 DACBD
41~45 BACAB	46~50 BBDAB	51~55 CBDBB	56~60 CDCDA
61~65 DDACB	66~70 ABABD	71~75 AACBC	76~80 ADCBD
81~85 ABBDC	86~90 CBDDD	91~95 ADBAA	96~100 CBBCB

习题 4 PowerPoint 2019 高级应用选择题及参考答案

1. PowerPoint 默认的文件扩展名为（　　）。

   A. .ppsx　　B. .pptx　　C. .ppt　　D. .pps

2. 下列不是 PowerPoint 视图方式的是（　　）。

   A. 普通视图　　B. 页面视图　　C. 幻灯片浏览视图　　D. 阅读视图

3. 在幻灯片浏览视图中，可使用（　　）键 + 单击来选定多张不连续的幻灯片。

   A.【Ctrl】　　B.【Alt】　　C.【Shift】　　D.【Tab】

4. 在幻灯片浏览视图中，可使用（　　）键 + 单击来选定多张连续的幻灯片。

   A.【Ctrl】　　B.【Alt】　　C.【Shift】　　D.【Tab】

5. PowerPoint 的视图方式包括（　　）。

   A. 普通视图，幻灯片放映视图，大纲视图，幻灯片浏览视图，备注页视图，讲义视图

   B. 普通视图，幻灯片放映视图，大纲视图，幻灯片浏览视图，备注页视图，阅读视图

   C. 普通视图，幻灯片放映视图，幻灯片浏览视图，备注页视图，讲义视图

   D. 普通视图，幻灯片放映视图，幻灯片浏览视图，备注页视图，阅读视图

6. 在演示文稿制作过程中，特殊的字符和效果（　　）。

   A. 可以大量使用，用得越多，效果越好　　B. 同背景的颜色相同

   C. 只有在标题中使用　　D. 适当使用以达到最佳效果

7. 若 PowerPoint 中的备注窗格不见了，应该（　　）使它显示出来。

   A. 在“视图”选项卡中找到备注窗格　　B. 在“审阅”选项卡中找到备注窗格

   C. 拖动窗口下侧边缘　　D. 拖动工作区下侧边缘

8. 在 PowerPoint 中插入一张图片的过程，（　　）是正确的。

   ① 打开幻灯片。　　② 选择并确定想要插入的图片。

   ③ 执行插入图片从文件命令。　　④ 调整被插入图片的大小和位置等。

   A. ①④②③　　B. ①③②④　　C. ③①②④　　D. ③②①④

9. 下列关于在幻灯片中插入图表的说法错误的是（　　）。

   A. 可以直接通过复制和粘贴的方式将图表插入到幻灯片中

B．对不含图表占位符的幻灯片可以插入新图表

C．只能通过插入包含图表的新幻灯片来插入图表

D．双击图表占位符可以插入图表

10．要在幻灯片中插入表格、图片、艺术字、视频、音频等元素时，应在（　　）选项卡中操作。

A．文件　　B．开始　　C．插入　　D．设计

11．下列（　　）命令不属于“插入”选项卡下的“插图”功能组。

A．形状　　B．图片　　C．图表　　D．SmartArt

12．在演示文稿中可以插入（　　）。

A．绘制图形　　B．艺术字　　C．图片　　D．以上皆是

13．绘制矩形时按住（　　）键绘制的图形为正方形。

A．【Alt】　　B．【Ctrl】　　C．【Shift】　　D．【Delete】

14．改变对象大小时，按住【Shift】键出现的效果是（　　）。

A．以图形对象的中心为基点进行缩放　　B．按图形对象的比例改变图形的大小

C．只有图形对象的高度发生改变　　D．只有图形对象的宽度发生改变

15．关于插入在幻灯片里的图片、图形等对象，下列操作描述中正确的是（　　）。

A．这些对象放置的位置不能重叠

B．这些对象放置的位置可以重叠，叠放的次序可以改变

C．这些对象无法一起被复制或移动

D．这些对象各自独立，不能组合为一个对象

16．SmartArt 图形不包括下面的（　　）。

A．矩阵　　B．流程图　　C．循环　　D．图表

17．在 PowerPoint 中，不能作为演示文稿插入对象的是（　　）。

A．演示文稿对象　　B．Excel 工作薄　　C．图像文档　　D．Windows 操作系统

18．PowerPoint 中是通过（　　）方式来插入 Flash 动画的。

A．插入 ActiveX 控件　B．插入音频　　C．插入视频　　D．插入图表

19．对于幻灯片中插入音频，下列叙述错误的是（　　）。

A．可以播完返回开头　　B．可以循环播放，直到停止

C．可以插入录制的音频　　D．插入音频后显示的小图标不能隐藏

20．在幻灯片中插入的影片、声音（　　）。

A．在“幻灯片视图”中单击它即可激活　　B．在“幻灯片视图”中双击它即可激活

C．在放映时单击它即可激活　　D．在放映时双击它才可激活

21．要进行幻灯片页面设置、主题选择，可以在（　　）选项卡中操作。

A．开始　　B．插入　　C．视图　　D．设计

22．幻灯片的主题不包括（　　）。

A．主题颜色　　B．主题字体　　C．主题效果　　D．主题动画

23．关于幻灯片主题，说法错误的是（　　）。

A．可以应用于所有幻灯片
B．可以应用于指定幻灯片
C．可以对已使用的主题进行更改
D．可以在“文件 / 选项”中更改
24．在 PowerPoint 中自定义幻灯片的主题颜色，不可以实现（　　）设置。
A．幻灯片中的文本颜色
B．幻灯片中的背景颜色
C．幻灯片中超链接和已访问超链接的颜色
D．幻灯片中强调文字的颜色
25．PowerPoint 的主要特色就是使演示文稿中的幻灯片具有统一的外观，下列（　　）不是控制幻灯片外观的方法。
A．主题　B．背景　C．幻灯片切换　D．母版
26．幻灯片中占位符的作用是（　　）。
A．表示文本长度　B．限制插入对象的数量
C．表示图形大小　D．为文本图形预留位置
27．下列关于幻灯片母版的说法错误的是（　　）。
A．在幻灯片母版中插入图片，在所有幻灯片中都可出现此图片
B．在幻灯片母版中插入编号后，便可在每张幻灯片中显示
C．在幻灯片母版中可以更改编号的格式以及位置
D．在幻灯片母版中可以统一所有幻灯片的风格
28．幻灯片母版是模板的一部分，它存储的信息不包括（　　）。
A．文稿内容　B．主题、效果和动画
C．文本和对象占位符的大小　D．文本和对象在在幻灯片上放置的位置
29．为了使演示文稿中的所有幻灯片具有统一的背景图案，应使用（　　）。
A．幻灯片版式　B．母版　C．背景　D．配色方案
30．新建演示文稿，默认的幻灯片版式是（　　）。
A．项目清单　B．两栏文本　C．表格　D．标题幻灯片
31．在 PowerPoint 中，每个自动版式中都有几个预留区，这些预留区的特点是（　　）。
A．每个预留区被实线框框起来　B．每个预留区有系统提示的文本信息
C．每个预留区没有系统提示的文本信息　D．多个预留区用同一实线框框起来
32．在 PowerPoint 中，若要更换另一种幻灯片的版式，下列操作正确的是（　　）。
A．单击“开始”选项卡中的“幻灯片”组中的“版式”按钮
B．单击“插入”选项卡中的“幻灯片”组中的“版式”按钮
C．单击“设计”选项卡中的“幻灯片”组中的“版式”按钮
D．以上说法都不正确
33．如果对一张幻灯片使用系统提供的版式，对其中各个对象的占位符（　　）。

A. 能用具体内容去替换，不可删除
B. 能移动位置，但不能改变格式
C. 可以删除不用，也可以在幻灯片中插入新的对象
D. 可以删除不用，但不能在幻灯片中插入新的对象

34. 在 PowerPoint 中，下列关于幻灯片版式说法正确的是（　　）。
A. 在“标题和内容”版式中，没有“剪贴画”占位符
B. 剪贴画只能插入到空白版式中
C. 任何版式中都可以插入剪贴画
D. 剪贴画只能插入到有“剪贴画”占位符的版式中

35. 在 PowerPoint 的幻灯片浏览视图中，（　　）操作不能进行。
A. 复制或移动幻灯片　　B. 删除幻灯片
C. 插入幻灯片　　D. 调整幻灯片上图片的位置

36. 在 PowerPoint 中，为所有幻灯片设置统一的、特有的外观风格，应运用（　　）。
A. 母版　　B. 版式　　C. 背景　　D. 联机协作

37. 要对幻灯片母版进行设计和修改时，应在（　　）选项卡中进行操作。
A. 设计　　B. 审阅　　C. 插入　　D. 视图

38. 下列说法正确的是（　　）。
A. 通过背景命令只能为一张幻灯片添加背景
B. 通过背景命令只能为所有幻灯片添加背景
C. 通过背景命令既能为一张幻灯片添加背景，也能为所有幻灯片添加背景
D. 以上说法都不正确

39. 在 PowerPoint 中，在大纲窗格中将二级标题升一级，则（　　）。
A. 脱离原来的幻灯片，生成一张新的幻灯片
B. 变为一级标题，但仍在原幻灯片中
C. 此标题级别不变，它所包含的小标题提升一级
D. 以上都不对

40. PowerPoint 模板文档的扩展名是（　　）。
A. .pptx　　B. .docx　　C. .potx　　D. .xls

41. 使用（　　）选项卡中的“背景样式”命令可改变幻灯片的背景。
A. 设计　　B. 幻灯片放映　　C. 开始　　D. 视图

42. 要设置幻灯片中对象的动画效果以及动画的出现方式，应在（　　）选项卡中进行。
A. 切换　　B. 动画　　C. 设计　　D. 审阅

43. 如果要给一个对象设置多个动画效果，应使用“动画”选项卡中的（　　）功能来完成。
A. 动画窗格　　B. 添加动画　　C. 效果选项　　D. 动作设置

44. 添加动画时不可以设置文本（　　）。
A. 整批发送　　B. 按字 / 词发送　　C. 按字母发送　　D. 按句发送

45. 可以设置动画播放后（　　）。

A. 隐藏　　B. 变成其他颜色　　C. 删除　　D. 下次单击后隐藏

46. 设置动画延迟是在（　　）中完成的。

A. 持续时间　　B. 延迟　　C. 开始　　D. 效果选项

47. 在 PowerPoint 中，动画刷的作用是（　　）。

A. 复制母版　　B. 复制切换效果

C. 复制字符格式　　D. 复制幻灯片中对象的动画效果

48. 在 PowerPoint 中，下列说法错误的是（　　）。

A. 可以设置动画重复播放　　B. 可以设置动画播放后快退

C. 可以设置动画效果为彩色打印机　　D. 可以设置单击某对象启动效果

49. 在 PowerPoint 中，幻灯片“切换”效果是指（　　）。

A. 幻灯片切换时的特殊效果　　B. 幻灯片中某个对象的动画效果

C. 幻灯片放映时系统默认的一种效果　　D. 幻灯片切换效果中不含“声音”效果

50. 要设置幻灯片的切换效果以及换片方式，应在（　　）选项卡下进行。

A. 开始　　B. 设计　　C. 切换　　D. 动画

51. 在 PowerPoint 中的幻灯片“切换”选项卡中，允许的设置是（　　）。

A. 设置幻灯片的视觉效果和听觉效果　　B. 只能设置幻灯片的视觉效果

C. 只能设置幻灯片的听觉效果　　D. 只能设置幻灯片的定时效果

52. 在幻灯片放映过程中，单击鼠标右键，选择“指针选项”中的荧光笔，在讲解过程中可以进行写和画，其结果是（　　）。

A. 对幻灯片进行了修改

B. 没有对幻灯片进行修改

C. 写画的内容可以保存起来，以便下次放映时显示出来

D. 写画的内容留在了幻灯片上，下次放映时还会显示出来

53. 为了精确控制幻灯片的放映时间，一般使用（　　）操作来完成。

A. 排练计时　　B. 设置切换效果

C. 设置换页方式　　D. 设置间隔多少时间换页

54. 在 PowerPoint 中，为了在切换幻灯片时添加声音，可以使用（　　）选项卡。

A. 幻灯片放映　　B. 切换　　C. 插入　　D. 动画

55. 在演示文稿中只播放几张不连续的幻灯片，应在（　　）中设置。

A. 在“幻灯片放映”中的“自定义幻灯片放映”

B. 在“幻灯片放映”中的“设置幻灯片放映”

C. 在“幻灯片放映”中的“广播幻灯片”

D. 在“幻灯片放映”中的“录制演示文稿”

56. PowerPoint 中放映幻灯片有多种方法，下面错误的是（　　）。

A. 选中第一张幻灯片，然后单击演示文稿窗口右下角的“幻灯片放映”按钮

B．选中第一张幻灯片，单击“幻灯片放映”选项卡中的“从头开始”命令

C．选中第一张幻灯片，单击“文件”选项卡中的“幻灯片放映”命令

D．选中第一张幻灯片，按【F5】快捷键

57．如果要从一张幻灯片“淡出”到下一张幻灯片，应使用（　　）。

A. 动作设置　B. 添加动画　C. 幻灯片切换　D. 页面设置

58．从当前幻灯片开始放映幻灯片的快捷键是（　　）。

A.【Shift+F5】　B.【Shift+F4】　C.【Shift+F3】　D.【Shift+F2】

59．从第一张幻灯片开始放映幻灯片的快捷键是（　　）。

A.【F2】　B.【F3】　C.【F4】　D.【F5】

60．在演示文稿放映过程中，可随时按（　　）键终止放映，并返回到原来的视图中。

A.【Enter】　B.【Esc】　C.【Pause】　D.【Ctrl】

61．对于演示文稿中不准备放映的幻灯片可以用（　　）选项卡下的“隐藏幻灯片”命令隐藏。

A．开始　B．幻灯片放映　C．视图　D．动画

62．在演示文稿中插入超级链接时，不能是（　　）。

A．另一个演示文稿　B．同一演示文稿中的某张幻灯片

C．其他应用程序的文档　D．幻灯片中的某个对象

63．在 PowerPoint 中，若一个演示文稿中有三张幻灯片，播放时要跳过第 2 张幻灯片放映，可(　　)。

A．隐藏第 2 张幻灯片　B．取消第 2 张幻灯片的切换效果

C．取消第 1 张幻灯片的动画效果　D．只能删除第 2 张幻灯片

64．下列对象中不能设置超级链接的是（　　）。

A．文本　B．背景　C．图片　D．剪切画

65．下列不能在放映时进行控制的放映模式是（　　）。

A．演讲者放映　B．观众自行浏览　C．在展台浏览　D．演讲者自行浏览

66．设置放映时不加旁白是在（　　）下设置。

A．自定义幻灯片放映　B．设置幻灯片放映　C．广播幻灯片　D．排练计时

67．要让 PowerPoint 中制作的演示文稿能在 PowerPoint 2003 中放映，必须要将演示文稿保存为（　　）。

A．PowerPoint 演示文稿（*.pptx)　B．PowerPoint 97-2003 演示文稿（*.ppt)

C．XPS 文档（*.xps)　D．Windows Media 视频（*.wmv)

68．如果要把一个制作好的演示文稿拿到另一台未安装 PowerPoint 软件的计算机上去放映，(　　)。

A．只有在另一台计算机上先安装 PowerPoint 软件

B．需要把演示文稿和 PowerPoint 程序都复制到另一台计算机上

C．利用 PowerPoint 的“打包”工具并且包含“播放器”

D．使用 PowerPoint 的“打包”工具并且包含全部 PowerPoint 程序

69．执行“幻灯片放映”选项卡中的“排练计时”命令对幻灯片定时切换后，又执行了“设置放映方式”命令，并在该对话框的“换片方式”选项组中，选择“人工”选项，则下面叙述中

不正确的是（　　）。

A．放映幻灯片时，单击鼠标换片

B．放映幻灯片时，单击“弹出菜单”按钮，选择“下一张”命令进行换片

C．放映幻灯片时，右击，弹出快捷菜单，选择“下一张”命令进行换片

D．没有人工干预的情况下，幻灯片仍然按“排练计时”设定的时间进行换片

70．制作成功的幻灯片，如果为了以后打开就能够自动播放，应该在制作完成后另存的格式是（　　）。

A．.ppsx　　B．.pptx　　C．.potx　　D．.pot

习题参考答案

1~5 BBACD　　6~10 DDBCC　　11~15 BDCBB　　16~20 DDCDC

21~25 DDDAC　　26~30 DBABD　　31~35 BACCD　　36~40 ADCAC

41~45 ABBDC　　46~50 BDCAC　　51~55 ACABA　　56~60 CCADB

61~65 BDABC　　66~70 BBCBA

习题 5
宏与 VBA 高级应用选择题及参考答案

1．改变控件在窗体中的水平位置应修改该控件的（　　）属性。

A．Top　　B．Left　　C．Width　　D．Right

2．函数 Int(Abs(99-100)/2) 的值为（　　）。

A．1　　B．0　　C．"1"　　D．"0"

3．假定 flag 是逻辑型变量，下面赋值语句中不正确的是（　　）。

A．flag = ‘True’　　B．flag = “True”　　C．flag = 0　　D．flag = 3 < 4

4．语句 Print“5*5”的执行结果是（　　）。

A．5*5　　B．“5*5”　　C．25　　D．出现错误提示

5．整型变量 X 占（　　）字节内存容量。

A．2　　B．4　　C．6　　D．8

6．数学式 $(xy+5)^{\frac{1}{3}}$写成 VB 表达式是（　　）。

A．(x * y + 5)^1/3　　B．(xy + 5)^(1/3)　　C．(x * y + 5)^(1\3)　　D．(x * y + 5)^(1/3)

7．取字符串 Ax 从第 1 个非空格符开始的连续 5 个字符，表达式为（　　）。

A．Mid(Ax, 1, 5)　　B．Mid(Trim(Ax), 5)　　C．Left(Ax, 5)　　D．Left(Trim(Ax), 5)

8．在 Select Case A 的语句中，判断 A 是否大于等于 10 小于等于 20 的是（　　）。

A．Case A>=10 And A=<20　　B．Case 10 To 20

C．Case Is 10 To 20　　D．Case Is >=10 And Is =<20

9． VBA 中用来完成一定的操作或实现一定功能的特殊函数称为（　　）。

A．事件　　B．方法　　C．属性　　D．过程

10．Function 过程有别于 Sub 过程的最主要特点是（　　）。

A．Function 有形参而 Sub 没有　　B．Function 有实参而 Sub 没有

C．Function 可数值运算而 Sub 不能　　D．Function 要返回函数值而 Sub 没有

11．若某过程声明为 Sub aa(n As Integer)，则以下调用正确的是（　　）。

A．Call aa y　　B．Call aa()　　C．aa y　　D．z = aa(y)

12．不论何种控件，共同具有的是（　　）属性。

A．Text　　B．ForeColor　　C．Name　　D．Caption

13．“宏”录制完成后，可以使用下列哪种方法来执行（　　）。

A．通过“菜单”找到宏名进行执行　　B．指定给按钮进行执行
C．将录制的宏指定一快捷键进行执行　　D．以上都可以

14．进入 VBA 界面，可以使用快捷键（　　）。
A.【Ctrl + F11】　B.【Shift + F11】　C.【Alt + F11】　D.【F11】

15．VB 编程环境和 VBA 编程环境有相似之处也有不同之处，下列叙述不正确的是（　　）。
A．VB 和 VBA 都有工程　　B．VB 和 VBA 都有窗体
C．VB 和 VBA 的程序都能独立运行　　D．VB 和 VBA 都有标准模块

16．VBA 中定义符号常量可以用关键字（　　）。
A．Const　B．Dim　C．Public　D．Static

17．以下内容中不是 VBA 提供的数据验证函数是（　　）。
A．IsText　B．IsDate　C．IsNumeric　D．IsNull

18．已定义好有参函数 f(m)，其中形参 m 是整型量。下面调用该函数，传递实参为 5 将返回的函数值赋给变量 t。以下正确的是（　　）。
A．t=f(m)　B．t=Call(m)　C．t=f(5)　D．t=Callf(5)

19．在有参函数设计时，要想实现某个参数的“双向”传递，就应当说明该形参为“传址”调用形式。其设置选项是（　　）。
A．ByVal　B．ByRef　C．Optional　D．ParamArray

20．在 VBA 代码调试过程中，能够显示出所有在当前过程中变量声明及变量值信息的是（　　）。
A．快速监视窗口　B．监视窗口　C．立即窗口　D．本地窗口

21．窗体上添加 3 个命令按钮，分别命名为 CommandButtonl、CommandButton2 和 Command Button3。编写 CommandButtonl 的单击事件过程，完成的功能为：当单击按钮 CommandButtonl 时，按钮 CommandButton2 可用，按钮 CommandButton3 不可见。以下正确的是（　　）。

A．
```
Private Sub CommandButtonl_Click()
    CommandButton2.Visible=True
    CommandButton3.Visible=False
End Sub
```
B．
```
Private Sub CommandButtonl_Click()
    CommandButton2.Enabled=true
    CommandButton3.Enabled=False
End Sub
```
C．
```
Private Sub CommandButtonl_Click()
    CommandButton2.Enabled=True
    CommandButton3.Visible=False
End Sub
```
D．
```
Private Sub CommandButtonl_Click()
    CommandButton2.Visible=True
    CommandButton3.Enabled=False
End Sub
```

22．VBA 的控件对象可以设置某个属性来控制对象是否可用（不可用时显示为灰色状态），需要设置的属性是（　　）。
A．Default　B．Cancel　C．Enabled　D．Visible

23．如果加载一个窗体，先被触发的事件是（　　）。
A．Load 事件　B．Open 事件　C．Click 事件　D．DbClick 事件

24．假定有如下的 Sub 过程：

```
Sub  sfun(x As Single, y As Single)
    t=x
    x=t/y
    y=t Mod y
End Sub
```

在窗体上添加一个命令按钮（名为 CommandButtonl），然后编写如下代码：

```
Private Sub CommandButtonl_Click()
    Dim a as single
    Dim b as single
    a=5
    b=4
    sfun a,b
    MsgBox a & chr(10)+chr(13) & b
End Sub
```

打开窗体运行后，单击命令按钮，消息框的两行输出内容分别为（　　）。

A. 1 和 1　　B. 1.25 和 1　　C. 1. 25 和 4　　D. 5 和 4

25. 在窗体中添加一个命令按钮（名为 CommandButtonl）和一个文本框 (名为 Textl)，并在命令按钮中编写如下代码：

```
Private Sub CommandButtonl_Click()
    m=2.17                                  'Len("abc")=3
    n=Len(Str$(m)+Space(5))                 'Str$(2.17)=" 2.17" 1个空格
    Me.Textl=n                              'Space(5)="     " 5个空格
End Sub
```

打开窗体运行后，单击命令按钮，在文本框中显示（　　）。

A. 5　　B. 8　　C. 9　　D. 10

26. 在窗体中添加一个命令按钮（名称为 CommandButtonl），然后编写如下代码：

```
Public x As Integer                         'x为全局变量(位置：通用声明段)
Private Sub CommandButtonl_Click()
    x=10                                    'x为全局变量
    Call  s1
    Call  s2
    MsgBox  x                               'x为全局变量
End Sub
Private s1( )
  x=x+20                                    'x为全局变量
End Sub
Private s2( )
    Dim x As integer                        'x为局部变量
    x=x+20                                  'x为局部变量
End Sub
```

打开窗体运行后，单击命令按钮，则消息框的输出结果是（　　）。

A. 10　　B. 30　　C. 40　　D. 50

27. InputBox 函数的返回值类型是（　　）。

A．数值　　　　　　　　　　B．字符串

C．变体　　　　　　　　　　D．数值或字符串 (视输入的数据而定)

28．在过程定义中有语句：

```
Private Sub GetData(ByRef f As  Integer)
```

其中 ByRef 的含义是 (　　)。

A．传值调用　　B．传址调用　　C．形式参数　　D．实际参数

29．在窗体 Userform1 中有一个标签 Label1，标题为“测试进行中”；有一个命令按钮 Command Button1，事件代码如下。当运行时，点击 CommandButton1 按钮后出现的界面是 (　　)。

```
Private Sub Command1_Click()                    '后执行
    Label1.Caption=" 标签"
End Sub
Private Sub UserForm_Initialize()               '先执行
    UserForm1.Caption=" 举例"
    CommandButton1.Caption=" 移动"
End Sub
```

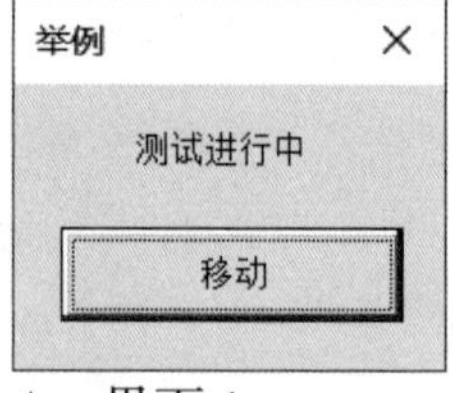

A．界面 1

B．界面 2

C．界面 3

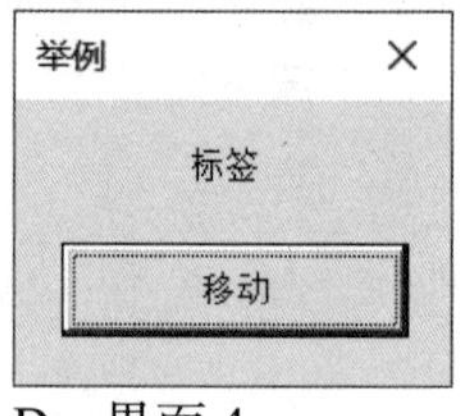

D．界面 4

30．执行语句：MsgBox “AAAA”,vbOKCancel+vbQuestion,“BBBB” 之后，弹出的信息框外观样式是 (　　)。注：vbQuestion 等价于 32。

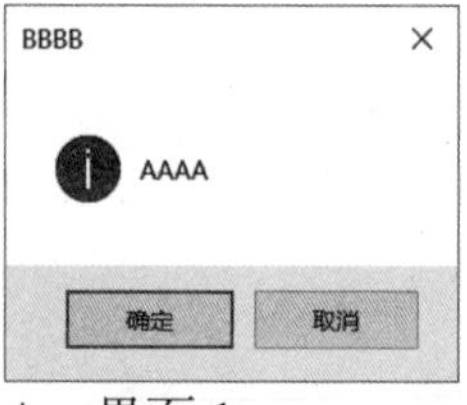

A．界面 1

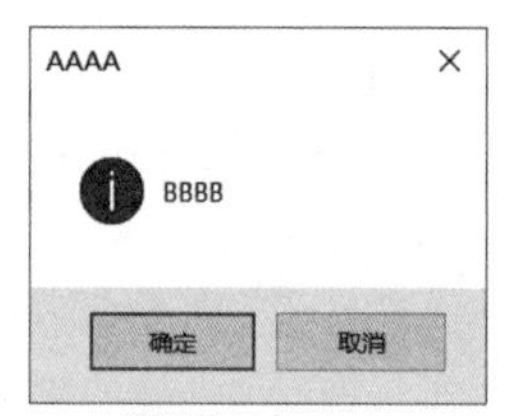

B．界面 2

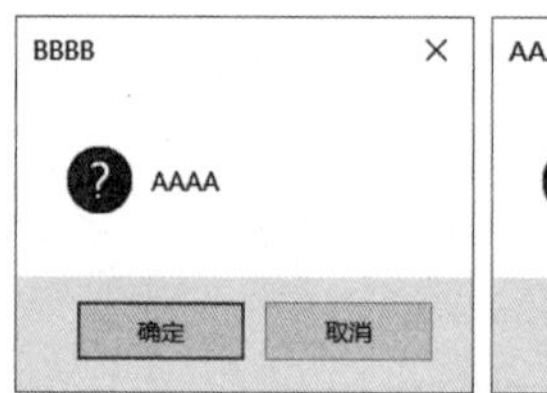

C．界面 3

D．界面 4

参考答案

1~5 BBABA　　6~10 DDBBD　　11~15 ACDCC

16~20 AACBD　　21~25 CCBBD　　26~30 BBBDC

习题 6
Visio 2019 高级应用选择题及参考答案

1. 对于 Microsoft Visio 2019 软件，以下说法错误的是（　　）。

   A. 可以用图形方式显示有意义的数据和信息来帮助您了解整体情况

   B. 可与他人通过 Web 浏览器共享交互式、可刷新的数据链图表

   C. 可以用动画方式动态跟踪数据变化，从而帮助您了解数据变化趋势

   D. 能够协助我们分析和传递信息

2. （　　）模板包含有如右图所示形状的模板。

   A. 商务　　B. 框图　　C. 组织结构图　　D. 组织结构图向导

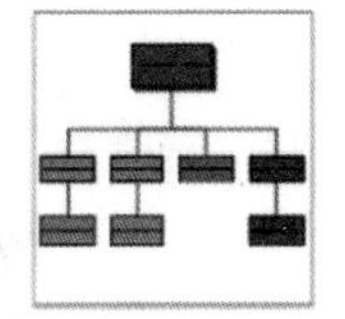

3. 要将某个形状（如“文档”）从图表页中删除，正确的操作是（　　）。

   A. 双击该形状　　　　B. 单击并按【Delete】键

   C. 单击该形状　　　　D. 将形状拖出图表页

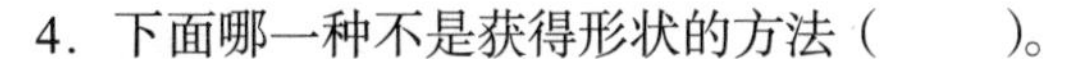

4. 下面哪一种不是获得形状的方法（　　）。

   A. 在“文件”的“新建”中选择模板　　B. 在形状窗口中，选择模板或模具

   C. 在“更多形状”菜单中选择“新建模具”　D. 插入一张图片

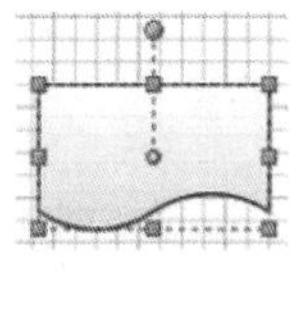

5. 如右图所示，当单击页面上的形状时，其四周出现蓝色小方块，及上方一个小圆点，它们是（　　）。

   A. 自动连接点、控制手柄　　B. 旋转手柄、自动连接点

   C. 控制手柄、旋转手柄　　D. 改变形状手柄、控制手柄

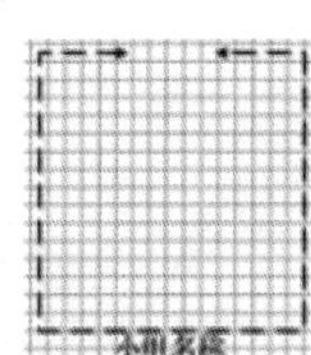

6. 如右图所示，带箭头的虚线矩形框是组织结构模板中“小组框架”形状，其主要作用是（　　）。

   A. 突出显示小组间关系　　B. 表示明确的隶属关系

   C. 增加美观，引起关注　　D. 表示辅助的隶属结构

7. 关于连接线，以下不正确的说法是（　　）。

   A. 使用“组织结构图”打开的绘图页，形状间有自动连线功能

   B. 使用“组织结构图向导”打开的绘图页，形状间没有自动连线功能

   C. 使用“基本流程图”打开的绘图页，形状间有自动连线功能

D．使用“空白绘图”打开的绘图页，形状间有自动连线功能

8．新学期开学了,王老师想用 Visio 软件帮学校创建一个工会组织结构管理图,以便教师们能直观、清晰地了解学校工会的组织关系和职能。合适的模板应该是（　　）。

A．图表和图形　　B．组织结构图　　C．基本流程图　　D．网络

9．在创建“学校行政组织结构管理图”过程中，为提高效率使用了软件提供的“布局”功能。以下哪种排列的布局，无论从整体还是从局部来看，都没有使用到的是（　　）。

A．布局中的并排一侧　　B．布局中的水平居中

C．布局中的右偏移量　　D．布局中的垂直左对齐

10．组织结构中各形状的颜色肯定不能由（　　）项操作所获得。

A．“设计”菜单中的“主题颜色”　　B．“设计”菜单中的“主题效果”

C．“设计”菜单中的“主题”样式　　D．“开始”菜单中的“字体颜色”

11．对于 Microsoft Visio 2019 软件，以下说法错误的是（　　）。

A．可将复杂文本和表格转换为传达信息的 Visio 图表

B．可创建与数据相连的动态图表信息，并且能够分析和传递这些信息

C．是一种图形和绘图应用程序

D．提供了许多形状和模板，可满足多种不同的绘图需求

12．（　　）模板包含有如右图所示形状的模板。

A．基本流程图　　B．组织结构图　　C．框图　　D．流程图

13．要将某个形状（如“流程”）从“形状”窗口中放入绘图页，正确的操作是（　　）。

A．双击该形状　　B．右击该形状　　C．单击该形状　　D．单击并拖拽该形状

14．右图为北京 2008 年奥运会体育赛艇标志。想利用 Visio 来创建该标志，为此选用最合适的方式为（　　）。

赛艇

A．使用绘图工具绘制形状　　B．修改模板中已有形状

C．添加模板中已有形状　　D．合并模板中现有形状

15．如右图所示，将指针放在页面已有的形状上时，该形状四周显示的蓝色小箭头属于（　　）。

A．改变形状手柄　　B．旋转手柄

C．控制手柄　　D．自动连接箭头

16．Visio 文件的扩展名是（　　）。

A．*.vsdx　　B．*.docx　　C．*.dat　　D．*.rar

17．Visio 流程图制作完以后，导入到 Word 中，以下方法不正确的是（　　）。

A．选定整个 Visio 流程图单击鼠标右键，复制并粘贴至 word 文档中

B．复制整个 *.vsdx 文件到 Word 文档中

C．用截图工具对 Visio 流程图进行截图，并将截图复制到 Word 文档中

D．单击 Word 中“插入”文本中的“对象”，找到流程图的所在位置，并导入

18．完成如下图所示的绘图，需要使用以下哪种模板（　　）。

A．SDL 图　　B．工作流程图　　C．基本流程图　　D．跨职能流程图

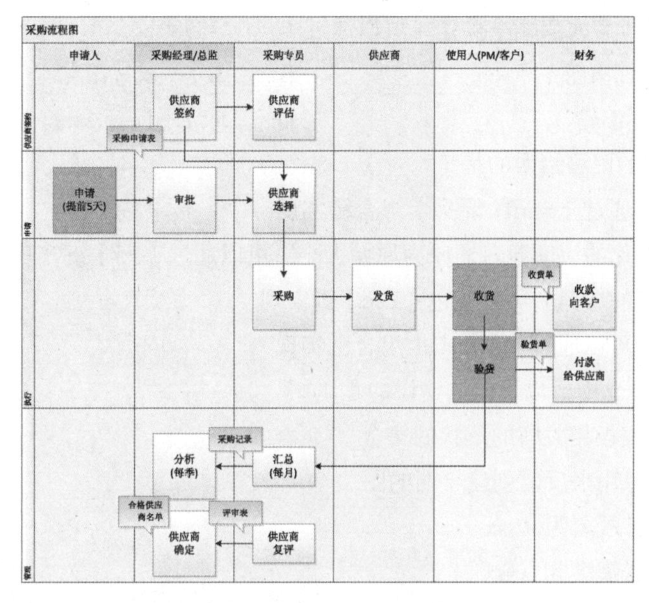

19．包含有如右图所示形状的模板，其类别属于（　　）模板。

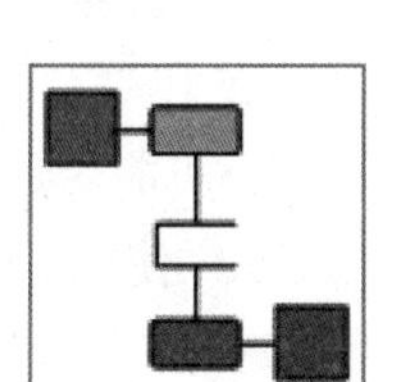

A．基本流程图　　B．网站总设计图

C．框图　　D．数据流模型图

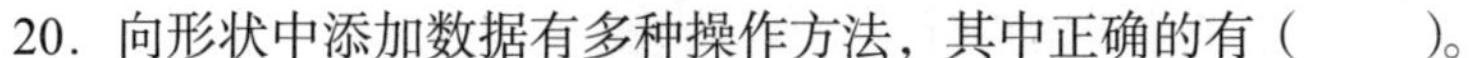
20．向形状中添加数据有多种操作方法，其中正确的有（　　）。

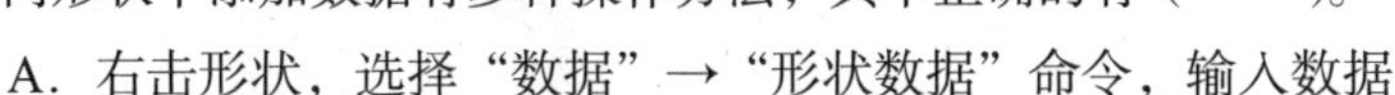
A．右击形状，选择“数据”→“形状数据”命令，输入数据

B．右击形状，选择“格式”→“文本”命令，输入数据

C．单击“插入”选项卡，选择“文本框”命令，输入数据

D．单击形状，直接输入数据

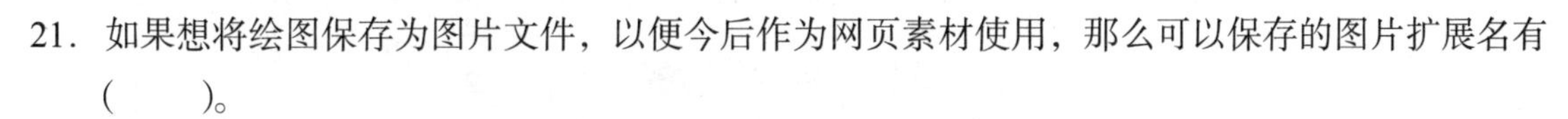
21．如果想将绘图保存为图片文件，以便今后作为网页素材使用，那么可以保存的图片扩展名有（　　）。

A．*.vdx　　B．*.htm　　C．*.jpg　　D．*.vsx

22．关于组织结构图，以下说法不正确的是（　　）。

A．可方便地导入导出组织结构图中的数据

B．复杂的组织结构图也可能是网状的，因此可以用网络模板中的形状代替

C．组织结构图中的形状可以显示基本信息或详细信息

D．可以将图片添加到组织结构图形状中

23．通过（　　）可将 Visio 中的图片设置为不可见。

A．图层属性　　B．置于底层　　C．组合图片　　D．锁定图层

24．如果想让任何没有安装 Visio 组件但安装了 Web 浏览器的用户，观看并与人共享 Visio 绘图与形状数据，应将绘图另存为（　　）。

A．PDF 文件　　B．网页文件　　C．标准图像文件　　D．Auto CAD 绘图文件

25．若要一次选中多个形状，可以利用（　　）键加鼠标单击实现。

A.【Del】　　B.【Alt】　　C.【Ctrl】　　D.【Shift】

26. 若要对绘图页进行放大或缩小操作，可以通过（　　）实现。

A.【Shift】+ 鼠标滚轮　　B.【Alt】+ 鼠标滚轮

C.【Ctrl】+ 鼠标滚轮　　D.【Del】+ 鼠标滚轮

27. 以下关于快捷键的用法错误的是（　　）。

A.“微移”可以通过【Shift+ 箭头】组合键实现

B.“将已经最大化的活动窗口还原为原始大小”可以通过【F5】键实现

C.“清除对形状的选择”可以通过【Esc】键实现

D.“复制形状”可以通过【Ctrl+C】组合键实现

28. Visio 2019 基本概念中，以下说法错误的是（　　）。

A. 模具是指与模板相关联的形状的集合

B. 形状是指可以用来反复创建绘图的图

C. 模板文件的扩展名为 .vssx

D. 模具文件的扩展名为 .vssx

29. 在用“组织结构图向导”创建学校行政管理关系图时，由于数据文件的错误，使向导停止执行，不可能的原因是（　　）。

A. 使用了记事本作为数据文件

B. 学校最高行政机构和领导“隶属”关系未留空白

C. 教师编号有重复

D. 某教师有多于一个的“隶属”关系

30. 在 Visio 2019 中，不属于连接线类别的是（　　）。

A. 直角　　B. 圆角　　C. 直线　　D. 曲线

参考答案

1~5 CABCC　　5~10 ABBCD　　11~15 BADAD　　16~20 ACDDA

21~25 CBABC　　26~30 CBDAB

附录 A 全国计算机等级考试（二级 MS Office 高级应用）模拟试题

《全国计算机等级考试二级 MS Office 高级应用》采用无纸化上机考试方法，上机考试环境模拟为微软 Office 2019（也可以在 Office 2016 环境下，完全兼容），题型分为选择题（10 分）、判断题（10 分）、文档操作（40 分，其中短文档 15 分，长文档 25 分），表格综合（25 分）、演示文稿综合（15 分），考试时间为 90 分钟。本模拟试题根据考纲要求，设计了相应的模拟试题，但是省略了选择题、判断题，仅提供 Word、Excel 以及 PowerPoint 题型的题目要求及操作步骤，供大家学习参考。

一、文档操作

李老师为钉钉上开家长会做准备，需要给部分家长发送通知，包含学生成绩。请按要求帮助李老师完成下列操作：

1. 将考生文件夹下的“Word 素材 .docx”文件另存为“Word.docx”，除特殊指定外后续操作均基于此文件，否则不得分。

2. 设置文档纸张方向为横向，上、下、左、右页边距都调整为 2.5 厘米。

3. 将文字“家长会通知”颜色修改为黑色，字体修改为微软雅黑，居中，字号小三号，加粗并居中显示，正文文字段落设置为首行缩进 2 厘米，行距为 1.6 倍，落款右对齐。

4. 为文档插入“空白（三栏）”式页脚，左侧文字为“李老师”，中间文字为“电话：136××××5678”，右侧文字为可自动更新的当前日期。

5. 在“尊敬的”和“学生家长”之间插入学生姓名，在“线上学习成果测试报告单”的相应单元格中插入学生的姓名、学号、各科成绩、总分，以及班级的平均分。要求报告单中除班级平均分成绩外均保留一位小数。（成绩等信息存放在考生文件夹下的 Excel 文档“线上学习成果测试 .xlsx”）。

6. 在“成果测试”栏最右侧插入域，如果总分成绩大于或等于 350 分，则显示“合格”，否则显示“不合格”。

7. 为学号为 T2001201~ T2001210 的 10 位家长生成家长会通知，要求每位学生单独占一页内容，将所有的通知页面另存为“家长会正式通知 .docx”。

8. 文档完成后，分别保存为“Word.docx”和“家长会正式通知 .docx”两个文档至考生文件夹下。

根据要求，具体操作步骤参考如下：

1）打开考生文件夹下的文档“Word 素材 .docx”，单击“文件”→“另存为”命令，保存至考生文件夹下，文件名修改为“Word.docx”，单击“保存”按钮。

2）单击“布局”选项卡“页面设置”组右下角的对话框启动器按钮，弹出“页面设置”对话框，如图 A-1 所示。设置上、下、左、右页边距分别为 2.5 厘米，纸张方向为横向，设置完成后，单击“确定”按钮。

3）在文档中，选中“家长会通知”文档，单击“开始”选项卡“字体”组右下角的对话框启动器按钮，弹出“字体”对话框，如图 A-2 所示。设置中文字体为微软雅黑，字号小三号，字形选中加粗，字体颜色选中黑色，完成后，单击“确认”按钮，并单击“开始”选项卡“段落”组中的“居中”按钮。

选中正文，单击“开始”选项卡“段落”右下角的对话框启动器按钮，弹出“段落”对话框，如图 A-3 所示。在“特殊”下拉列表框中设置段落首行缩进 2 厘米，“行距”下拉按钮选中“多倍行距”，“设置值”输入 1.6，完成后单击“确认”按钮。选中落款，单击“开始”选项卡“段落”组中的“右对齐”按钮，完成后效果如图 A-4 所示。

图 A-1 “页面设置”对话框

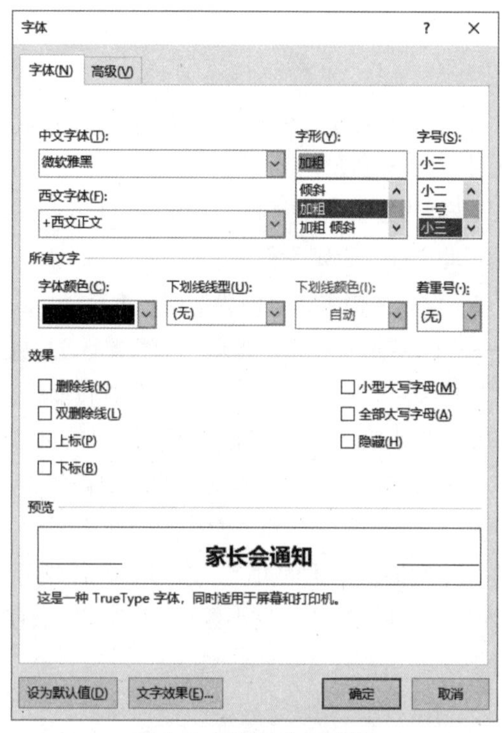

图 A-2 “字体”对话框

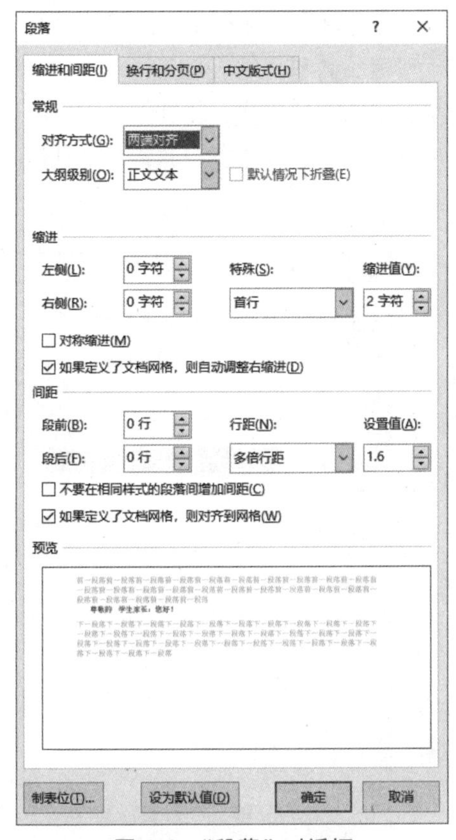
图 A-3 “段落”对话框

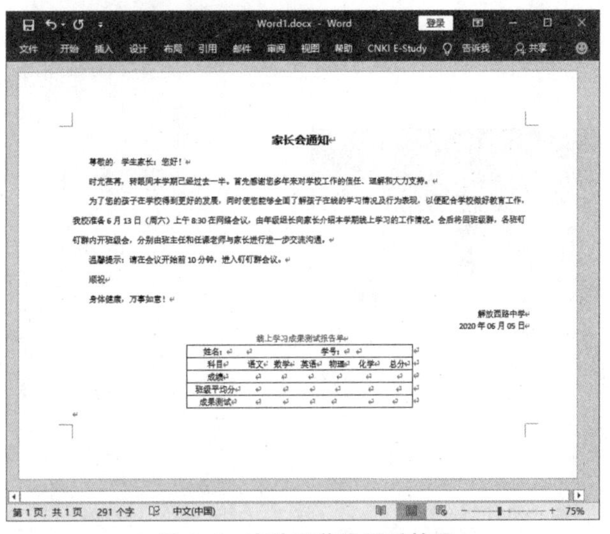
图 A-4 字体段落设置后效果

4）单击“插入”选项卡“页眉页脚”组中的“页脚”下拉按钮，在弹出的列表中选择“空白（三联）”。分别在左侧文字输入“李老师”，中间文字输入“电话：136××××5678”，单击最右侧后，单击“页眉与页脚工具”栏中的“设计”→“插入”→“日期与时间”命令，在弹出的对话框中设置。“语言”下拉列表框中选中“中文（中国）”，可用格式任选，选中“自动更新”复选框，完成后单击“确认”按钮，如图 A-5 所示。双击页面任意处退出页眉页脚编辑。

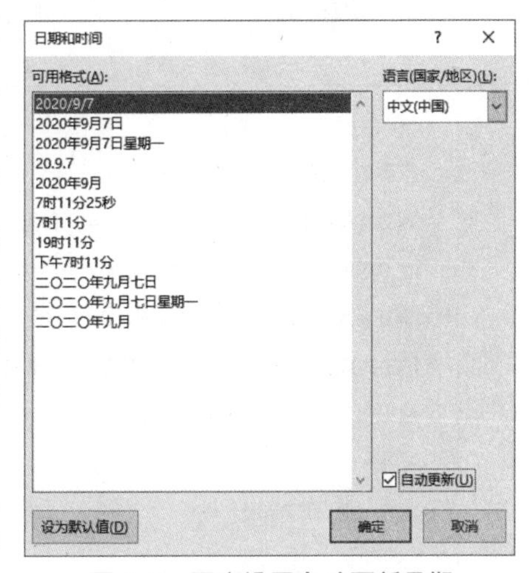
图 A-5 页脚设置自动更新日期

5）使用邮件合并分布向导插入姓名、学号、各科成绩、总分。鼠标停留在“尊敬的”之后，单击“邮件”→“开始邮件合并”组中“邮寄合并分布向导”命令，如图 A-6 所示。在邮件合并第一步选择“信函”，单击“下一步：开始文档”链接；在第二步选择“使用当前文档”，单击“下一步：选择收件人”链接；在第三步选择“使用现有列表”单选按钮，如图 A-7 所示，单击“浏览”按钮，选取数据源，在考生文件夹下选择“线上学习成果测试 .xlsx”，单击“确定”按钮。完成后单击“下一步：

扫一扫

第5题

撰写信函”链接；第四步选择“其他项目”，在弹出的“插入合并域”对话框中，选择“姓名”，单击“插入”按钮，如图 A-8 所示。同理在表格中将姓名、学号、各科成绩、总分，以及班级的平均分分别插入合并域中的对应选项。打开“线上学习成果测试.xlsx”文档，将其中的班级平均分复制，并粘贴至文档所含表格中的对应位置，完成后如图 A-9 所示。在文档中并未显示具体的姓名，光标停留在“姓名”上，显示灰色，表示已插入域。

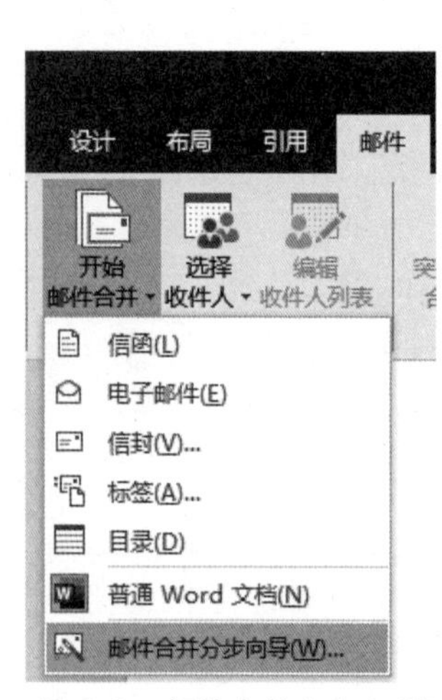

图 A-6 邮件合并分布向导

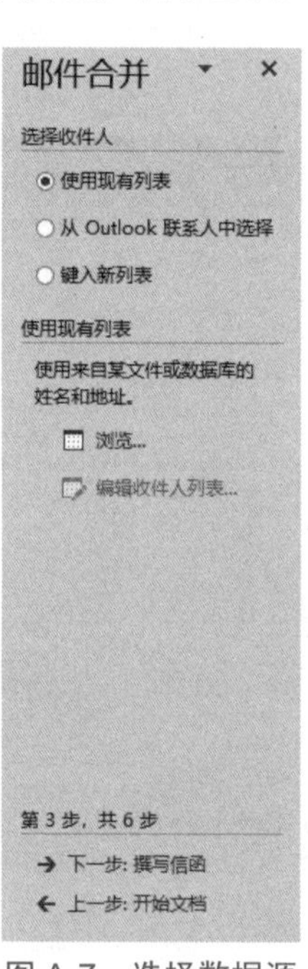

图 A-7 选择数据源

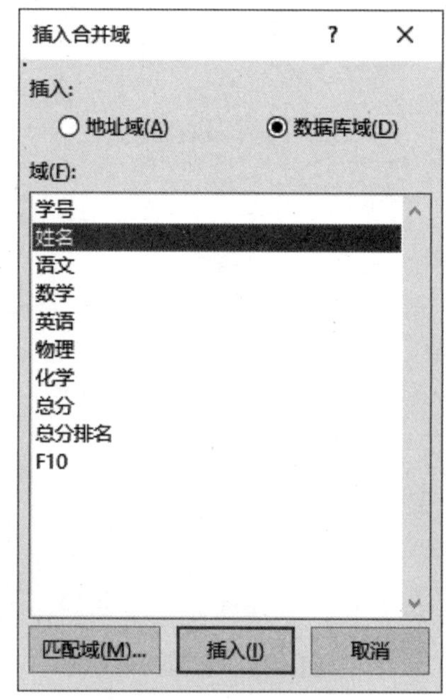

图 A-8 插入合并域

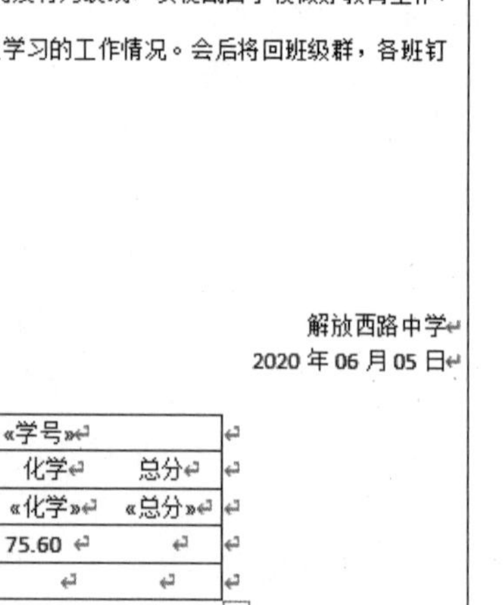

家长会通知

尊敬的 «姓名» 学生家长：您好！

时光荏苒，转眼间本学期已经过去一半。首先感谢您多年来对学校工作的信任、理解和大力支持。

为了您的孩子在学校得到更好的发展，同时使您能够全面了解孩子在校的学习情况及行为表现，以便配合学校做好教育工作，我校准备 6 月 13 日（周六）上午 8:30 在网络会议，由年级组长向家长介绍本学期线上学习的工作情况。会后将回班级群，各班钉钉群内开班级会，分别由班主任和任课老师与家长进行进一步交流沟通。

温馨提示：请在会议开始前 10 分钟，进入钉钉群会议。

顺祝

身体健康，万事如意！

解放西路中学

2020 年 06 月 05 日

线上学习成果测试报告单

姓名：	«姓名»		学号：	«学号»	
科目	语文	数学	英语	物理	化学	总分
成绩	«语文»	«数学»	«英语»	«物理»	«化学»	«总分»
班级平均分	92.85	97.75	91.38	88.10	75.60	
成果测试						

图 A-9 邮件合并插入对应项后结果图

要求插入的成绩保留一位小数。选择成绩栏中插入的域，以修改语文成绩保留一位小数为例。光标停留在“语文”上，右击选择“切换域代码”命令，如图 A-10 所示。域代码为：{MERGE FIELD“语文”} 修改为 {MERGE FIELD“语文”\#0.0}，完成后更新域。同理修改其他插入的域。完成后，单击邮件合并中“单击下一步浏览信函”，效果如图 A-11 所示。

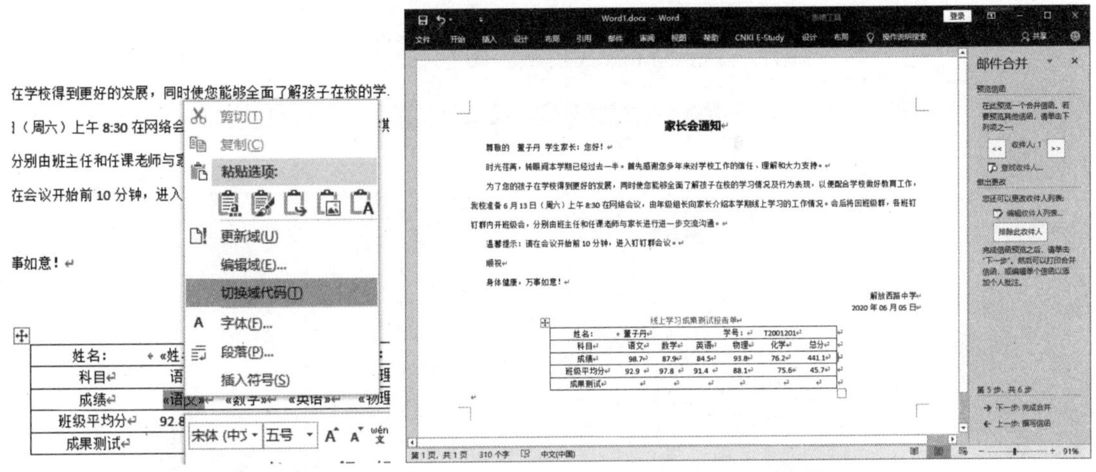

图 A-10　切换域代码　　　　图 A-11　预览信函

6）光标停留在表格成果测试栏最右侧，单击“邮件”选项卡“编写和插入域”组中的“规则”下的“如果…那么…否则”命令，在弹出的窗口中设置，域名为“总分”，比较条件为“大于”，比较对象为“350”，“则输入此文字”文本框为“合格”，“否则插入此文字”文本框为“不合格”，如图 A-12 所示。

扫一扫

第6题

7）在邮件合并中的第五步，单击“编辑收件人列表”。在弹出的“邮件合并收件人”对话框中，去掉所有打勾项，再选中学号为 T2001201~ T2001210 的学生，单击“确定”按钮，如图 A-13 所示。单击“下一步：完成合并”链接。

8）在邮件合并中的第六步，单击“编辑单个信函”，在弹出的“合并新文档”对话框中，选择“全部”，完成后单击“确认”按钮，自动生成文档，另存为“家长会正式通知 .docx”至考生文件夹。保存“Word.docx”后关闭文档。

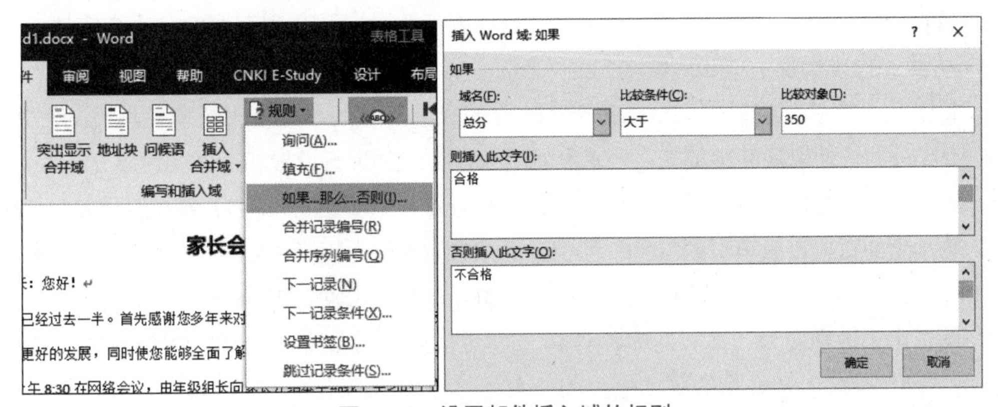

图 A-12　设置邮件插入域的规则

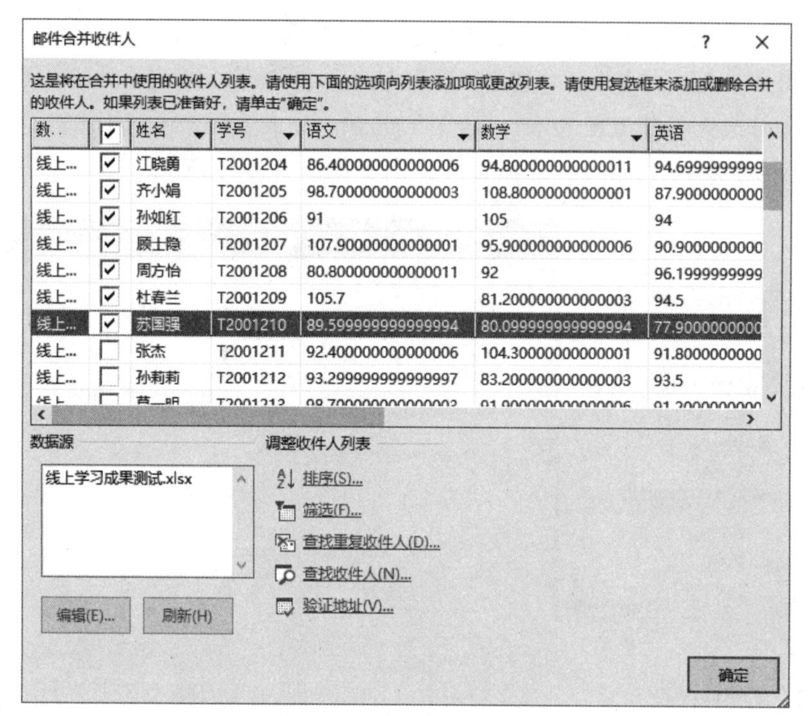

图 A-13　选择收件人列表

二、表格综合

小葛老师用 Excel 来管理学生成绩。现在，第一学期期末考试结束了，小葛老师将初二年级三个班的成绩均录入 Excel 工作簿文档中。要求帮助小葛老师对该成绩单进行分析和整理，具体要求如下：

1. 将考生文件夹下的“Excel 素材 .xlsx”文件另存为“Excel.xlsx”，除特殊指定外后续操作均基于此文件，否则不得分。

2. 对“姓名”列中包含的性别与姓名分开为不同所在列，并在“性别”列上添加列标。

3. 对工作表“第一学期期末成绩”中的数据格式化。如：将“学号”所在列设置为文本，并将所有的成绩列保留两位小数。为了使工作表更美观，对行号和列宽调整，改变字体、字号，设置对齐方式，以及增加边框和底纹。

4. 将语文、数学、英语三科中不低于 110 分的成绩所在的单元格用淡蓝色填充；对其他四科中高于 95 分的成绩以淡紫色填充。要求利用“条件格式”进行设置相应的颜色填充。

5. 计算所有学生的总分以及平均成绩。在“平均分”右侧增加“排名”列并用函数添加排名。

6. 将学生的对应班级填写到“班级”列中。学号中前 4 位为年级，第 8 位即为学生所在的班级，第 9、10 位表示学生在班级中的第几号。如：“2020405301”代表 2020 级 3 班 01 号。

7. 筛选出“性别”为“女”且排名前 10 的女生信息，要求高级筛选的条件存放至 A24 开始区域，将结果存放在 A34 开始的区域中。

8. 复制工作表“第一学期期末成绩”，将副本放置到原表之后；改变该副本表标签的颜色，并重新命名为“第一学期期末成绩分类汇总”；在该表中对成绩进行“分类汇总”。通过分类汇总功能求出每个班各科的平均成绩，并将每组结果分页显示。

根据要求，具体操作步骤参考如下：

1）打开考生文件夹下的文档“Excel 素材 .xlsx”，单击“文件”→“另存为”，浏览至考生文件夹下，文件名修改为“Excel.xlsx”，单击“保存”按钮。

2）光标停留在“姓名”单元格，输入空格，使“姓名”的“姓”与学生姓名的姓对齐。选中“姓名”列，单击“数据”选项卡“数据工具”组中的“分列”按钮。在弹出的“文本分列向导”第 1 步窗口中选中“固定宽度”单选按钮，单击“下一步”按钮。在“文本分列向导”第 2 步窗口中用鼠标选中分隔线所在位置，如图 A-14 所示。如果位置偏移，可以用鼠标拖动分隔线至合适位置。单击“下一步”按钮至第 3 步，“列数据格式”选中“文本”，单击“完成”按钮。在弹出的窗口“此处已有数据。是否替换它”单击“确定”按钮。在性别列上添加列标为“性别”。

扫一扫

第2题

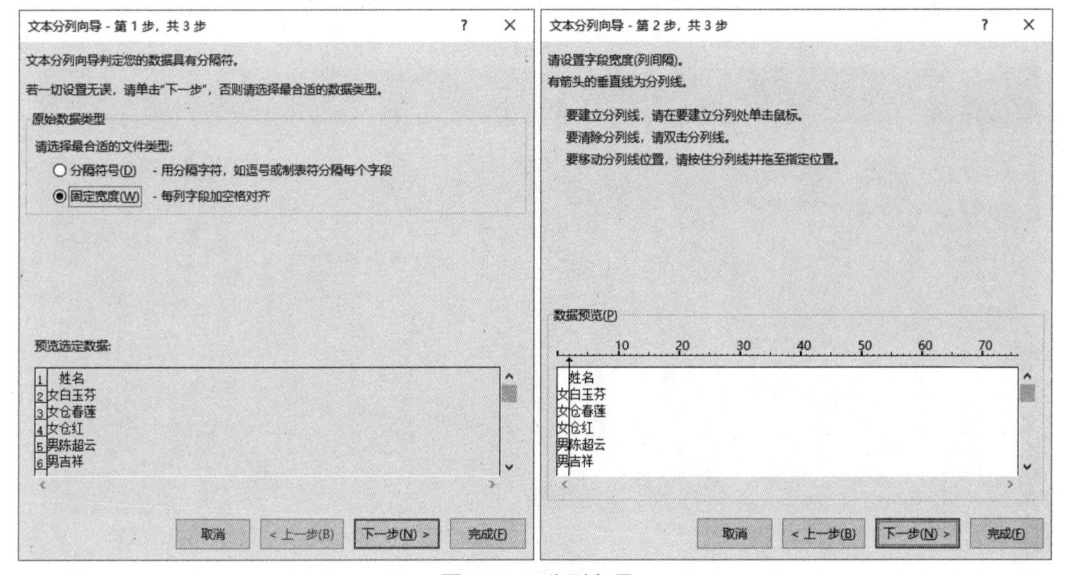

图 A-14　分列向导

3）格式设置。选中“学号”所在列，右击，在弹出的快捷菜单中选择“设置单元格格式”命令，弹出“设置单元格格式”对话框。切换至“数字”选项卡，在“分类”组中选择“文本”，单击“确定”按钮，如图 A-15 所示。

选中所有成绩列，右击，在弹出的快捷菜单中选择“设置单元格格式”命令，弹出“设置单元格格式”对话框，切换至“数字”选项卡，在“分类”组中选择“数值”，在“小数位数”微调框中设置小数位数为“2”，单击“确定”按钮，如图 A-16 所示。

选中如图 A-17 所示内容，单击“开始”选项卡下“单元格”组中的“格式”下拉按钮，在弹出的下拉列表中选择“行高”，弹出“行高”对话框，设置行高为“15”，单击“确定”按钮。用同样的方法，设置“列宽”为“13”。

图 A-15 “设置单元格格式”对话框

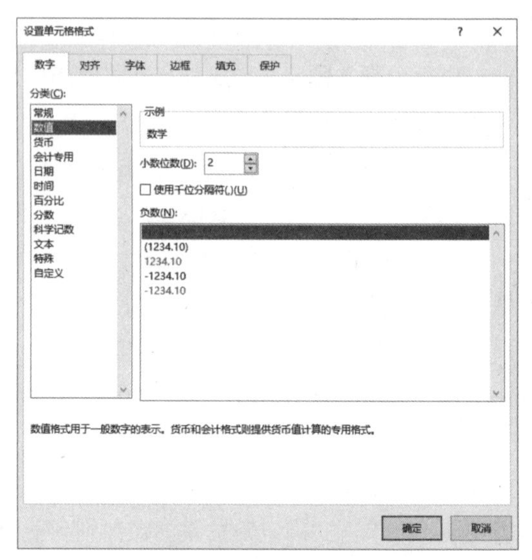

图 A-16 设置小数位数

学号	性别	姓名	数学	语文	英语	生物	地理	历史	计算机基础	总分
2020405301	女	白玉芬	91.50	89.00	94.00	92.00	91.00	86.00	86.00	
2020405302	女	仓春莲	93.00	99.00	92.00	86.00	86.00	73.00	92.00	
2020405303	女	仓红	102.00	116.00	113.00	78.00	88.00	86.00	73.00	
2020405304	男	陈超云	99.00	98.00	101.00	95.00	91.00	95.00	78.00	
2020405305	男	吉祥	101.00	94.00	99.00	90.00	87.00	95.00	93.00	
2020405306	男	成秀山	100.50	103.00	104.00	88.00	89.00	78.00	90.00	
2020405307	女	董丽	78.00	95.00	94.00	82.00	90.00	93.00	84.00	
2020405308	男	方东明	95.50	92.00	96.00	84.00	95.00	91.00	92.00	
2020405309	男	王帅	93.50	107.00	96.00	100.00	93.00	92.00	93.00	
2020405310	男	倪冬声	95.00	97.00	102.00	93.00	95.00	92.00	88.00	
2020405311	男	花亚平	95.00	85.00	99.00	98.00	92.00	92.00	88.00	
2020405312	男	李泽逸	88.00	98.00	101.00	89.00	73.00	95.00	91.00	
2020405313	女	董敏	86.00	107.00	89.00	88.00	92.00	88.00	89.00	
2020405314	男	钱凯	103.50	105.00	105.00	93.00	93.00	90.00	86.00	
2020405315	男	王睿	110.00	95.00	98.00	99.00	93.00	93.00	92.00	
2020405316	女	钱珍	84.00	100.00	97.00	87.00	78.00	89.00	93.00	
2020405317	女	曾令煊	97.50	106.00	108.00	98.00	99.00	99.00	96.00	
2020405318	女	张桂花	90.00	111.00	116.00	72.00	95.00	93.00	95.00	

图 A-17 选中表格

右击，在弹出的快捷菜单中选择“设置单元格格式”，在弹出的“设置单元格格式”对话框中切换至“字体”选项卡，在“字体”下拉列表框中设置字体为“幼圆”，在“字号”下拉列表框中设置字号为“10”，单击“确定”按钮。

选中表格第一行，在“开始”选项卡下的“字体”组中单击“加粗”按钮。选中数据区域，打开“设置单元格格式”对话框，切换至“对齐”选项卡，在“文本对齐方式”组中设置“水平对齐”与“垂直对齐”均为“居中”。

切换至“边框”选项卡，在“预置”选项中选择“外边框”选项和“内部”选项，如图 A-18 所示。再切换至“填充”选项卡，在“背景色”组中选择“浅绿”选项，单击“确定”按钮，效果如图 A-19 所示。

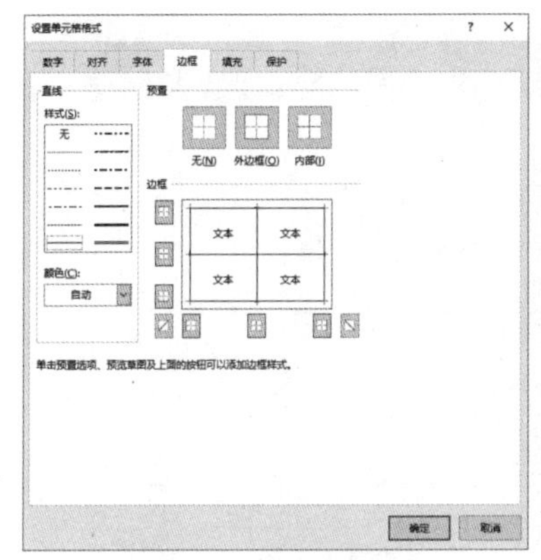

图 A-18　设置边框

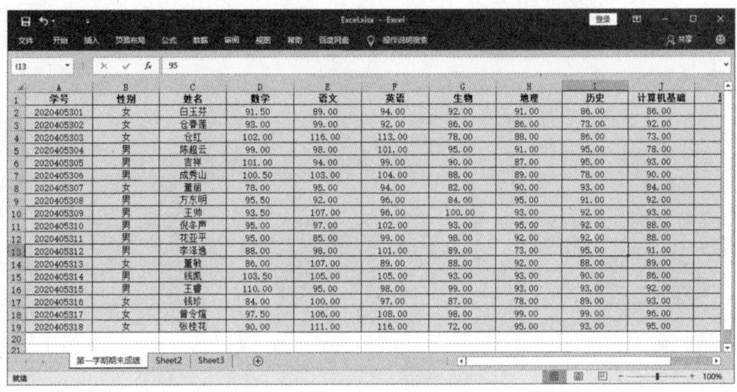

图 A-19　填充背景后效果

4）利用条件格式设置单元格格式。

选中 D2:F19 单元格区域，单击“开始”选项卡下“样式”组中的“条件格式”下拉按钮，选择“突出显示单元格规则”中的“其它规则”命令，弹出“新建格式规则”对话框，如图 A-20 所示。在“编辑规则说明”选项下设置单元格值大于或等于 110，单击“格式”按钮。在弹出“设置单元格格式”的对话框中，在“填充”选项卡下选择“淡蓝色”，单击“确定”按钮。

选中 G2:J19 单元格区域，按照上述同样的方法，把单元格值大于 95 的字体颜色设置为“淡紫色”，如图 A-21 所示。

图 A-20　条件格式对话框

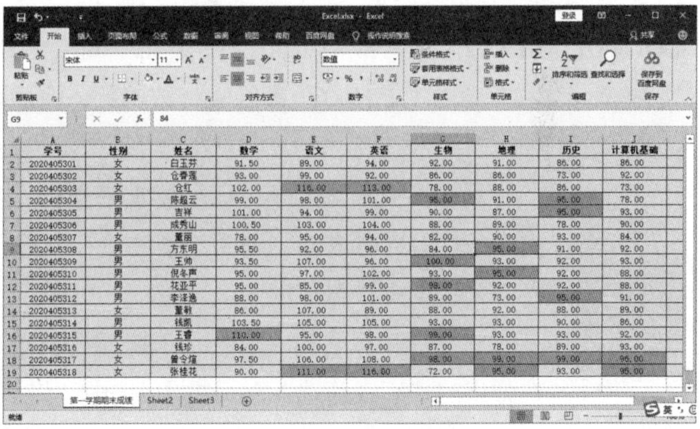

图 A-21　条件格式后设置效果

5）使用函数计算总分以及平均成绩。

在 K2 单元格中输入公式“=SUM(D2:J2)”，按【Enter】键后该单元格值为“629.50”，拖动 K2 右下角的填充柄直至最后一行数据处，完成总分的填充。

在 L2 单元格中输入公式“=AVERAGE(D2:J2)”，按【Enter】键后该单元格值为“89.93”，拖动 L2 右下角的填充柄直至最后一行数据处，完成平均分的填充。

在平均分右侧添加“排名”列，在 M2 单元格中输入公式“=RANK(L2,$L$2:$L$19)”，按【Enter】键后拖动 M2 右下角的填充柄直至最后一行数据处，完成排名的填充，注意排名区域的绝对引用。完成后如图 A-22 所示。

学号	性别	姓名	数学	语文	英语	生物	地理	历史	计算机基础	总分	平均分	排名
2020405301	女	白玉芬	91.50	89.00	94.00	92.00	91.00	86.00	86.00	629.50	89.93	15
2020405302	女	仓春莲	93.00	99.00	92.00	86.00	86.00	73.00	92.00	621.00	88.71	17
2020405303	女	仓红	102.00	116.00	113.00	78.00	88.00	86.00	73.00	656.00	93.71	9
2020405304	男	陈超云	99.00	98.00	101.00	95.00	91.00	95.00	78.00	657.00	93.86	8
2020405305	男	吉祥	101.00	94.00	99.00	90.00	87.00	95.00	93.00	659.00	94.14	7
2020405306	男	成秀山	100.50	103.00	104.00	88.00	89.00	78.00	90.00	652.50	93.21	10
2020405307	女	董丽	78.00	95.00	94.00	82.00	90.00	93.00	84.00	616.00	88.00	18
2020405308	男	方东明	95.50	92.00	96.00	84.00	95.00	91.00	92.00	645.50	92.21	12
2020405309	男	王帅	93.50	107.00	96.00	100.00	93.00	92.00	93.00	674.50	96.36	4
2020405310	男	倪冬声	95.00	97.00	102.00	93.00	95.00	92.00	88.00	662.00	94.57	6
2020405311	男	花亚平	95.00	85.00	99.00	98.00	92.00	92.00	88.00	649.00	92.71	11
2020405312	男	李泽逸	88.00	98.00	101.00	89.00	73.00	95.00	91.00	635.00	90.71	14
2020405313	女	董敏	86.00	107.00	89.00	88.00	92.00	88.00	89.00	639.00	91.29	13
2020405314	男	钱凯	103.50	105.00	105.00	93.00	93.00	90.00	86.00	675.50	96.50	3
2020405315	男	王睿	110.00	95.00	98.00	99.00	93.00	93.00	92.00	680.00	97.14	2
2020405316	女	钱珍	84.00	100.00	97.00	87.00	78.00	89.00	93.00	628.00	89.71	16
2020405317	女	曾令煊	97.50	106.00	108.00	98.00	99.00	99.00	96.00	703.50	100.50	1
2020405318	女	张桂花	90.00	111.00	116.00	72.00	95.00	93.00	95.00	672.00	96.00	5

图 A-22　使用函数计算总分、平均成绩、排名

6）提取学生的“班级号”。

利用 Excel 2019 所提供的 MID 函数提取学号中所在的班级，再用 LOOKUP 函数，如提取的班级号为“1”，则单元格内容填上“1 班”，依此类推。

在“学生”列右侧插入列“班级”，选中“班级”列并右击，在弹出的快捷菜单中选择“设置单元格格式”命令，弹出“设置单元格格式”对话框，切换至“数字”选项卡，在“分类”组中选择“常规”，单击“确定”按钮。完成后在 C2 单元格中输入公式“=LOOKUP(MID(A2,8,1),{“1”,“2”,“3”},{“1 班 ”,“2 班 ”,“3 班 ”})”，按【Enter】键后该单元格值为“3 班”，拖动 C2 右下角的填充柄直至最后一行数据处，完成班级填充。

7）高级筛选。

扫一扫

第7题

设置高级筛选的条件区。要求筛选出“性别”为“女”且排名前 10 的女生信息，两个条件是同时成立，则两个条件放在同一行上，条件区如图 A-23 所示。注意大于号需要在英文状态下输入。

将光标移至 A34 单元格，单击“数据”选项卡“排序和筛选”组中的“高级”按钮。在弹出的“高级筛选”对话框中，选中“将筛选结果复制到其它位置”单选按钮，“列标区域”为整个表格，其他按照图 A-24 设置。完成后，结果如图 A-25 所示。

性别	排名
女	<10

图 A-23　高级筛选条件区域

高级筛选

方式

○ 在原有区域显示筛选结果(F)

◉ 将筛选结果复制到其他位置(O)

列表区域(L): $A$1:$N$19

条件区域(C): $A$24:$B$25

复制到(T): 割末成绩!$A$34

☐ 选择不重复的记录(R)

确定　取消

图 A-24　高级筛选设置

学号	班级	性别	姓名	数学	语文	英语	生物	地理	历史	计算机基础	总分	平均分	排名
2020405203	2班	女	仓红	102.00	116.00	113.00	78.00	88.00	86.00	73.00	656.00	93.71	9.00
2020405217	2班	女	曾令煊	97.50	106.00	108.00	98.00	99.00	99.00	96.00	703.50	100.50	1.00
2020405318	3班	女	张桂花	90.00	111.00	116.00	72.00	95.00	93.00	95.00	672.00	96.00	5.00

图 A-25　高级筛选结果

8）对成绩“分类汇总”。

复制工作表“第一学期期末成绩”中的数据，粘贴到 Sheet2 工作表中。然后在副本的工作表名上右击，在弹出的快捷菜单里的选择“工作表标签颜色”级联菜单中“深红”命令。双击副本工作表标签，表名呈现可编辑状态，重新命名为“第一学期期末成绩分类汇总”，如图 A-26 所示。

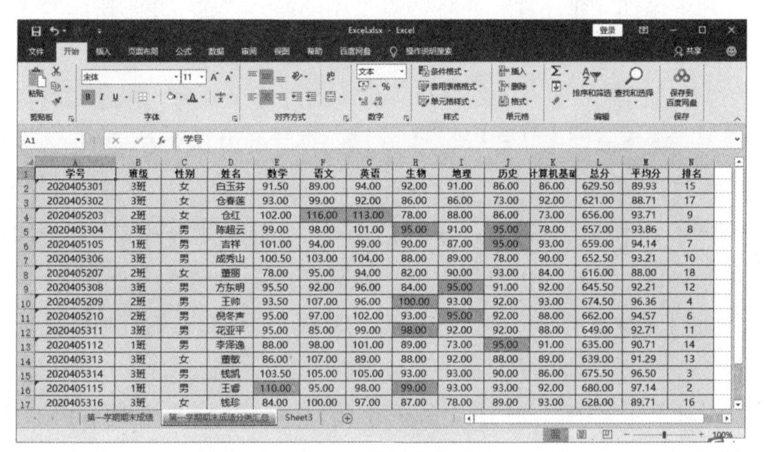

学号	班级	性别	姓名	数学	语文	英语	生物	地理	历史	计算机基础	总分	平均分	排名
2020405301	3班	女	白玉芬	91.50	89.00	94.00	92.00	91.00	86.00	86.00	629.50	89.93	15
2020405302	3班	女	仓春莲	93.00	99.00	92.00	86.00	86.00	73.00	92.00	621.00	88.71	17
2020405203	2班	女	仓红	102.00	116.00	113.00	78.00	88.00	86.00	73.00	656.00	93.71	9
2020405304	3班	男	陈超云	99.00	98.00	101.00	95.00	91.00	95.00	78.00	657.00	93.86	8
2020405105	1班	男	吉祥	101.00	94.00	99.00	90.00	87.00	95.00	93.00	659.00	94.14	7
2020405306	3班	男	成秀山	100.50	103.00	104.00	88.00	89.00	78.00	90.00	652.50	93.21	10
2020405207	2班	女	董丽	78.00	95.00	94.00	82.00	90.00	93.00	84.00	616.00	88.00	18
2020405308	3班	男	方东明	95.50	92.00	96.00	84.00	95.00	91.00	92.00	645.50	92.21	12
2020405209	2班	男	王帅	93.50	107.00	96.00	100.00	93.00	92.00	93.00	674.50	96.36	4
2020405210	2班	男	倪冬声	95.00	97.00	102.00	93.00	95.00	92.00	88.00	662.00	94.57	6
2020405311	3班	男	花亚平	95.00	85.00	99.00	98.00	92.00	92.00	88.00	649.00	92.71	11
2020405112	1班	男	李泽逸	88.00	98.00	101.00	89.00	73.00	95.00	91.00	635.00	90.71	14
2020405313	3班	女	董敏	86.00	107.00	89.00	88.00	92.00	88.00	89.00	639.00	91.29	13
2020405314	3班	男	钱凯	103.50	105.00	105.00	93.00	93.00	90.00	86.00	675.50	96.50	3
2020405115	1班	男	王睿	110.00	95.00	98.00	99.00	93.00	93.00	92.00	680.00	97.14	2
2020405316	3班	女	钱珍	84.00	100.00	97.00	87.00	78.00	89.00	93.00	628.00	89.71	16

图 A-26　重新命名表名

在分类汇总前需要对关键字“班级”排序。选中“班级”列，单击“数据”选项卡下“排序和筛选”组中的“升序”按钮。

单击“数据”选项卡下“分级显示”组中的“分类汇总”按钮，弹出“分类汇总”对话框，如图 A-27 所示。单击“汇总方式”组中的下拉按钮，选择“班级”及“平均值”选项，在“选定汇总项”组中勾选“数学”“语文”“英语”“生物”“地理”“历史”“计算机基础”复选框。并勾选“每组数据分页”复选框，单击“确定”按钮，效果如图 A-28 所示。

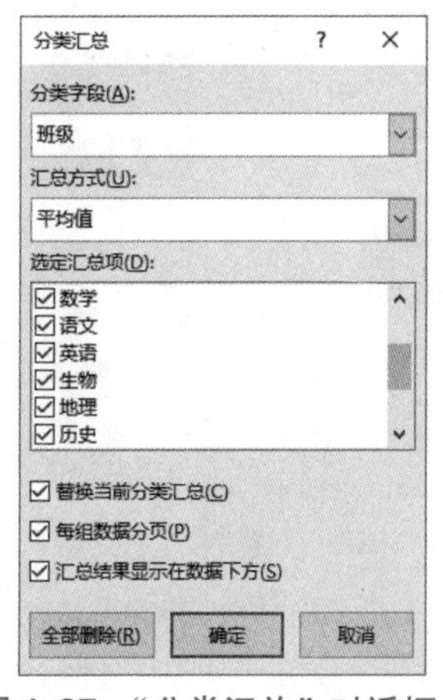

图 A-27　“分类汇总”对话框

学号	班级	性别	姓名	数学	语文	英语	生物	地理	历史	计算机基础	总分	平均分	排名
2020405105	1班	男	吉祥	101.00	94.00	99.00	90.00	87.00	95.00	93.00	659.00	94.14	7
2020405112	1班	男	李泽逸	88.00	98.00	101.00	89.00	73.00	95.00	91.00	635.00	90.71	14
2020405115	1班	男	王睿	110.00	95.00	98.00	99.00	93.00	93.00	92.00	680.00	97.14	2
	1班 平均值			99.67	95.67	99.33	92.67	84.33	94.33	92.00			
2020405203	2班	女	仓红	102.00	116.00	113.00	78.00	88.00	86.00	73.00	656.00	93.71	9
2020405207	2班	女	董丽	78.00	95.00	94.00	82.00	90.00	93.00	84.00	616.00	88.00	18
2020405209	2班	男	王帅	93.50	107.00	96.00	100.00	93.00	92.00	93.00	674.50	96.36	4
2020405210	2班	男	倪冬声	95.00	97.00	102.00	93.00	95.00	92.00	88.00	662.00	94.57	6
2020405217	2班	女	曾令煊	97.50	106.00	108.00	98.00	99.00	99.00	96.00	703.50	100.50	1
	2班 平均值			93.20	104.20	102.60	90.20	93.00	92.40	86.80			
2020405301	3班	女	白玉芬	91.50	89.00	94.00	92.00	91.00	86.00	86.00	629.50	89.93	15
2020405302	3班	女	仓春莲	93.00	99.00	92.00	86.00	86.00	73.00	92.00	621.00	88.71	17
2020405304	3班	男	陈超云	99.00	98.00	101.00	95.00	91.00	95.00	78.00	657.00	93.86	8
2020405306	3班	男	成秀山	100.50	103.00	104.00	88.00	89.00	78.00	90.00	652.50	93.21	10
2020405308	3班	男	方东明	95.50	92.00	96.00	84.00	95.00	91.00	92.00	645.50	92.21	12
2020405311	3班	男	花亚平	95.00	85.00	99.00	98.00	92.00	92.00	88.00	649.00	92.71	11
2020405313	3班	女	董敏	86.00	107.00	89.00	88.00	92.00	88.00	89.00	639.00	91.29	13
2020405314	3班	男	钱凯	103.50	105.00	105.00	93.00	93.00	90.00	86.00	675.50	96.50	3
2020405316	3班	女	钱珍	84.00	100.00	97.00	87.00	78.00	89.00	93.00	628.00	89.71	16
2020405318	3班	女	张桂花	90.00	111.00	116.00	72.00	95.00	93.00	95.00	672.00	96.00	5
	3班 平均值			93.80	98.90	99.30	88.30	90.20	87.50	88.90			
	总计平均值			94.61	99.83	100.22	89.56	90.00	90.00	88.83			

图 A-28　分类汇总结果

三、演示文稿综合

某公司每年都要对优秀的摄影作品评选，并且在开会时使用 PowerPoint 将优秀作品展示。这些优秀的摄影作品在素材中，以 Photo(1).jpg~Photo(12).jpg 命名。具体要求如下：

1．在考生文件夹下新建“PowerPoint.pptx”文档，除特殊指定外后续操作均基于此文件，否则不得分。

2．利用 PowerPoint 应用程序创建一个相册，并包含 Photo(1).jpg~Photo(12).jpg 共 12 幅摄影作品。在每张幻灯片中添加 4 张图片，并将每幅图片设置为“居中矩形阴影”相框形状。设置相册主题为素材中的“相册主题 .pptx”样式；每张幻灯片使用不同切换效果。

3．在标题幻灯片后插入一张新的幻灯片，将该幻灯片设置为“标题和内容”版式。在该幻灯片的标题位置输入“优秀摄影作品赏析”，并在该幻灯片的内容文本框中输入 3 行文字，分别为“湖光春色”“冰消雪融”“田园风光”。

4．将“湖光春色”“冰消雪融”“田园风光”3 行文字转换为样式为“蛇形图片题注列表”的 SmartArt 对象，并将 Photo(1).jpg、Photo(6).jpg、Photo(9).jpg 定义为该 SmartArt 对象的显示图片；为 SmartArt 对象添加自左至右的“擦除”进入动画效果，并要求在幻灯片放映时该 SmartArt 对象元素可以逐个显示。

5．在 SmartArt 对象元素中添加幻灯片跳转链接，使得单击“湖光春色”标注形状可跳转至第 3 张幻灯片，单击“冰消雪融”标注形状可跳转至第 4 张幻灯片，单击“田园春光”标注形状可跳转至第 5 张幻灯片。

6．将素材文件夹中的“ELPHRG01.wav”声音文件作为该相册的背景音乐，并在幻灯片放映时即开始播放，完成后保存文件。

根据要求，具体操作步骤参考如下：

1）打开 PowerPoint 2019，单击“新建”→“空白演示文稿”命令。

2）单击“插入”选项卡下“图像”组中的“相册”按钮，弹出“相册”对话框，如图 A-29 所示。单击“文件 / 磁盘”按钮，弹出“插入新图片”对话框，在考生文件夹下选中要求的 12 张图片，单击“插入”按钮。在“相册中的图片”中逐个选中 12 张图片。

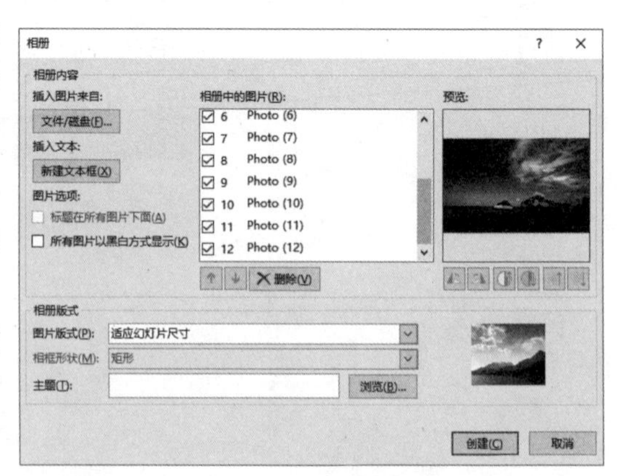

图 A-29 “相册”对话框

回到“相册”对话框，如图 A-30 所示，在“图片版式”下拉列表中选择“4 张图片”，“相框形状”选中“居中矩形阴影”。“主题”选中考生文件夹下的“相册主题 .pptx”，完成后单击“创建”按钮。保存文件，单击“文件”→“保存”命令，存放至考生文件夹下，文档名改为“PowerPoint.pptx”。设置幻灯片切换效果，选中第一张幻灯片，在“切换”选项卡下“切换到此幻灯片”组中选择合适的切换效果，选择“淡出”。用同样的方法，设置第二、三、四张幻灯片任意非重复切换效果。

3）选中第一张标题幻灯片，单击“开始”选项卡下“幻灯片”组中的“新建幻灯片”按钮，在弹出的下拉列表中选择“标题和内容”。在新建的幻灯片的标题文本框中输入“摄影社团优秀作品赏析”；并在该幻灯片的内容文本框中输入 3 行文字：分别为“湖光春色”“冰消雪融”和“田园风光”，如图 A-31 所示。

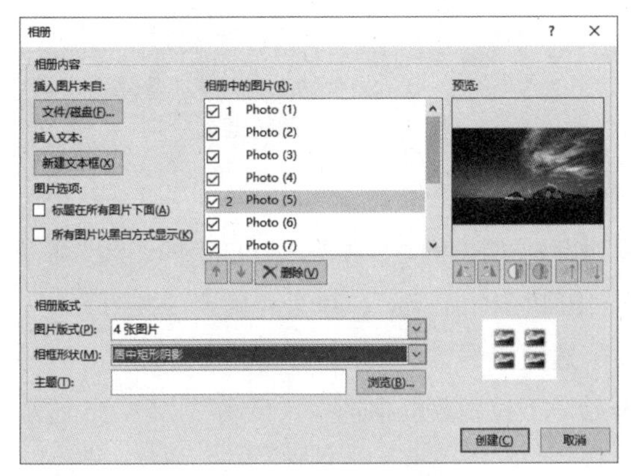

图 A-30　选择“4 张图片”

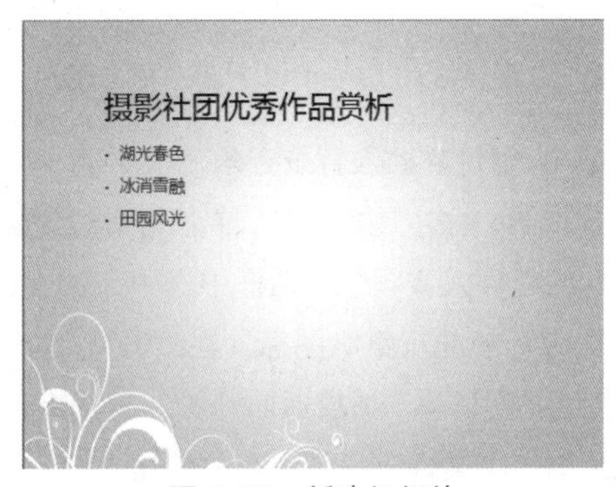

图 A-31　新建幻灯片

4）文字转化 SmartArt 对象。选中“湖光春色”“冰消雪融”和“田园风光”三行文字，右击，单击“转换为 SmartArt”→“其他 SmartArt 图形”命令，在弹出的“选择 SmartArt 图形”对话框中选中“蛇形图片重点列表”，如图 A-32 所示。

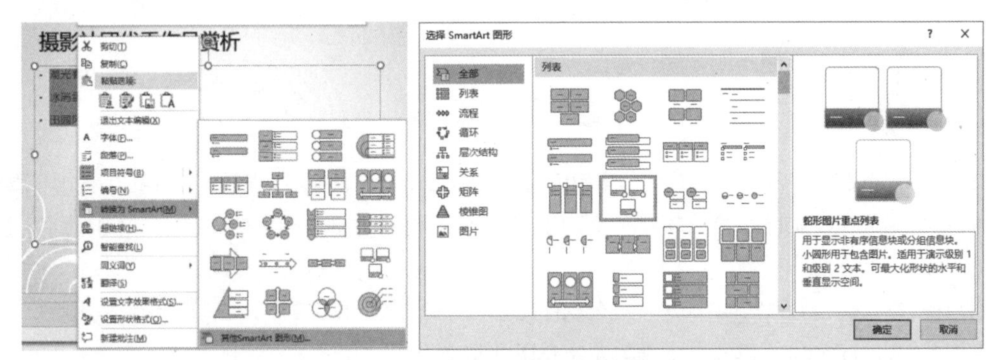

图 A-32　转化为 SmartArt 图形

在 SmartArt 对象中插入图片。单击“湖光春色”旁的图片，在弹出的“插入图片”对话框中，选择“来自文件”，选择“Photo（1）.jpg”图片。用同样的方法，在“冰消雪融”、“田园风光”中依次选中 Photo（6）.jpg 和 Photo（9）.jpg 图片，完成后效果如图 A-33 所示。

为 SmartArt 对象设置动画。选中 SmartArt 对象元素，单击“动画”选项卡下“动画”组中的“擦除”按钮。单击“动画”选项卡下“动画”组中的“效果选项”按钮。在弹出的下拉列表中，依次选中“自左侧”和“逐个”命令。

扫一扫

第4题

5）为 SmartArt 对象设置超链接。选中 SmartArt 中的“湖光山色”，右击，在弹出的快捷菜单选择“超链接”命令，弹出“插入超链接”对话框。在“链接到”组中选择“本文档中的位置”，选择“幻灯片 3”，如图 A-34 所示，单击“确定”按钮。用同样的方法，为“冰消雪融”及“田园风光”设置超链接。

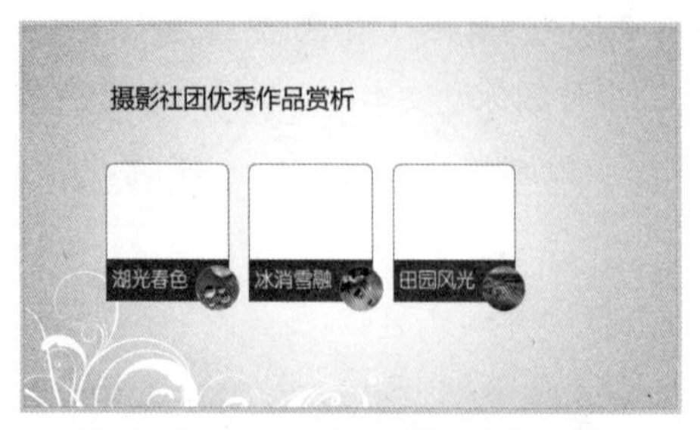

图 A-33　SmartArt 对象中插入图片

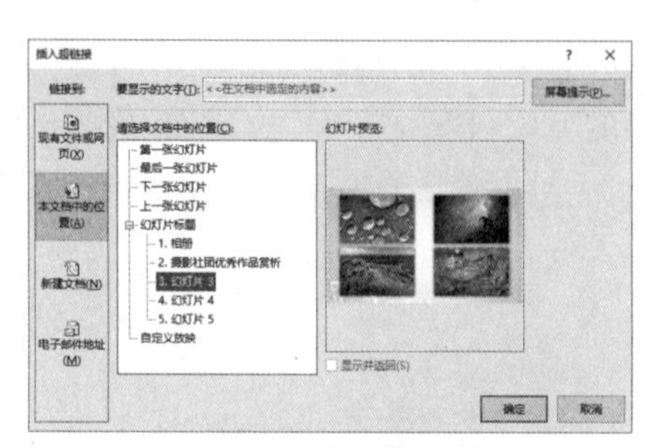

图 A-34　设置超链接

6）为幻灯片插入背景音乐。

选中第一张主题幻灯片，单击“插入”选项卡下“媒体”组中的“音频”→“PC 上的音频”命令。在弹出的“插入音频”对话框中选中考试文件夹下“ELPHRG01.war”，单击“确定”按钮。

选中音频的小喇叭图标，在“音频工具 / 播放”选项卡的“音频选项”组中，选中“循环播放，直到停止”和“播放返回开头”复选框，在“开始”下拉列表框中选择“自动”，如 A-35 所示。完成后单击“文件”→“保存”按钮。

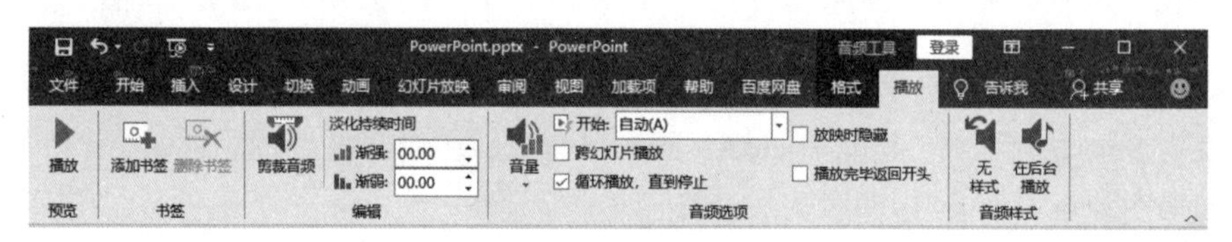

图 A-35　选择播放属性

参 考 文 献

[1]　贾小军，童小素．办公软件高级应用与案例精选：Office 2016[M]. 北京：中国铁道出版社有限公司，2020.

[2]　陈承欢，聂立文，杨兆辉．办公软件高级应用任务驱动教程：Windows 10+Office 2016 [M]. 北京：电子工业出版社，2018.

[3]　侯丽梅，赵永会，刘万辉．Office2016 办公软件高级应用实例教程 [M]. 2 版．北京：机械工业出版社，2019.

[4]　卞诚君．Windows 10+Office 2016 高效办公 [M]. 北京：机械工业出版社，2016.

[5]　张运明．Excel 2016 数据处理与分析实战秘籍 [M]. 北京：清华大学出版社，2018.

[6]　亚历山大，库斯莱卡．中文版 Excel 2016 高级 VBA 编程宝典（第 8 版）[M]. 姚瑶，王战红，译．北京：清华大学出版社，2018.

[7]　吴卿．办公软件高级应用 Office 2010 [M]. 杭州：浙江大学出版社，2010.

[8]　贾小军，骆红波，许巨定．大学计算机：Windows 7, Office 2010 版 [M]. 长沙：湖南大学出版社，2013.

[9]　骆红波，贾小军，潘云燕．大学计算机实验教程：Windows 7, Office 2010 版 [M]. 长沙：湖南大学出版社，2013.

[10]　贾小军，童小素．办公软件高级应用与案例精选 [M]. 北京：中国铁道出版社，2013

[11]　於文刚，刘万辉．Office 2010 办公软件高级应用实例教程 [M]. 北京：机械工业出版社，2015.

[12]　谢宇，任华．Office 2010 办公软件高级应用立体化教程 [M]. 北京：人民邮电出版社，2014.

[13]　叶苗群．办公软件高级应用与多媒体案例教程 [M]. 北京：清华大学出版社，2015.

[14]　胡建化．Excel VBA 实用教程 [M]. 北京：清华大学出版社，2015.